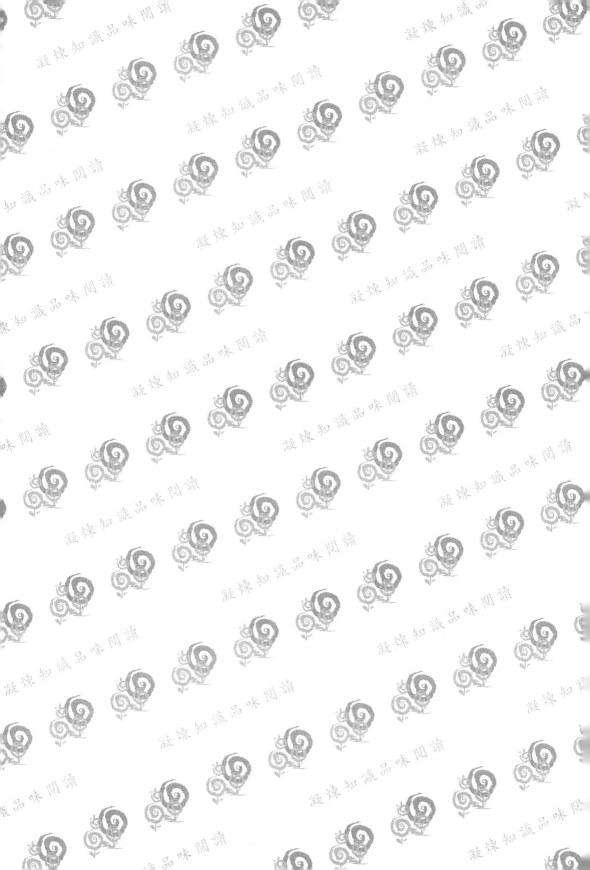

五南出版

土壤地下水污染場址的風險評估與管理：挑戰與機會

Risk Assessment and Risk Management for Contaminated Sites:
Challenges and Opportunities for Improvement

馬鴻文 吳先琪 主編

風險評估專書編寫小組合著

臺灣土水污染防治技術合作平台系列專書

五南圖書出版公司印行

系列專書引言 ▸▸

　　自從1970初期位於美國紐約州西部尼加拉瀑布市附近的Love Canal，由於歷經多年Hooker Chemicals 掩埋大量化學品廢物，而造成的土壤及地下水污染，引起了大眾的注意。四十多年來地下水污染問題，已經成為世界各國非常關注的問題。主要在美國進行或發表的大量研究結果，明白地顯示出這個問題的嚴重與處理上的複雜性。除了調查工作上的困難以外，大家很快地認識到，在處理技術和經濟負擔上的侷限性，遠較早先開始的大氣和地表水污染的處理問題困難與昂貴。上個世紀80年代美國的相關法規開始施行以來，有幾個現象是大家注意到的，在處理技術上，經過大量的現場應用，開始認識到除了費用遠遠超過一般人的估計以外，在許多情況下由於技術上的限制，要達到國家原先公布的整治標準是不切實際的，而極其高昂的費用亦迫使許多中小企業破產。經過一、二十年的實踐和爭議，社會上往往在環境污染和整治的問題上，立場和要求形成重大的分歧，經常針鋒相對，甚至不時發生嚴重衝突。不同團體，包括政府、工業界、學術界、科研單位和環保團體，逐漸認識到問題的性質，開始了理性溝通、討論與合作，一起考慮如何在社會整體有限資源的最佳運用下，尋求對問題可能最好的處理方法。在法規執行上也開始向較為實際的方向思考。以環境和健康風險與整治成本效益為基礎的考量以確定整治目標的思路，逐漸取代了原先一切依標準的概念。這種思維路線使得社會資源在處理污染問題上得到了最有效的運用，當遇到較為複雜與特殊的污染問題，經常以產官學研和環保團體一同組織一個整治技術發展論壇（Remediation Technology Development Forum, RTDF）的方式，共同研究從各方面考慮出最為妥善且實際的處理方法。這樣理性考慮與合作的理念，是近年來越來越少見到因為環境問題而發生嚴重衝突的重要原因之一。

　　基於以上的理念，美國杜邦公司總部環境整治部的杜邦院士（DuPont Fellow）錢致慶博士，以其長期在美國與亞太地區從事現場實際污染整治工作，以及十年裡直接參與美國國家環保署科學指導委員會從事與技術相關的法規與技術導則審議工作的經驗，及其從90年代初更進一步，召集並組織由產官學研各界的專

家，就特定的污染與整治技術問題合作研究，並將最終結果編印成完整的專書，供各界參考和教學之用。這個模式是所有經選聘應邀參與的專家，完全義務無償參與研究和編寫工作。一切必需的運作費用則由工業界籌集。在專書出版後工業界或政府出資認購一定數量的專書，分送給在工作上與專書內容有關的產官學研和環保團體等各界人士，以達到推廣的效用。在十餘年的期間先後已經有五本專書出版。每個研究編寫組的選聘參與工作的專家少則四、五十人，多至來自九個國家，超過百人的研究編寫組。除了工業界以外，國家環保署和能源部也開始提供支持，除了認購大量書籍以外同時提供運作經費，並且大力支持舉辦國際討論會。

　　台灣的土壤及地下水污染整治法，自從2000年開始公告實施，開始推動現場整治工作迄今，除了大量的經驗累積以外，也開始遇到了國外一些先進國家過去在整治思路與技術的選擇與應用上相似的經歷。有識之士也開始注意到理想與現實之間的選擇與平衡的問題。比之美國或其他多數先進國家，台灣範圍較小、資源有限，在經濟上對工業出口的依仗相對較大。近年來台灣經濟發展遇到一定的困難，就業困難與薪資停滯的壓力日益嚴重。因此，如何最好地處理污染整治工作，以期能在環境保護與有限資源的利用上達到最好的平衡，不但是工業界，也是整個社會應該共同關注的問題。因為工業是整個國家社會發展和繁榮的一個重要支撐點。

　　結合前述的理念和做法，錢博士在2012年初，開始與國內產官學界研各界聯繫，討論合作平台的觀念和構建。目的在於將國際上污染整治技術的研發應用和整治工作在研究和實施上獲得的知識與經驗，引進和介紹給國內專業人士，並且通過討論和教育加以推廣。讓我們在別人既有的經驗上，通過產官學研的通力合作，走上以理性、科學、安全和經濟為基礎的綜合考量法則，來更務實和有效地執行國內的土壤及地下水污染整治工作，以期用最小的社會成本達到環境保護的目標。錢博士首先於2012年夏天開始分別拜訪國內產官學研與環保團體的環境專家們，即獲得廣泛的支持。同年11月召開第一次籌備會議，經過熱烈的討論並決定在次年1月19日於台灣大學環工所舉行成立大會，成立大會出席者包括來自各界的18位資深專家和台灣化學工業責任照顧協會的會員代表，成為平台創立的初始成員，經過討論以後，定名為台灣土水污染防治技術合作平台。同時初步確定了八個在台灣土水污染整治工作最為關切的問題，並且由出席的專家中推選兩位專家擔任選定先行的兩項議題，負責研究議題，與組織並規劃專書的編寫工作。

　　環境問題是一個多領域的科學，唯有具備不同相關背景的專家們貢獻各自專長的知識與經驗，集思廣益、通力合作，才可能完成這樣的專書。如今先行的兩本專書，在負責組織和領導的專家和四十餘位專家兩年多來無私無償的奉獻和努力，以及在過程中參與外部評閱的國內外專家們全力支持下，即將先後完成，準備出版。後續也將依循這個合作模式，繼續出版和土水污染防治相關問題的專書。我們除了對為這項在台灣尚屬創舉的工作做出貢獻的所有參與人員和台塑公司的支持，表達至深的感謝和最高敬意之外，更希望更多的各界專家和工業界能為這項系列專書工作的繼往開來，積極主動參與，有錢出錢，有力出力，一同努力，各盡一份心力。為這塊養育我們的土地，和這個栽培我們的社會，做出一些實質上有意義和價值的貢獻。

錢致慶　謹誌

2016年夏

序　言

　　風險是什麼？風險評估能準確計算真實的情形嗎？風險怎麼管理？諸如此類跟風險有關的問題，常被反覆拋出，各種答案也隨之應聲而出，而結果卻像山洞裡彼此呼喊的回音，當所有聲音混攪之後，往往使問者聽不清楚答案，就連答者也聽不清楚問題了。大家經歷一場內心的掙扎混戰，各自拾了隻字片語，化為自己的解讀。政府政策制定者、企業經營者、一般大眾，各自運用不同的解讀，於是時常造成政策推行的不易與溝通協調上的困難。

　　我們的社會面臨種種威脅，從政治、經濟到食安、環境污染；小至個人，大至如氣候變遷的全球議題，存在許多未知與挑戰。社會就像被布置了各式各樣的地雷，何時何地爆發、爆發的結果如何，充滿未知、不確定，沒有人說得準。風險的存在，叫人傷腦筋，卻不應喪膽；我們應更受到惕勵，在公共政策上尋求適當的思維與決策過程，知道我們的每個作為或不作為都有其後果。風險評估便是這樣的思維過程，取得並整理適當的資訊，利用盡量合理的方法來估計、預測風險如何產生。這樣的思維過程是嚴謹卻非精確的，因為估計和預測中所用的方法和資訊都是不完美、不完全的。而且，風險的意涵還有其心理、認知、文化上等難以量化的面向；風險更非進行決策與管理的唯一考量因素。但是依循科學的邏輯與方法，以及經過嚴格檢驗和權衡的資訊，能使我們了解所付出的代價和相應面臨的風險，風險管理在決策中的價值是顯而易見的。因此，從風險評估到風險管理，處處都會遇到科學與個人認知的衝突，很難說評估的結果對不對，可是風險管理得好不好，就看處理這些衝突所需要的判斷是否合理。

　　有人會問，評估結果若無法精確，為何還要使用這項工具？這就看我們賦予它的使命為何？若要風險評估像數學一樣，給出一就是一、二就是二的結果，這是過於沉重的要求了；然而，若想找出影響的因果關係，發展有效的管理手段，那麼說風險評估是管理與決策值得參考的思維過程，絕不為過。

　　國際上持續發展風險評估與管理，台灣也同樣越來越重視風險評估這項工具，尤其在土壤與地下水的調查、整治及管理工作上，正積極努力建置健全的風

險評估系統，要將風險融入管理體系之中。世界各國在過去三、四十年累積的經驗，認識到了土壤與地下水的課題，除了許多技術上的局限以外，成本也是一個重大的問題，即使最爲發達和富裕的國家也開始正視這項課題對整個社會成本所造成的負擔。因此開始有了從污染對健康與環境的風險，來考慮合適的整治目標和方法，也就是如何以有限的社會總體資源和可接受的風險來考慮，以有限的資源發揮最高的效益。土壤與地下水的調查、整治及管理，需要投入大量的資源與時間，如何能做得有效果、有效率，是管理機關戮力精進的目標，同時也是給面臨類似挑戰的國家或區域可參考的經驗。我們盼望這本書能在這個精進的旅程中點一盞燈、盡一份力。

　　這本書的完成除了多位作者的努力之外，首先要感謝長年任職美國杜邦公司環境整治部的「杜邦院士」錢致慶博士。他心繫國內在環境整治方面的發展，經常繞著地球奔波於北美、台灣、大陸等地，並於2012年邀集產官學研各界的18位專家學者成立台灣土水污染防治技術合作平台，也催生了這本書。書籍撰寫期間，錢博士風塵僕僕來台多次，聯絡人事、傳輸經驗，令人感佩。錢博士熱心推動、組織與協調平台事務，推廣並教育正確的知識，爲了社會整體的進步，不求回報，實爲一個知識分子的典範。其次，對於以下幾位學者和專家無私的提供材料甚至協助撰寫部分內容，我們致上深深謝意：葉弘德教授（交通大學環境工程學研究所教授）、斯克誠（WSP大中國區環境及能源總監）、林彥勳（工研院綠能所副研究員）、賴允傑（瑞昶科技研究員）、蔡穎杰、陳必晟、李培群（以上三位爲台灣大學環境工程學研究所研究員），以及Timothy Bingman（Technical Fellow, DuPont）、Bradley Grimsted（Principal, Pioneer Technologies）、Frederick Hamilton（Managing Principal, Ramboll-Environ）、Philippe Menoud（Senior Project Director, DuPont）。而以下六位外審專家，不辭辛勞從頭到尾審閱本書，並提供許多建議與幫助，讓本書得以從更廣大的角度獲得改善（當然本書所有不當之處的責任都在於作者）：台灣環保署蔡鴻德處長、台灣大學公共衛生學系王根樹教授、台灣大學環境工程學研究所李公哲教授、InnoFusion Environmental Management公司黃智博士、美國AECOM公司Pei-Fung Hurst博士、美國CH2M HILL公司Yinghong He博士。最後，從台塑公司借將而來的郭怡伶小姐和楊朝隆先生，自平台成立之初到書籍編輯到最終出版過程中協助解決各種繁雜的事務，串連整個過程，實爲本書不可或缺的推手。台大三位助理李佩珊、貢家宥及蕭彤恩協助整理文稿，於此一併申謝。

　　本書的編排方式係以第一章介紹土壤及地下水污染問題，第二章回顧相關法規、風險評估應用之演進，及國內外風險評估工具應用於污染場址管理之狀況、第三章提綱挈領敘述風險評估之基本概念。第四章開始，循著風險評估之程序，從第四章的危害物鑑定，第五章的劑量反應關係評估，第六章的污染物傳輸與宿命預測，第七章的暴露途徑到第八章的風險管理，敘述風險評估各階段之原理、模式、易產生之錯誤觀念及錯誤用法。讀者若已經對於風險評估的背景有相當了解，可依據個人執行風險評估不同階段時遭遇之問題，直接參閱第四至第八章中相關之章節。第九章陳述五個國內外風險評估的實際例子，內容包含了評估範圍界定的理由、所用的方法及其優缺點，甚至各模式中所用的參數值，以及最後討論評估過程面臨的困難與未來的挑戰，極具參考價值。

　　本書雖經反覆校閱，但是仍難免疏漏，希望讀者提供寶貴意見，讓我們在再版時得以不斷改進。

馬鴻文　吳先琪　謹誌

作者簡介 ▶▶▶

主 編

馬鴻文

國立台灣大學環境工程學研究所

教授

學歷

國立台灣大學化學系學士

國立台灣大學環境工程學研究所碩士

美國北卡羅來納教堂山大學

環境科學與工程學博士

經歷

美國研究三角研究院環境科學家

國立台灣大學助理教授、副教授、教授

國立台灣大學環工所所長

環境工程學會秘書長

土木水利工程學會環境工程委員會主

任委員

吳先琪

國立台灣大學環境工程學研究所

教授

學歷

國立台灣大學農業化學系學士

國立台灣大學環境工程學研究所碩士

美國麻省理工學院博士

經歷

臺北市衛生下水道工程處工程員

國立台灣大學環安衛中心副主任

教育部環保小組執行秘書

國立台灣大學環工所所長

專書編寫作者

（依姓氏筆劃排序）

江舟峰
中國醫藥大學健康風險管理系／風險分析中心
教授／主任
美國愛荷華州立大學環境工程所博士

吳焜裕
國立台灣大學公共衛生學系／職業醫學與工業衛生研究所
教授
美國北卡蘿萊納大學教堂山分校環境工程科學博士

施秀靜
國立台灣大學環境工程學研究所
博士後研究員
國立台灣大學環境工程學研究所博士

陳尊賢
國立台灣大學農業化學系
特聘教授
國立台灣大學農業化學研究所農學博士

陳怡君
國立台灣大學碳循環永續技術及評估研究中心
研究員
國立台灣大學環境工程研究所博士

許惠悰
中國醫藥大學健康風險管理系風險管理碩士班
副教授／主任
美國德州農工大學土木工程學研究所博士

黃璟勝
國立交通大學環境工程研究所
博士後研究員

國立交通大學環境工程研究所博士

Ralph G. Stahl, Jr., Ph. D.

DuPont Corporate Remediation Group

Technical Fellow

PhD degree, Environmental Science and Toxicology, University of Texas, School of Public Health

技術閱評專家

（依姓氏筆劃排序）

王根樹
國立台灣大學公共衛生學系
教授

李公哲
國立台灣大學環境工程學研究所
名譽及兼任教授

黃智
創聚環境管理顧問股份有限公司
董事長

蔡鴻德
行政院環保署環境監測及資訊處
處長

Yinghong He, Ph.D.

CH2M Inc. Houston, Texas

Sr. Civil & Environmental Engineer

Pei-Fung Hurst, Ph.D.

AECOM, Chicago, Illinois

Principal Toxicologist, Environment

特別貢獻者

（依姓氏筆劃排序）

王春燕
美國杜邦公司環境修復部
亞太區負責人

李淑娟
美國杜邦公司環境修復部
亞太工作協調支援

李佩珊
國立台灣大學環境工程學研究所
研究助理

李培群
台灣大學環境工程學研究所
博士

林彥勳
財團法人工業技術研究院
研究員

貢家宥
國立台灣大學環境工程學研究所
研究助理

陳必晟
國立台灣大學環境工程學研究所
博士後研究員

陳慎德
瑞昶科技股份有限公司
執行副總

郭怡伶
台塑公司安全衛生處土壤及地下水管理組
工程師

斯克誠
永清環保股份有限公司
IST亞太區首席專家

葉弘德
國立交通大學環境工程研究所
教授兼環安中心主任

楊朝隆
台塑公司安全衛生處土壤及地下水管理組
工程師

蔡穎杰
國立台灣大學環境工程學研究所
研究助理

賴允傑
瑞昶科技股份有限公司
專案經理

蕭彤恩
國立台灣大學環境工程學研究所
研究助理

Timothy S. Bingman
DuPont Corporate Remediation Group, USA

Brad A. Grimsted
Pioneer Technologies Corporation, USA

Frederic Hamilton
Rambold Environmental, LLC, France

Philippe Menoud, Ph.D.
DuPont Corporate Remediation Group, Switzerland

Randy Palacheck
Parsons Global Shared Services, USA

Carlos Victoria, Ph.D.
Parsons Global Shared Services, USA

Dina Toto,
Children's Hospital of Philadelphia, USA

Maryann J. Nicholson
Chemours Company, USA

Ronald Gouguet
Windward Environmental LLC, USA

目　錄

導 論

吳先琪　馬鴻文　陳怡君

1.1 土壤及地下水污染的情況嚴重嗎？

　　土壤及地下水的污染不像空氣污染或水污染能在第一時間發現，通常需要經過很長一段時間之後才被發現而爆發出問題。最有名、最關鍵性的例子是1970年代美國勒芙運河（Love Canal）的污染事件。1905年，美國人W. T. Love投資在尼加拉瀑布（Niagara Falls）旁挖掘一條運河，嘗試貫通尼加拉河（Niagara River）和安大略湖（Lake Ontario），但是當挖了1.6公里長，15米寬，大約3至12米深的河道之後，此計畫就中止了。1942年，Hooker Elec. Co.取得在該河道掩埋廢棄物的許可，於是截至於1953年停止運作之時，已經掩埋了21000噸的「強鹼、脂肪酸、含氯碳氫化合物等染料製程廢物，以及製造橡膠與樹脂產生的廢香料及溶劑」等廢棄物。並於1953年土地賣給尼加拉瀑布市，開始興建小學與住宅。從1958年開始，陸續發現有化學藥劑逸出的情況，直到1976年才由《Niagara Falls Gazette》的兩位記者報導出該地污染的狀況，及其後1978年發現嚴重的高畸胎發生頻率。這一年，美國聯邦政府第一次因為環境污染事件宣布進入緊急狀況，將數百戶居民遷走。由於此事件，美國建立「超級基金」（Superfund）制度，1981年開始向化學生產業者收取費用，以此為基金用於整治被棄置之污染場址。由於後續不斷發現的污染場址太多，加上超級基金法案嚴格的整治標準與責任歸屬的要求，使得整治的進度緩慢、缺乏效率，因此美國政府開始考慮以風險評估為決策工具，來排列場址危害的優先順序，以及改用可接受風險值為基準來訂定整治目標，是為「基於風險之矯正行動」（Risk-Based Corrective Action, RBCA）之濫觴。

　　台灣也於1990年代起陸續發現許多土壤及地下水污染之場址，其中多數都有相當久的污染歷史。台南原台鹼安順廠所在的位置，現在已是一個土壤受到污染的場址。1938年日本鐘淵曹達株式會社在此場址的位置興建鹼氯工廠，以水銀電解方式

製造燒鹼、漂粉、鹽酸與液氯。1947年至1951年改稱台灣鹼業有限公司安順廠，在1960到70年代，積極運轉生產。直至1982年，前台灣省環保局於安順廠附近區域進行水質、底泥及魚蝦之汞污染調查，發現該廠廢水及污泥的排放可能造成環境污染。1982年6月台鹼安順廠因經濟因素關廠，被中石化公司合併。直到1995年起各單位陸續調查的結果顯示，該場址內棄置之污泥及廢棄物含有汞及戴奧辛，並已污染土壤及海水貯水池內之底泥（環保署土基會，2010）。

　　汞污染以鹼氯工廠區最為嚴重，每公斤土壤最高含3370毫克汞（3370mg kg^{-1}）；戴奧辛污染以五氯酚工廠區最嚴重，每公斤土壤戴奧辛毒性當量為6410萬奈克（6410萬ngI-TEQ kg^{-1}），且表、裡及深層（30～75cm）之土壤中戴奧辛濃度幾乎全部超出土壤污染管制標準（土壤管制標準：汞20mg kg^{-1}，戴奧辛1000ngI-TEQ kg^{-1}），受污染土壤及污泥概估至少11萬6000立方公尺，廢棄物概估至少11萬7000立方公尺（環保署，2005）。其中TEQ是毒性當量（Toxic Equivalency Quantity）是以與各物質相當毒性之2,3,7,8-四氯戴奧辛濃度之總和來代表總毒性，即各物質濃度乘以毒性當量因子（Toxicity Equivalency Factor, TEF）之總和。TEF則是以2,3,7,8-四氯戴奧辛濃度來代表其他多氯戴奧辛、呋喃（PCDFs）及多氯聯苯（PCBs）同類物質之毒性比例。

　　附近儲存海水的池塘及溪流的底泥也受到污染，魚蝦等水生物之PCDFs總毒性當量濃度範圍為15.7～123pg WHO-TEQ g^{-1}-sample，高於歐盟規範濃度（4pg WHO-TEQ g^{-1}-sample）約4～38倍（林霧霆，2004）（WHO為世界衛生組織之簡稱，1pg等於10^{-12}g）。每天吃一條魚，可能就超過國際衛生組織建議的每日允許劑量2.0pg kg^{-1} d^{-1}（吳焜裕，2008）。

　　附近居民在未禁止捕撈前，仍然捕食魚蟹牡蠣等水產生物，以致附近有些居民體內血液中戴奧辛的濃度偏高（大於64pg WHO-TEQ g^{-1}-lipid）。2004年10月台南社區大學委託成功大學測定台鹼安順場旁一位老婦人血液中戴奧辛濃度，竟達308.6pg WHO-TEQDF g^{-1}脂質，較成大檢測各縣市19座焚化爐附近居民1766人血液中戴奧辛濃度平均值19.7（3.4～89.2）pg WHO-TEQDF g^{-1}脂質，高出甚多，可能為世界第一（蘇慧貞，2005）。

　　暴露於這些污染之下，是否已造成人體健康的危害呢？以中石化安順廠污染場址附近的居民狀況來看，至今似未有正式顯著危害健康的案例（蘇新育，2005），而如何善用風險評估這項作為健康衝擊的評估工具，正是本書要探討的問題。

　　同樣因為未妥善處置廢棄物，導致土壤及地下水污染的還有原美國無線電公司（RCA）桃園廠的案例。1970年代，政府對外資提出優惠條件，1970年RCA是第一波入駐台灣生產的外資事業。其在桃園廠的廠區面積約為23000坪，以生產電子及電器產品為主。1986年RCA併入美國奇異（GE）公司，1988年再與法國湯姆笙（Thomson）公司合併。1992年因大環境變遷，RCA宣告關廠，經桃園縣政府核准辦理歇業。同年宏億建設向GE/Thomson購入土地，申請變更為住宅區、商業區及公共設施用地。1994年6月2日被舉發該廠過去把廢溶劑倒在廠房外面的土地上，甚至挖井傾倒廢料，以致污染土壤及地下水（環保署土基會，2010）。

　　原RCA廠之污染範圍除了廠區土壤約3200平方公尺，地下水則延伸至下游西北方500公尺以外，主要污染物質為四氯乙烯、三氯乙烯、二氯乙烯、二氯乙烷及氯乙烯，最高濃度曾達mg L^{-1}數量級。同年環保署成立專案小組，督導整治改善工作。1996年RCA進場整治，1998年將土壤污染部分整治完成，地下水污染則無明顯改善，以技術不可行為由，停止整治工作。2000年2月2日台灣土污法（土壤及地下水污染整治法）公布實施，桃園縣政府分別於2002年4月及2005年3月公告該場址為地下水控制場址及地下水整治場址。

　　2006年RCA提出整治計畫。8月15日召開整治計畫第3次修正版審查時，決議得依健康風險評估提出地下水的整治目標。惟該風險評估報告經多次審查後，因健康風險評估報告所提出的整治目標，其所設條件係採用國外參數評估，相較於國內外環境狀況與使用習慣差異頗大，未獲整治審查小組認可；結果這件指標性的案例，終未能引用風險評估的工具來訂定整治目標。雖然法規許可，且管理當局與學界也越來越重視風險評估可扮演的角色，然而究竟存在哪些困難或障礙影響了這項工具的運用？這是本書的探討重點。

　　RCA場址的整治計畫於2009年審核通過，整治目標係以第二類地下水污染管制標準來處理地下水中四氯乙烯、三氯乙烯、1,1-二氯乙烯、順-1,2-二氯乙烯、1,1-二氯乙烷，及氯乙烯等含氯有機物污染，而非以風險評估為基礎建立之整治目標。整治期程原定為一年半，但目前仍在展延中。

　　RCA土壤及地下水污染造成的危害包括周圍地下水污染，及可能擴散至空氣中的污染。過去應已有飲用地下水導致接觸污染物之情形，至今雖未發現有環境受害的個別案例，但曾於RCA服務過的員工認為工作場所之污染已造成職業病傷害，有529人於2005年透過訴訟程序向資方求償27億。2015年臺北地方法院一審宣

判445人獲賠償新台幣5億6千餘萬元（聯合報，2015）。

　　台灣在2000年「土污法」公告後，陸續又發現許多土壤及地下水污染場址。截至2014年，總計已公告了2669個控制場址、66個整治場址及17個地下水限制地區；其中控制場址雖已解除2077個，整治場址卻僅解除4個，地下水限制地區僅解除1個。土壤污染物種類比例方面，以重金屬（砷、鎘、鉻、銅、鉛、鋅、汞、鎳）污染場址數量最多，占總比例之86.97%；其次是有機化合物，含苯、甲苯、乙苯、二甲苯及總石油碳氫化合物等有機化合物類，占總比例12.46%；其他有機化合物（多氯聯苯、戴奧辛）則占總比例之0.57%。地下水污染物種類比例方面，以氯化碳氫化合物（如三氯乙烯、氯乙烯、二氯乙烯、二氯甲烷、氯苯）污染場址數量最多，占總數之40.24%；其次是芳香族碳氫化合物（如苯、甲苯、萘、乙苯、二甲苯），占總數30.49%；受重金屬污染則占18.29%（環保署土基會，2013）。土地污染的狀況在國外亦然，例如2009年英國蘇格蘭的資料則顯示，約有將近67000個場址，面積約為82平方公里的土地是受污染的土地（SEPA, 2009）。全歐洲則有750000個場址的土地及地下水受到人為活動所污染（Ferguson et al., 1998）。土壤及地下水遭受污染，造成土地與水資源的使用產生限制，並有危害國民健康與影響環境之可能。這些場址未來如何整治或管理，都可能需要運用風險評估的工具，評估各種方案下對人體健康風險之影響。

1.2 污染場址管理的基本原則

　　土壤及地下水污染問題，主要係因污染物不當排放、洩漏或棄置所導致。因土壤與地下水的組成構造複雜，化學物質在各個環境介質傳輸過程中，經過吸附、擴散、吸收、分布、自然衰減等作用而轉換不同的型態，使得土壤及地下水污染問題不易掌握，對於改善土壤及地下水污染所需之技術門檻也相對增加。台灣自2000年頒布「土污法」之後，主管當局與各界陸續進行污染場址之「場址調查」、「場址控制」，及「場址整治」等工作。場址調查主要為透過廣泛調查工作，以發掘是否有未依規定排放、洩漏、灌注或棄置之污染物造成土壤與地下水的污染。場址控制為土壤或地下水污染物濃度達土壤或地下水污染管制標準者，須研提場址污染的控制計畫，控制污染源的擴大與擴散。場址整治則針對污染場址中有危害國民健康及

生活環境之虞者，訂定土壤與地下水污染的整治計畫。近幾年，主管機關於污染場址管理手段除主動調查外，更邁向預防性管理，以逐步落實土污法第一條開宗明義之立法精神：「爲預防及整治土壤及地下水污染，確保土地及地下水資源永續利用，改善生活環境，增進國民健康爲目標。」

　　台灣進行土壤及地下水污染的管理，主要是根據土污法對於土壤及地下水的污染，訂定防治、調查評估、管制、整治復育措施及財務、責任、罰則等執行的程序。土污法規定，各地方主管機關應定期檢測轄區土壤及地下水品質狀況，若超過管制標準者，應採取必要的措施，追查污染責任。在查明污染來源明確的條件下，所在地主管機關應公告爲土壤、地下水污染控制場址。此外，控制場址經初步評估後，有危害國民健康及生活環境之虞時，則所在地主管機關應報請中央主管機關審核後公告爲土壤、地下水污染整治場址。而控制場址是否劃爲整治場址，主要的參考依據是以是否有危害國民健康做爲判釋的標準之一。因此，在此精神下，引進了健康風險評估的政策工具，期望利用健康風險評估的機制，分析及評估受污染的土壤及地下水對受體產生健康上負面影響的程度，以供決策單位參考。

　　國際上對於污染場址的管理原則與台灣相似，以調查、評估與整治作爲污染場址的管理架構。例如美國超級基金管理法，首先進行初步評估（Preliminary assessment）蒐集場址初步有限的資料，用以區分對健康與環境影響微小的場址，以及對健康與環境可能產生威脅而需要進一步調查的場址。需要進一步調查場址（Site inspection）者，透過場址環境與廢棄物的採樣，提供排定場址管理優先次序所需的數據。列入優先管理的場址接下來會進行整治調查與可行性研究（Remedial investigation/Feasibility study），確定場址地質水文條件以及污染特性與範圍，評估健康與環境風險，並對各種整治技術的選項進行篩選與評價，包括技術與經濟可行性。達成整治決策後，即可設計整治工法、進行施工；最後便是施工後的維護以及整治完成後的場址再利用與再開發等階段。同時，Agency for Toxic Substances and Disease Registry（ATSDR）亦於其健康評估原則中，提出須根據實際數據來決定場址附近居民的健康有無受到影響，以及決定是否需要先採取一些措施來保護場址附近的居民或在場址上工作的人；這些決定是在場址被認定之後就必須立刻做，爲求快速反應，在整治調查與可行性研究之前就須立即處置。

　　歐盟的污染場址管理策略亦頗爲相似。歐盟執行委員會（European Commission）於1999年遵照Council Directive 96/82/EC規範提出「工業場址管制策略」，參考ISO

10381標準規範修正其管理過程（如圖1-1）。管理過程分爲三個階段，包含第一步驟：場址清單建立；第二步驟：風險評估與場址盤查，建立初級風險評估模式（Preliminary Risk Assessment Model for the Identification of Problem Areas for Soil Contamination in Europe, PRA.MS1）；第三步驟：整治及持續監測，並透過土地永續管理平台，提供污染場址管理相關政策、技術及土地再利用管理等輔助工具。

　　各國對於如何整治及復育污染的土壤及地下水、決定整治與復育程度的訂定等，均採用「以風險爲基準」（Risk-based）的污染場址管理架構。也就是說，透過風險評估的執行，確認土地的使用型態，評估在特定的土地使用條件狀況下，該使用型態所衍生出來的污染物質，是否會透過某些傳輸途徑（空氣、水、土壤等），成爲居住在周邊的居民或生物體潛在的暴露源；而經過長期性的暴露後，是否對人體的健康或者是生態系統產生負面影響（Searl, 2012）。

　　例如：上述歐盟PRA.MS1架構係以簡易風險初步篩選（Simplified Risk Assessment, SRA），評析因子包含S（源頭，Source）-P（途徑，Pathway）-R（受體，Receptor）簡易風險篩選概念，以評分方式將問題場址進行排序，以界定出場址整治之順序。主要程序包含：釐清工業場址污染源（Source）之運作物質毒理資料、運作規模及年期；污染物傳輸途徑（Pathway）之運作設施洩漏情況、污染物物化環境傳輸特性及污染物自然衰解能力；受體（Receptor）承載風險包含不同土地用途承載風險、水資源暴露影響及人體健康風險評析等。甚至美國環保署於2005年提出褐地再生創新技術藍圖中（USEPA, 2005），將風險評估與管理概念完整納入褐地再生管理的決策中，考量褐地再生是否顯著影響環境風險，以釐清污染土地所造成鄰近居民風險危害。褐地風險評估考量污染物特性的判定、環境傳輸機制，以及土地未來利用方式等進行評估（USEPA, 2003）。

　　從各國的管理程序來看，健康風險評估是土壤及地下水污染的管理上非常重要的一項工作，其執行的結果可影響污染場址是否需要進行整治及復育工作，以及如果需要進行整治及復育，其整治及復育目標的規劃與工法方案設計等，皆有賴於適當的風險評估來爲公共政策進行把關。換言之，認識土壤及地下水的風險評估如何執行、需要何種資訊進行評估、評估條件的設定、評估結果的解釋等，均爲執行風險評估時的重點。

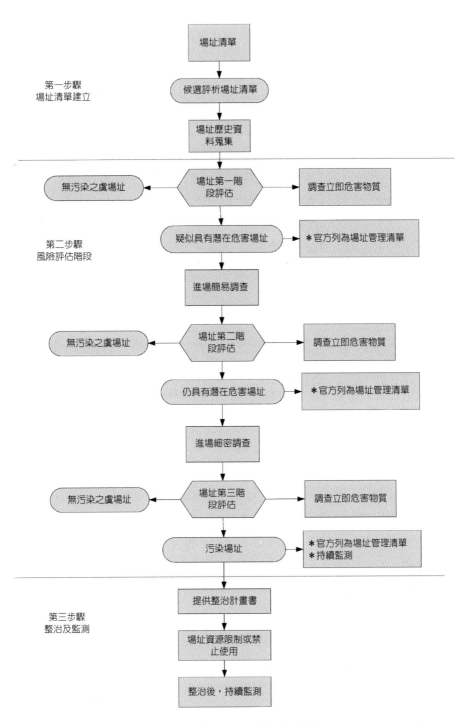

圖1-1　歐盟污染場址管理策略流程圖（修改自RESCUE，2005）

1.3 本書目的與各章介紹

　　污染場址的管理為目前許多社會與地區迫切需要面對的問題。工業、農業甚至住家生活等各種人類活動所排放出來的物質，直接或間接的進入土壤與地下水。由於土壤與地下水污染不易及時察覺，其對環境生態與人體健康的影響也需要相當的時間才會顯現出來，因此受到污染的場址一開始所面對的即是頗為混沌不明的情況。在污染的來源、特性，以及影響的範圍程度與後果等資訊與知識不足的情況下，管理者必須要決定如何處理場址污染的問題，主要為該不該進行整治？當用什麼工法整治？這些決定牽涉場址的地質水文條件、污染特徵、技術可行性，以及對環境品質、生態系統與人類健康的影響，也涉及法規、標準、成本、民眾接受度等面向。在進行決策的過程中各個階段，風險評估均有其功能，提供一部分決策所需的資訊。

　　然而，雖然許多國家在污染場址管理的法定程序之中，已納入風險評估與管理的精神或原則，但因風險評估的不確定性與複雜性，使得決策者與利害關係人未能正確理解風險的意義，也未能善加利用風險評估作為決策輔助的工具。有時候甚至因不當的使用，反而造成決策成本的增加與民眾的質疑。以台灣的情形為例，雖然規範污染場址的土壤及地下水污染整治法，其中對於整治場址有明文規定，如因地質條件、污染物特性或污染整治技術等因素，無法整治至污染物濃度低於土壤、地下水污染管制標準者，得以依環境影響與健康風險評估結果，提出土壤、地下水污染整治目標。然而在實際操作上，核准通過根據風險評估以制定整治目標的案例，卻寥寥無幾。這表示雖然風險評估對於污染場址的管理有潛在的助益，卻未能正確有效的發揮出來。本書的主旨在於嘗試指出風險評估在應用於污染場址的管理與決策過程中，如何能避免不當使用的情形，重點並非重複國際上已有的對於風險評估之學理方法的探究，而是系統性的闡釋風險評估與管理適當的應用情形，討論阻礙風險評估與管理發揮功能的因素。

　　我們觀察到，在污染場址的管理中，風險評估與管理雖然有其學理方法上仍待克服之處，應用層面的問題構成更為主要的挑戰與障礙。本書期望藉由釐清這些重要的挑戰，使風險評估與管理的應用得以步入正軌，能適當地融入污染場址管理的體系。本章在說明本書的緣起及目的之後，第二章即介紹污染場址的管理法規與架

構，以幾個具代表性的地區為例，說明風險評估與管理在法規和管理架構中可扮演的角色。從中可以看見，風險評估在各個地區越來越受到重視，各地區所依據的評估原則雖相當類似，然而在實際運用時的確存在相當差異。為使讀者對風險評估有基本的了解，本書也從實用的角度說明風險評估的執行重點。第三章說明其基本架構與評估步驟。第四章到第八章依循風險評估的程序，一一說明風險評估在各個階段應用的時候必須考量的重點以及可能遭遇的挑戰。第四章論及風險評估的起始階段，即界定系統邊界與評估範疇的階段。一般在進行風險評估時，常見到系統邊界的設定很容易被忽略，在尚未對所面臨的問題以及所欲達到的目的有清楚的認識之前，評估者就迫不及待的開始採樣、選用模式等。如此一來，容易流於為評估而評估，缺乏呼應問題與目的的章法來規劃出適當有效的風險評估。在這個起始的篩選階段，要決定是否需要進行風險評估、評估的目的為何，以及準備好評估計畫，主要包括了範疇界定（Scoping）、問題擬定（Problem formulation）兩項步驟。因為危害物鑑定（Hazard identification）在污染場址的風險評估中，可視為具有篩選評估物質與評估終點的角色，因此也納入該章說明。第五章則討論效應評估階段的挑戰，劑量反應評估（Dose-response assessment）是本階段最主要的步驟，由於危害物鑑定亦涉及效應評估，本章結合這兩個步驟一同討論。第六章和第七章則利用兩章的篇幅，分別說明暴露評估（Exposure assessment）階段中環境宿命與傳輸以及環境介質與人體的暴露評估。暴露評估可以說是風險評估中作業量最大的階段，需要運用模式整合大量參數資訊，涉及環境科學、採樣分析以及數學統計方法。第六章詳細說明如何建立並運用污染物宿命與傳輸模式的要點，並指出經常可能受到誤用的情形；第七章則討論暴露途徑評估階段的挑戰。風險評估的最後一個階段，即風險特性描述階段，需要整合前面的評估工作，呈現風險相關的資訊給決策者來進行風險管理（Risk management）。風險特性描述（Risk characterization）與風險管理及其所面對的挑戰在第八章討論。風險評估的結果是管理與決策的根據，但並非唯一的根據，需要結合經濟社會等面向的考量，通過適當的民眾參與及溝通，從整體的效益來擘劃並選擇最為適當的管理方案。最後，第九章利用案例研究展現本書各章的重點，幫助讀者能夠更為具體的了解並掌握這項評估工具的思維。一本書無法解決所有風險評估所面臨的問題，但期望透過系統性的檢視與討論，能夠讓這一項評估與管理工具有較為清明適度的定位與應用。

土壤及地下水污染整治法規中風險評估之應用

吳先琪　斯克誠　Ralph G. Stahl, Jr.

2.1 美國法規中納入風險之觀念及應用

　　1940年代晚期與1950年代初期，美國開始討論環保法規及成立聯邦政府機構的必要性。在立法上主要的辯論集中於地表水、空氣、含氯殺蟲劑之高使用量，以及環境污染對人體與野生生物的衝擊（Carson, 1962）。辯論持續了數年之後，由尼克森（Nixon）總統於1970年簽署的「國家環境政策法」（National Environmental Policy Act, NEPA, 1970）建立了美國的法規架構。NEPA提供了環境保護工作的架構，並授權給聯邦機關進一步制訂政策與程序，以保護人類與環境免於污染持續的危害。NEPA也設立了環境品質委員會（Council on Environmental Quality, CEQ）以監督早期的國家級環保計畫，並確保聯邦機關之間合作無間以落實計畫工作。因此，CEQ可算是第一個美國聯邦政府的「環境機關」。

　　NEPA的用語中包括了保護人體與環境有關的「風險」討論，這是聯邦法規中最早提出的。NEPA也規定保護並保存「生態系統」與自然資源，如今看來相當有前瞻性。以此，「風險」與「保護」，本書所討論議題的兩大基礎，實乃發源於NEPA，並隨著時間演進，透過美國各種環境立法而強化。

　　隨著NEPA的建立，很快便清楚的知道CEQ並沒有足夠的人力與專業以管理全國的環境計畫，顯然需要一個具備適當的人員與專業的政府機關來監督環境計畫，並發展與執行依據NEPA所設立的法規。因此，1970年美國環保署（US Environmental Protection Agency, USEPA）成立。早期USEPA的工作集中於空氣（空氣清淨法案，Clean Air Act，1963）與水（聯邦水污染控制法，Federal Water Pollution Control Act，1972）。至於早期工作集中於空氣與水的原因，在於這些污

染在全國皆備受矚目，並且受到報紙與電視記者的高度關注。

NEPA公布實施及美國環保署成立不久之後，發現全國大部分的水、地下水、空氣、土壤的污染源來自製造業與廢棄物棄置場，但卻沒有法規來因應處理。在許多案例中，這些場址有長久的營運歷史，較環境法規的建立更早。甚至，部分場址已經沒有所有人或已經廢棄，而有的場址仍用於工業生產。於是另外兩個法案應運而生來處理這些污染場址。

第一個法案為1976年通過的資源保育與回收法（Resource Conservation and Recovery Act, RCRA, 1976），用以處理仍有所有人或仍在營運中的場址。RCRA授權美國環保署以「搖籃到墳墓」之方式控制有害廢棄物，並規範有害廢棄物的製造、運輸、處理、儲存及廢棄。根據RCRA，所有的機構都需要得到許可，並根據RCRA的規範來處理、儲存及棄置有害廢棄物。RCRA也建立了對非有害廢棄物的管理規範。自從1976年，基於政府及業界所得到更多有害廢棄物的相關經驗，RCRA經歷了多次修改。例如，1984年的修法，RCRA開始逐步淘汰有害廢棄物的露天掩埋場，設立更完善的地下儲存槽計畫，並要求申請營運許可的機構必須進行環境調查與整治。此為第一個要求進行介質調查與整治的聯邦法案，使許多位於美國的公司受到壓力啟動整治計畫。

雖然RCRA屬於聯邦法規，但是它授權各州來執行。各州需要接受它並將RCRA法規整合於各州的法規中，制定必要的規範，然後聯邦才授權各州執行相關計畫。目前有42個州獲授權執行RCRA計畫。由於並非全部的州都有能力或資源執行RCRA計畫；這時，聯邦政府會與州政府合作來共同執行RCRA計畫。現在多數的整治與生態復育計畫（包括聯邦與州層級），乃透過立法共同制定。一旦法案通過，便會透過法規程序來執行法律；同時，法案之施行程序中均要求有公民提供意見及參與。

第二個法案為1980年的「全面環境對策、賠償與責任法案」〔Comprehensive Environmental Response, Compensation and Liability Act, 1980（CERCLA）〕，或稱為超級基金（Superfund），主要管理對象為找不到所有人或被廢棄的污染場址。CERCLA乃基於廢棄物管理不當導致衝擊人體健康與環境，但卻沒有法規架構處理此問題而設立。CERCLA亦針對石油業與化工業徵收聯邦稅以整治廢棄的掩埋場。通過這些法案的同時，科學家也對於有關於毒理、化學暴露、化學物質與空氣、土壤、地表水及地下水系統的相互影響與傳輸機制累積了更多的知識。

　　類似於RCRA計畫，因為有了更多的了解與技術，CERCLA也不斷地修改。例如，1986年時，超級基金改為更加強調永久性整治與新技術，並執行聯邦、州、縣、地方適用的法律配合整治。同時在法律程序中賦予州政府更重要的角色以及將「共負的責任」（Joint liability）及「分攤的責任」（Several liability）的概念納入法條中。

　　根據CERCLA計畫，所有國家優先清單（National Priority List, NPL）上的場址皆須有因應措施。州政府可要求美國環保署依場址危害評分系統（Hazard Ranking System, HRS）的分數將某場址列入NPL。HRS乃根據污染物以及人體與野生生物可能遭受的暴露來評分。HRS可用來判定哪些場址需要優先處置，哪些場址的優先度較低。CERCLA計畫在州政府的幫助下由環保署執行。有些州因為希望處理在聯邦評分系統中並非高分，卻為場址所在社區所關切的污染場址，自己訂定了類似於聯邦層級超級基金計畫的「超級基金」計畫。

　　同時執行聯邦層級與州層級的整治計畫可能帶來一些挑戰。例如：某些場址接受一個以上的主管機關或部門來管理，並且這些部門分屬聯邦與州。州政府所要求的整治目標可能高於聯邦政府所要求的目標。因此，污染責任者可能在嘗試訂定整治目標以及實行時左右為難。各個部門都認為自己有對於某特定場址的主導權，也造成另一個問題。污染責任人除非得到主管機關許可，可能不願或不能進行場址調查。因此，花了許多時間決定哪個單位為主管機關，等於拖延整治進度。

　　負責整治計畫的單位權責重疊（州與聯邦），直到今天都困擾污染責任人與政府機關。處理此問題的一種方法是透過備忘錄（Memorandum of Understanding, MOU）。MOU為法定文件，指出哪些種類的污染場址由聯邦允許州政府自行處理。這對於被列於NPL場址的褐地（Brownfield）尤其重要，因其可能影響未來褐地的整治、交易與再開發。在許多案例中，當場址已達成州政府所要求的整治標準，美國環保署會發給「免起訴保證」，使開發者得以安心進行後續計畫，無須擔心被聯邦要求後續整治。

　　隨著法律執行的經驗，美國法案的優缺點越來越明顯。近年來，主要的管理焦點越來越集中於污染防治，但也必須完成全國性的整治措施。焦點集中於污染防治的重要性在於部分的計畫獎勵污染防治，誘使企業更加積極地管理廢棄物。在美國，RCRA要求廢棄物減量，這對於預防污染也有幫助。

　　CERCLA的挑戰性在於其有追溯性的連帶（Joint）污染責任規定條文。此規定

具追溯性，可能成為再利用污染場址的阻礙。2002年之前，任何購買污染不動產的人即成為CERCLA所認定的污染責任人並需負擔整治責任，有時這會導致購買者無法即時再利用土地。

美國現行整治計畫的問題還有不同法規之間的衝突。在某些法規被定義為「有害」（Hazardous）的化學物質在其他法規中被定義為「無害」（Non-hazardous）。另外，同樣的化學物質雖然以同樣濃度存在於場址環境中，其處理與廢棄方式卻可根據該物質在形成廢棄物之前的使用方式而大不相同。不同法規的定義影響了整治時間與費用，導致了整治方案傾向於阻絕而不移除污染物。

最後，雖然RCRA及CERCLA以保護人類健康與環境為目的，美國多數的整治計畫仍著重於技術導向而非風險導向。兩法案均應用風險為基礎的架構，但是從法條文字轉譯成為法規政策及保護民眾與環境的風險管理，並非全靠風險。例如：CERCLA相當強調主動整治（Active remedies）。這種為「處理偏好」（Preference for treatment）的傾向，會使得管理者優先採用像是將一個場址的污染土壤挖除的這類主動整治的方法；縱然風險評估的結果顯示自然衰減法（Monitored Natural Recovery, MNR）足以保護人體健康及環境，在此情況下通常不會採用。後續本章也會討論到歐洲處理污染場址的司法架構中也有相似的情形。有些國家允許用風險評估為基礎的整治，有些不允許。這主要並非由於在不同的國家內，風險評估受到大眾理解的程度不同，也不是習慣或不習慣所致，而是各國將風險評估用於國家整治計畫的策略有所不同。雖然在歐洲及美國均有使用風險評估的方法與先例，但都不是絕對要求的。

強調風險導向，可能使整治程序更有一致性，並使資源用在人體與環境最具風險的地方。今天，許多州層級的「基於風險的自願清理計畫」快速整治了許多非超級基金場址。這種由技術導向轉為風險導向的變化，乃是因為認識到技術導向的做法難以面對某些高污染以及複雜的場址。

2.2 「風險評估」在台灣管理污染場址工作上之角色

2000年在「土壤及地下水污染整治法」（簡稱「土污法」）公告之前，台灣對於污染場址，例如：桃園中福地區農地重金屬污染場址、RCA廢棄溶劑污染場

址及其他多處農地的重金屬污染之處理方法，是成立任務編組之專案小組，並協助環保署或地方政府來評估危害程度與訂定整治目標。例如：早期由環保署訂定之農地重金屬五級標準，以土壤中植物有效重金屬含量（0.1M鹽酸可萃取之土壤含量）訂定「缺」、「低」、「中」、「高」及「毒害」等不同之污染程度（邱再發等，1989；王銀波等，1992；王銀波等，1993；王銀波等，1994）。當時訂定標準時雖有考慮重金屬滲入地下水層而被抽取飲用的風險，但以台灣一般之地質環境，飲用地下水的風險通常不顯著；因此標準訂定之基礎偏重於對農作物之危害，或經由農作物吸收而造成產品濃度超過食品衛生之標準。

　　土污法公告後，金屬污染管制標準之研訂，主要乃參考許多國家土壤重金屬污染管制標準（丹麥、義大利、澳州、紐西蘭、比利時、荷蘭、挪威、南非、瑞典、瑞士、英國、美國、歐盟、德國、加拿大及中國大陸等）及國內重金屬「五級標準」等相關研究研擬之建議管制標準，研訂土壤污染管制標準。有機物質管制標準之研訂主要參考國外（芬蘭、法國、蘇聯、荷蘭、澳洲及加拿大等）以及美國各州基於保護地下水水質之土壤有機化合物污染管制標準（爲「安全飲用水法」之下所計算得到之最大污染物濃度標準，考量致癌物質小於10^{-6}致癌風險及非致癌物質小於0.1危害商數）及少數國內研究建議值（吳敏煌，2001；行政院環保署，2001）。這些管制標準值之訂定，多未有本地風險評估之結果爲依據。

　　土污法之母法中雖規定了單一濃度的管制標準，但是也承襲美國「超級基金」的精神，在很多管制條文中，將風險評估做爲決策的工具。

一、控制場址初步評估

　　土污法第12條規定：「控制場址經初步評估後，有嚴重危害國民健康及生活環境之虞時，應報請中央主管機關審核後，由中央主管機關公告爲土壤、地下水污染整治場址」。

　　環保署根據母法，於2003年5月7日發布「土壤及地下水污染控制場址初步評估辦法」。辦法中規定有下列情形之一者，環保署審核後公告爲整治場址：

1. 控制場址之單一污染物最高濃度達土壤或地下水污染管制標準二十倍。
2. 依土壤污染評分（T_s）及地下水污染評分（T_{gw}）計算污染總分P值達二十分以上。

3. 控制場址位於飲用水水源水質保護區內、飲用水取水口之一定距離內或水庫集水區內。

4. 控制場址位於國家公園、野生動物保護區、敏感性自然生態保育地或稀有或瀕臨絕種之動、植物棲息地。

5. 控制場址位於風景特定區或森林遊樂區。

6. 控制場址位於學校、公園、綠地或兒童遊樂場。

7. 其他經中央主管機關指定公告重大污染情形。

其中土壤污染評分（T_s）為土壤污染物濃度達土壤污染管制標準之倍數總和（ΣT_{si}），其計算方式如下：

$$T_s = \Sigma T_{si} = C_1/S_1 + C_2/S_2 + \cdots\cdots + C_n/S_n \tag{2-1}$$

C_i：達土壤污染管制標準第i種污染物濃度，$i = 1, 2\cdots\cdots n$

S_i：第i種土壤污染物管制標準，$i = 1, 2\cdots\cdots n$

地下水污染評分（T_{gw}）為地下水污染物濃度達地下水污染管制標準之倍數總和（ΣT_{gwi}），其計算方式如下：

$$T_{gw} = \Sigma T_{gwi} = C_1/S_1 + C_2/S_2 + \cdots\cdots + C_n/S_n \tag{2-2}$$

C_i：達地下水污染管制標準第i種污染物濃度，$i = 1, 2\cdots\cdots n$

S_i：第i種地下水污染物管制標準，$i = 1, 2\cdots\cdots n$

污染總分P值之計算方式如下：

$$P = \sqrt{\frac{T_s^2 + T_{gw}^2}{2}} \tag{2-3}$$

這種方法判定控制場址的危害性，已經將可接受的危害性，設定為管制標準濃度的某個倍數，不考慮場址污染物傳輸的特性，也不考慮受體暴露行為的特性（人的行為模式），可視為一種粗略的危害性篩選工具。

此辦法於2006年修正，增加「控制場址符合第二條第一項規定者，所在地主管機關得通知場址污染行為人及土地使用人、管理人或所有人申請辦理健康風險評估。」即健康風險評結果其致癌風險低於百萬分之一且非致癌風險（Non-cancer risk）低於一者，無須公告爲整治場址。環保署接著在同年公告了「土壤及地下水污染場址健康風險評估評析方法及撰寫指引」（環境保護署，2006）。

二、層次性健康風險評估

環保署於2014年停用「土壤及地下水污染場址健康風險評估評析方法及撰寫指引」（環境保護署，2006），另行公告「土壤及地下水污染場址健康風險評估方法」（環境保護署，2014），供各界進行風險評估之作業。公告的「土壤及地下水污染場址健康風險評估方法」中，仍採用了層次性之步驟。該指引對於層次性健康風險評估有如下之介紹：由第一層次至第三層次，其暴露情境的假設與暴露參數的引用由簡單至複雜。第一層次的健康風險評估使用的多爲預設之情境與數值，現地調查較少，而第二層次健康風險評估的暴露情境雖爲預設，但暴露參數則以現地調查之結果爲主。又第一層次與第二層次的健康風險評估中所評估之暴露途徑（Exposure pathway）多屬直接暴露途徑（Direct exposure pathway），若污染物可能經由間接暴露途徑（Indirect exposure pathway）對人體或生態造成影響，則應直接進行第三層次健康風險評估。在第三層次的健康風險評估中，除了暴露途徑與情境較複雜外，暴露參數亦可以統計分布來代替定值，再利用蒙地卡羅模擬（Monte Carlo simulation）之方法，計算風險的分布。

層次性健康風險評估的含義是：由第一層次進入第二層次及第三層次，評估所需要〔現場調查、環境分析、爲建立受體暴露模式所需之調查與問卷、建立各場置性（Site specific）之參數值等〕之費用逐層大幅增加；而由極保守之預設參數值，逐層轉換成較不保守之場置性之參數，甚至根據實際調查所得之受體行爲模式，採用較不保守但是比較符合場址特性之暴露時間與頻率。

三、整治場址處理等級評定

環保署於2003年根據當時母法第12條規定，發布「整治場址污染範圍調查影響環境評估及處理等級評定辦法」，規定整治場址之污染行爲人或污染土地關係人應調查整治場址之土壤、地下水污染範圍及評估對環境之影響，並將調查及評估結果，報請中央主管機關評定處理等級。

此「整治場址處理等級評定辦法」之內容沿襲美國超級基金場址之危害等級

評定系統（Hazard Ranking System, HRS），依據污染場址之污染程度、土地使用狀況及污染物危害性來給予分數，並且將土壤（SL）、地下水（GW）及地表水（SW）之危害評分總和計算得到總分（TOL）：

$$TOL = \sqrt{\frac{SL^2 + GW^2 + SW^2}{3}} \tag{2-4}$$

在該「等級評定辦法」所附的評分表中，考慮危害大小的因子包括：

1. 土壤、地下水及地表水中污染物之濃度。
2. 土地使用狀況，包括是否為飲用水水源水質保護區、住宅區、農業用地、工業區等。
3. 污染介質的體積。
4. 污染物毒性（半致死劑量及致癌性分類）。
5. 水中溶解度及有機碳分配係數（K_{oc}）。
6. 水力傳導係數。
7. 正辛醇─水分布係數（K_{ow}）及生物濃縮因子（BCF）。

這種評分方法除了污染物的濃度，還考慮了一些污染規模、毒性大小、少許污染物在環境中之傳輸參數及生物累積等因子。但是在評分時，缺少的資料均用最保守值代替，例如：濃度即以場址中之最高濃度為代表。同時也不考慮受體之行為模式，仍然是一種粗略的危害性篩選工具。

依當時母法之涵義，其實等級評定的結果，僅用於由政府主管機關出面整治之場址之排序，對於已有整治者之場址，並不具意義。

四、合併污染場址初步評估暨處理等級評定

環保署在2013年發布「土壤及地下水污染場址初步評估暨處理等級評定辦法」，將場址初步評估及處理等級評定兩項評估工作合在一起。新辦法中除等級評定之評分方法略有修正之外，依據土壤污染途徑影響潛勢評分（SL）及地下水污染途徑影響潛勢評分（GW）之總和（TOL），同時做為是否公告為整治場址之（初步）評估方法（$TOL > 1200$），也是中央主管機關排定處理等級之依據。

新辦法：

$$TOL = \sqrt{\frac{SL_T{}^2 + GW_T{}^2}{2}} \qquad (2\text{-}5)$$

其中SL_T及GW_T分別為土壤及地下水污染途徑影響潛勢評分。此污染途徑影響潛勢評分方法考慮了：

1. 土壤及地下水中污染物與管制標準之比較。
2. 場址是否位於學校或敏感區位，是否屬於住宅區或緊鄰住宅區。
3. 污染場址或管制區之面積。
4. 污染物與場址之特性等。

至於控制場址，「評定辦法」中並沒有控制場址可以依風險評估之結果來判定是否須公告為整治場址之條文。

五、訂定整治場址之整治目標

為了使土壤及地下水污染整治場址的整治能有最經濟（低整治成本）和最有效益（最大量降低風險）的結果，母法中允許在某些情形下，依環境影響與健康風險評估結果，提出土壤、地下水污染整治目標。例如：土壤、地下水污染整治計畫之提出者，如因地質條件、污染物特性或污染整治技術等因素，無法整治至污染物濃度低於土壤、地下水污染管制標準者，報請中央主管機關核准後，依環境影響與健康風險評估結果，提出土壤、地下水污染整治目標。

此外，因為整治場址之污染行為人或潛在污染責任人不明或不遵行規定提出整治計畫進行整治時，主管機關即應提出「污染物濃度低於土壤、地下水污染管制標準之土壤、地下水污染整治目標」；或視財務及環境狀況，提出「環境影響及健康風險評估」，並依評估結果，提出土壤及地下水污染整治目標。

土污法同時也對污染的底泥進行風險評估，以決定該底泥污染場址是否需要整治。母法中規定：「農業、衛生主管機關發現地面水體中之生物體內污染物質濃度偏高時，應即通知直轄市、縣（市）主管機關。直轄市、縣（市）主管機關於接獲前項通知後，應檢測底泥，並得命地面水體之管理人就環境影響與健康風險、技術及經濟效益等事項進行評估，評估結果認為具整治必要性及可行性者，始得實施。」

對於污染物係自然環境存在經沖刷、流布、沉積、引灌致造成場址污染，而非

人爲造成污染者，主管機關得對環境影響、健康風險、技術及經濟效益等進行評估，認爲具整治必要性及可行性者，則進行整治。

　　以上這些管理污染場址整治之決策，均應用風險評估這項工具，因此環保署於2013年針對整治場址評估，公告了「土壤及地下水污染整治場址環境影響與健康風險評估辦法」，做爲程序之規範，加上「土壤及地下水污染場址健康風險評估方法」（環境保護署，2014），指引風險評估之進行。

2.3 歐洲國家法規架構及風險評估之應用

　　歐洲因爲牽涉的國家爲數眾多，對於環境場址的管理方法仍持續改變。許多歐洲國家已有整治計畫，有些與美國的計畫一樣行之有年。然而，歐盟建立後產生了許多改變。雖然歐盟各會員國有各自的計畫，歐盟仍通過了一系列環境指令，指導會員國執行某些環境任務。歐洲過去的計畫已經提供了許多有用的經驗以供未來改進。相關的環境指令綜整如下。

　　如前所述，歐盟在各個環境指令中使用或允許風險評估的情形隨各國而異。選擇環境污染的整治方法基於許多原則，其中包括技術之實用性、成本、利害關係人的喜好或風險。以風險爲基礎的整治計畫是存在的，尤其是在英國。歐盟的許多法規計畫也採用風險評估爲工具，使得所有歐盟會員國的化學品管理計畫改頭換面的「化學品註冊、評估、核准及限制（準則）」（Registration/Evaluation/Authorization and Restriction of Chemicals, REACH）就是很好的一個例子。REACH開始要求化學品製造商提出他們產品的風險評估，若毒理學及人體暴露的數據不足，則公司必須自行研發這些數據供風險評估之用。但是歐盟整治計畫的情況就有些不同；會員國可以發展他們自己的法規和風險管理政策，並未強制將風險評估納入法規。

一、歐盟責任指令（The EU Liability Directive）

　　此爲初期的歐盟環境法規之一，處理對土地、自然資源、野生動物的潛在傷害。此指令（2004/35/EC）建立了污染責任的一般架構，以預防及整治對於動植物、自然棲地、水資源、土地等的損害。此究責架構適用於某些特定的活動以及當

營運者（擁有者）不遵照法規防治污染的情況。公部門亦必須確保營運者負起污染排放事件的責任以及使其負擔必須的預防與整治費用。

二、整合污染防治與控制指令〔Integrated Pollution Prevention and Control（IPPC）Directive〕

此指令（2008/1/EC "the IPPC directive"）要求具有高污染風險的工業與農業活動須取得許可。由於必須符合特定的環境條件才可頒發許可，因此企業本身有責任預防與減輕可能的污染。

此指令中定義新的與既有的高污染風險的工業與農業活動，並定義了這些活動所必須遵守的義務。此指令建立授權這些活動需經的程序，並設定了各種許可所要求的最低標準，特別是關於污染排放的標準，其目的是預防與減少空氣、水、土壤中的污染，以及由工業及農業造成的排放量，以確保高規格的環境保護。

三、工業排放指令〔Industrial Emission Directive（IED），2010/75/EU〕

此指令於2011年1月6號起執行，連同其他規範，再次確認整治費用的責任歸屬。此指令要求工廠必須獲得許可才能營運，尤其重要的是要求工廠使用最佳的科技以控制排放。此外，該指令規定許可中應包含對土壤與地下水的保護連同監測計畫。同時，基準值須先建立，以利確認取得許可的工廠是否造成了土壤與地下水的污染。

四、水資源保護與管理（Water Framework Directive）

此指令（2000/60/EC）的架構可用來保護陸地上的地表水、地下水、過度地帶的水體、海岸水體。此架構指令有多個目標，例如：預防與減輕污染、促進永續水資源使用、環境保護、改善水域生態系、減輕洪水與旱災的影響。終極目標是於2015年之前使所有的水體達到「好的生態與化學狀況」。

五、土壤保護的主要策略（Thematic Strategy for Soil Protection）

歐盟議會提出此架構與一般性的目標以防止土地耗損、保存土壤功能，以及回復耗損的土壤〔COM（2006）231〕。根據此提案的管理策略之一，便是認定有風

險的區域以及污染場址為需要實行回復耗損的土壤。此主要策略提供方案以保護與保存土壤，以維持土壤的生態、經濟、社會、文化功能，並整合各國與歐盟層級的土壤保護政策；其提供了方法以發現問題、防治土壤耗損、回復污染與耗損的土壤。執行的關鍵在於提案建立歐盟指令，以使會員國對方案進一步修改來採取適合各自地方的措施。

此提案的指令提供會員國適當的方案以防止危險物質所造成的土壤污染；會員國必須對於濃度會造成顯著之人體與環境風險的危險物質，建立場址清單。同時也必須建立特定作業的場址清單（掩埋場、機場、港口、軍事場址、IPPC指令規範的作業活動等）。

這些場址進行交易時，場地所有人與潛在的買家必須提交土地狀況的報告給當地的國家機關及其他相關團體。此報告必須由會員國授權的機關或人員製作，會員國必須根據國家策略所規定的優先性來整治污染場址。若無法找到污染責任人負擔整治費用時，會員國必須制定規範以獲得適當財源。目前為止，並沒有足夠的會員國支持本策略來建立並通過一個明文的歐盟土壤指令。

雖然歐盟已建立架構來決定如何支付整治費用，但此原則在各會員國的實際運作差異甚大。許多會員國有嚴格的責任歸屬規定，但有些會員國沒有。例如：丹麥的環境法規建立於污染者付費原則；然而，對於污染責任的追訴期為20年，超過追訴期後，污染者不需負責，整治費用將由國家支付。丹麥的土壤污染法案於2000年通過，此法案成為包括褐地等污染土地的法律基礎。此法案使地方政府在於調查整治污染場址上著力，並且有助於未來褐地的整治。

2.4 「風險評估」在中國土壤復育工作中之角色

中國自從1980年代改革開放以後，工業急速發展，環境保護的意識也相對較為薄弱，因此造成了包括工業場地的污染、農田的污染、礦區的污染以及鄰近鄉鎮的土壤污染，並且進一步引發地下水的污染。自2000年以來，隨著城市布局調整、規模的擴大和伴隨的產業轉移，大量工廠企業搬遷，導致遺留、棄置的工業污染地塊大量出現，也就是所謂的褐地（Brownfield），在中國稱為棕地，嚴重影響城市的布局發展以及居民的健康。此外，受到污染的農田與土地影響食品安全，關於

「血鉛」、「毒大米」等問題不斷在網路上流傳，讓人們對土壤污染加倍警覺，因此大約在2008年前後，對土壤及地下水環境品質管制的需求引起國家與社會的廣泛關注。

在2009年，中國環保部發布《場地環境調查技術規範（徵求意見稿）》、《污染場地風險評估技術導則（徵求意見稿）》、《污染場地土壤修復技術導則（徵求意見稿）》，廣泛徵求各界關於污染場地調查、管理及修復的專家意見。於此同時，一些大型都市也自行頒布地方行政導則，如：重慶市於2010年頒布《重慶場地環境風險評估技術指南》，並且在重慶鋼鐵廠、民豐化工廠、重慶農藥廠、重慶萬里電池廠等老舊工廠搬遷時，運用這個技術指南進行場地環境調查、人體健康風險評估、訂定修復目標值等工作，這也是中國最早使用風險評估方法進行污染場地管理的正式明文規定文件。

中國環保部於2012年發布《污染場地土壤環境管理暫行辦法（徵求意見稿）》，釐清污染場地的管理工作架構，主要分為四大步驟：一、場地土壤環境初步調查；二、場地土壤環境詳細調查；三、場地土壤污染風險評估；四、污染場地土壤治理與修復工作。其中風險評估是主要關鍵步驟，擔負著判定是否需要進行污染修復，以及設定該場地修復限值的工作。

同時於2012年，環境保護部、工業和資訊化部、國土資源部、住房和城鄉建設部聯合發布了《關於保障工業企業場地再開發利用環境安全的通知》，明確規定關停併轉、破產、搬遷的化工、金屬冶煉、農藥、電鍍和危險化學品生產、儲存、使用企業，應當在土地出讓前完成場地環境調查和風險評估工作。經風險評估證明對人體健康有嚴重影響的污染場地，未經治理修復或者治理修復不符合相關標準的，不得用於居民住宅、學校、幼稚園、醫院、養老院等專案開發。同時規定新（改、擴）建的建設專案，在環境影響評價階段應當對建設用地的土壤和地下水污染情況進行環境調查和風險評估。

而於2009年發布的三個技術導則的徵求意見稿經過四年的反覆討論及修訂，中國環保部於2014年初定稿，共細分為四個技術導則及一份專業術語，並且規定於2014年7月1日正式實施，通稱為五標準。這五項正式技術標準分別是：《場地環境監測技術導則》、《場地環境調查技術導則》、《污染場地風險評估技術導則》、《污染場地土壤修復技術導則》及《污染場地術語》。

《場地環境監測技術導則》主要是規範在污染場地調查、評估、修復等各階

段，所需實施的監測內容，包括：場地環境調查監測、污染場地治理修復監測、修復工程驗收監測及污染場地回顧性評估監測。導則中對於監測範圍、監測對象、監測計畫都有所規範。對於監測點位的布設也有說明，另規定在場地環境監測調查時，每個土壤監測點的涵蓋面積不應高於1600平方公尺，同時在較小的場地，不應低於五個土壤監測點。

《場地環境調查技術導則》則是更進一步規範場地在啟動調查時，所需採取的工作內容及步驟，包括：第一階段場地環境調查、第二階段場地環境調查、第三階段場地環境調查。其中第一階段場地環境調查著重在資料分析、現場踏勘及人員訪談，第二階段場地環境調查則是土壤及地下水的採樣分析，當第二階段場地環境調查結果超過中國的國家標準或是國外的污染篩選值，顯示風險評估有所必要時，必須進行第三階段場地環境調查，主要內容為場地特徵參數及受體暴露參數的調查。該導則並且舉例說明可能需要的參數，在場地的特徵參數方面包括：不同代表位置和土層或選定土層的土壤pH值、容積重量、有機碳含量、含水率和質地等；場地所在地的氣候、水文、地表年平均風速和水力傳導係數等。受體暴露參數等，包括：場地及周邊地區土地利用方式、人群及建築物等相關資訊。

《污染場地風險評估技術導則》的工作內容與國際上慣用的風險評估方法一致，包括：危害物鑑定、暴露評估、劑量反應評估、風險特性描述，以及土壤和地下水風險控制值的計算。各階段的工作流程如圖2-1所示。

在危害物鑑定部分，依據第三階段場地環境調查結果，掌握場地土壤和地下水中關切化學物質的濃度分布，且規劃未來土地利用方式、分析可能的敏感受體，如：兒童、成人、地下水體等。在暴露評估部分，分析場地內關切化學物質遷移及敏感受體受危害的可能性，確定場地土壤和地下水污染物的主要暴露途徑和暴露評估模型、確定評估模型參數的取值，以及計算敏感人群受到土壤和地下水中污染物的暴露量。在毒性評估部分，分析關切化學物質對人體健康的危害效應，包括致癌效應和非致癌效應，確定與關注化學物質相關的參數，包括參考劑量、參考濃度、致癌斜率因數、呼吸吸入單位致癌因數等。在風險表徵部分，採用風險評估模型計算土壤及地下水中單一污染物經過單一途徑的致癌風險和危害商數，再計算單一污染物的總致癌風險和危害商數，並且進行不確定性分析（Uncertainty analysis）。經由風險表徵的計算，判斷風險值是否超過可接受的風險水準。如果未超過，則結束風險評估工作；如計算結果顯示超過可接受的風險水準，則計算土

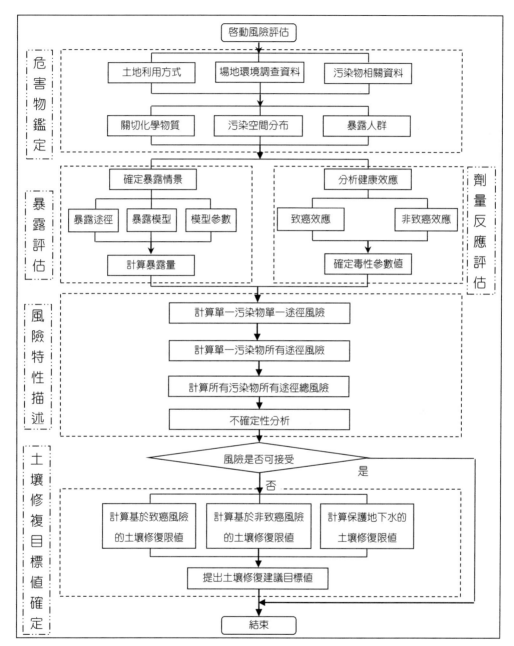

圖2-1　污染場地風險評估程式與內容

壤、地下水中關切化學物質的風險控制值；如果調查結果表明，土壤中關切化學物質可能遷移進入地下水，則計算保護地下水的土壤風險控制值。《污染場地風險評

估技術導則》明訂單一污染物的可接受致癌風險水準爲10^{-6}，單一污染物的可接受危害商數爲1。

在暴露評估階段，需要考量不同的暴露情境。《污染場地風險評估技術導則》規定了兩種典型用地方式的暴露情景，即以住宅用地爲代表的敏感用地和以工業用地爲代表的非敏感用地。敏感用地又參照《城市用地分類與規劃建設用地標準GB50137-2011》再細分爲城市建設用地中的居住用地、文化設施用地、中小學用地、社會福利設施用地中的孤兒院等。在敏感用地情景下，兒童及成人的暴露均需進行評估。非敏感用地則再細分爲城市建設用地中的工業用地、物流倉儲用地、商業服務業設施用地、公用設施用地等。

在暴露途徑方面，《污染場地風險評估技術導則》規定了九種主要暴露途徑和暴露評估模型，包括：經口攝入土壤、皮膚接觸土壤、吸入土壤顆粒、吸入室外來自表層土壤的氣態污染物、吸入室外來自下層土壤的氣態污染物、吸入室內來自下層土壤的氣態污染物共六種土壤污染物暴露途徑，以及吸入室外來自地下水的氣態污染物、吸入室內來自地下水的氣態污染物、飲用水共三種地下水污染暴露途徑。

計算風險表徵時，應根據每個採樣點樣品中關切化學物質的檢測數據，計算污染物的致癌風險（Cancer risk）和危害商數（Hazard quotient）。如：某一地塊內關切化學物質的檢測數據呈常態分布（Normal distribution），可根據數據的平均值、平均值信賴區間上限值或最大值計算致癌風險和危害商數。然而在實際進行評估時，很少使用檢測數據的平均值來計算污染物的致癌風險和危害商數。對於小型場地，一般使用檢測數據的最大值來計算，大型場地或複雜場地則偏向使用檢測數據的信賴區間上限值（通常是95%）。

《污染場地風險評估技術導則》也規定風險表徵計算完成後，應進行不確定性分析，辨別造成污染場地風險評估之結果不確定性的主要來源，包括暴露情景假設、評估模型的適用性、模型參數取值等多方面。導則中推薦了單一污染物經不同暴露途徑的致癌風險和危害商數貢獻率之分析模型，又規定若單一暴露途徑貢獻率超過20%時，應進行人群與該途徑相關參數的敏感性分析，而計算敏感性比值的模型也在導則中有所定義。

根據上述方法計算結果得到的基於致癌效應及非致癌效應的土壤風險控制值、地下水風險控制值，應選擇較小的數值作爲該場地之土壤及地下水的風險控制

值。《污染場地土壤修復技術導則》又規定污染場地的修復目標應該將此風險控制值作為主要參考數值，並考量國家有關標準中規定的限值，做出個別場地的修復目標值。因此修復目標值不一定與風險控制值相同，而可能考慮其他社會、技術可行、國家有關標準等因素，最終取決於各地環保機關的決策權。然而在實際執行時，大部分的案例是修復目標值與風險控制值相同。

　　值得注意的是《污染場地風險評估技術導則》原先在徵求意見稿的階段，有污染場地風險評估之土壤啓動值的附表，但是在2014年正式頒布時卻未包含這個附表，其原因可能是因為各方對於土壤啓動值的數值及使用時機尚有不同意見。因此目前各地研究設計院、技術諮詢公司實際進行場地與環境調查時，仍是以中國大陸的《土壤環境品質標準》、《地下水品質標準》或是地方性的標準，如：北京市《場地土壤環境風險評價篩選值》、上海市《展覽會用地土壤品質評價和修復標準》等，作為評估場地土壤及地下水是否遭受污染的標準。如果某些關切化學物質不在這些標準的表列分析項目內，則會參考國外的標準，如：荷蘭介入值（Dutch Intervention Value, DIV）、美國EPA每年公布的篩選值（Regional Screening Level, RSL）等。

　　2014年發布的五項技術標準與2009年徵求意見稿相比，賦予了較多的靈活性，刪除了一些統一的環境標準、參數取值及要求，例如：風險評估的土壤啓動值，這與中國國土面積廣闊、土壤及水文地質條件千差萬別的特點相適應。然而，這樣的靈活性也需要各地方環境監管機關及技術從業單位具有更專業的知識和更多的實踐經驗。

　　《污染場地風險評估技術導則》明訂單一污染物的可接受致癌風險水準為10^{-6}，與國外一般可接受的範圍（$10^{-4} \sim 10^{-6}$）相比較，是一個相當嚴格的作法，甚至可能造成計算出的風險控制值低於關切化學物質的背景濃度，例如：在某些場地的土壤重金屬背景濃度就高於風險控制值。同時，由於污染場地修復的時間點通常在土地開發細部規劃前，對於未來開發地塊內哪些區域屬於住宅區（敏感用地）、商業區（非敏感用地）無法細分，因此可能會使得土壤及地下水風險控制值的取捨從嚴處理。

　　總體而言，風險評估在中國的污染場地管理中扮演了關鍵性的角色。藉由風險評估的工作，各地的污染場地修復可以因地制宜，不需要再使用一套統一的國家標準，可以兼顧地方環境保護、經濟實力及土地開發誘因，也可能進一步導向褐地再

開發利用的機制，使得荒廢的褐地可以再生，達到人群與土地永續經營的終極目標。

風險評估的基本概念

許惠悰

3.1 何謂風險？

　　我們活在一個充滿風險的社會中，生活中讓人擔心的事件層出不窮，例如：發生在2013年，某家知名的半導體廠偷排廢水至高雄市的後勁溪（中央社，2013a），廢水中含有高達4.38mg L^{-1}的重金屬鎳（致癌物質），對於後勁溪下游引水灌溉的農田是否會產生影響，進而對生產出來的農產品及攝食此地農產品的消費者形成健康風險的疑慮值得深入探究。同年底彰化又爆發10家電鍍業者設埋暗管偷排毒液，恐有1800多公頃的農地遭受污染的新聞。2010年時，位於高雄之國內非常知名的塑膠工廠，經行政院環保署的調查，確認該廠土壤及地下水嚴重污染，致癌物質1,2-二氯乙烷的檢測濃度超過管制標準高達三十萬倍、氯乙烯超過標準值975倍、苯超出70倍。如此高濃度的致癌物質存於地下水中，對於周遭環境的影響確實不容小覷。另外，2013年爆發了食用油及麵條中違法添加銅葉綠素（Copper chlorophyll）或銅葉綠素鈉（Sodium copper chlorophyllin），而引起了民眾極大的恐慌（中央社，2013b）。2011年，日本的福島外海發生9.0規模的大型逆衝區地震，並引發最高40.5公尺的海嘯（Japan Broadcasting Corporation, 2011）；海嘯的衝擊導致位於福島縣的東京電力公司第一座核能發電廠的緊急發電機故障並停止運轉，造成冷卻水循環系統發生異常，因而發生國際上最為嚴重等級的核災事故（東京電力，2011）。此國際級的核災事故也引發了國人對於興建核四的高度關注，核能安全的風險也在2014年4月成為政府部門在核四興建與否的決策上重大的壓力來源。其他包括肉品中添加瘦肉精的問題以及市售粉圓、粄條、黑輪等含有毒澱粉、市售的牛乳產品中含有抗生素、運動飲料中含有起雲劑等，在在凸顯出我們生活在一個不可預測、充滿各類風險的社會中。

　　面對這樣一個充滿各式各樣風險的體系裡，大多數的人心中必定存在同樣的疑

惑與焦慮，也就是我們在這樣的環境中生存，到底會不會因此產生健康上的不良影響？發生不良健康影響的可能性有多高？擁有類似或同樣健康問題的人數將會有多高的比例？有沒有科學的方法可以用來評估我們所面對的環境風險呢？

要回答上述一連串的問題，必須先從認識風險談起。唯有了解風險的本質，我們才有辦法尋求適切的評估方法量化出風險的大小，並解釋估算出來的風險值所代表的意義。前述所討論到各種我們生活中所面對的風險事件，其共同的特質就是每個事件如果真的發生了，其結果就是伴隨負面效應的產生，此效應可以是身體上的健康影響、可以是財務上的損失、更甚者如核災真的發生了，極有可能付出寶貴的性命。因此，Rosa（1996）指出，風險可以定義為：由於人的行為或者是事件中，導致衝擊到人的價值之可能性。Sokolowska和Pohorille（2000）則認為，風險總是與負面的事物產生關聯，其代表著不期望的結果發生的機率，或者是在可能但不確定的損失風險為代價下，額外獲得的報酬。此觀念與我們經常聽到的諺語：「不入虎穴，焉得虎子」有異曲同工之妙。換言之，在追求效益最大化的前提下，每個人都是在追求更高的報酬，同時期望降低負面損失發生的可能性，當人們選擇高風險的道路時，可以想像勢必與其高報酬率有關。Renn（1992）則認為：風險是在現實中因為天然災害或者是人為的活動所產生不良狀態的發生機率。

Kaplan和Garrick（1981）為風險建立了數學表示方法。在觀念上，他們認為風險包含了兩個要素，一為不確定性，另一則為面對風險的人之損失或者是損害。因此，以數學概念來表示風險為：

$$風險 = 不確定性 + 損失或損害$$

Kaplan和Garrick（1981）舉了一個例子說明了風險中不確定性與損失所代表的意義。假設有某一位富翁過世了，而你是遺產的唯一繼承人，在會計師精算出其總資產前，你需要繳交的遺產稅是不確定的。因此，你可以宣稱你是處在不確定性的狀態，但是你幾乎不可能宣稱你是處在風險的狀態。從這個角度來看風險，我們可以了解，除了不確定性本身外，損失或損害是構成風險不可或缺的部分。

在概念上危害性（Hazard）與風險是非常接近的一詞。根據Webster字典的定義，危害性是指危險的來源。所以，危害性可以說是一種定性的描述某一種物質固有的特性，而此種特性在生產、使用、或者是處置的過程中，會對環境或者是

生物產生負面的影響效應。亦即危害性是指有危險的來源存在，而風險則是指定量的量測該危險，並將其轉換成該負面影響發生的機率（Probability）或是潛能（Potential）。更精確的說，風險指的是在某種特殊的條件下，因為暴露於某種化學物質或者是物理條件，進而產生傷害性事件（死亡、受傷、財物損失）之可能性。一般而言，風險是危害性與暴露程度的函數，亦即物質的危害性越高，風險就越大；暴露程度越密集，風險也越大。因此，以數學的表示方式來呈現風險與危害性之間的關係，如下（Kaplan and Garrick, 1981）：

$$風險 = 危害性 / 預防措施$$

從這個關係式中，風險是預防措施的函數。預防措施做得越好，風險就可以降得越低，相反的，預防措施越鬆散，則風險相對地就會變大。而最重要的是只要危害性不為0，則風險不可能為0。人們採取的所有的預防措施，不可能將風險化為0，頂多只能將其降至非常小（Kaplan and Garrick, 1981）。

綜合前述的觀念，如果想要針對風險進行量化分析的工作，其內容應該包括三件事情（Kaplan and Garrick, 1981）：

一、具體列出有哪些情境會發生？
二、這些情境發生的機率有多高？
三、如果該情境真的發生了，其所產生的損失或損害為何？

3.2 為什麼需要透過風險評估來處理土壤及地下水的污染問題？

對於土壤及地下水遭受污染，其處理模式的演變，1970年代是以成本考量為主要的參考依據，到了1980年代則改以技術的可行性為依歸；1990年代以後，健康風險評估的理論基礎逐漸成熟且在實務上普遍的被政府部門、業者及利害關係人所接受，以風險為基準的管理模式（Risk-based management system）於是廣泛地應用在土壤及地下水污染場址的管理體系中（Pollard et al., 2004）。

英國是目前先進國家中採用風險為基準的架構來管理受污染的土地及地下水之使用的主要國家。英國於1995年所制定的環境法（Environment act）之Part 2A中對

於遭受污染的土地定義爲：在地面或地下之物質，極有可能形成潛在性的危害。在此定義下，污染鏈的概念也就是從污染源經傳輸途徑到受體（Source-pathway-receptor）的關係被建立起來。所謂的污染源指的是土地裡的物質具有潛在性的危害，這種潛在性的危害透過環境直接或間接的傳輸途徑，將具有危害性的物質轉移至使用這塊土地或存在於這塊土地上的受體（DETR, 2000）。特別一提的是，在英國及美國的環境法中，受體的範圍涵蓋人、生態系統（動、植、微生物、自然資源）和建築物等。

建立起污染源—傳輸途徑—受體的污染鏈關係後，風險評估即可以根據這個關係鏈來確認這條鏈上的哪一個污染物質形成了顯著性的危害或負面影響。對於以人體健康作爲風險的評估標的而言，主要就是衡量使用這塊土地後，污染物質透過各暴露途徑與人體產生接觸，進入人體的總暴露劑量是否會超過可接受的暴露劑量（Acceptable intake level）。如果超過可接受的暴露劑量，表示土壤污染對於人體健康具有顯著性的風險。因此，在人體接受暴露的劑量不致超過可接受暴露劑量的思考邏輯下，土壤污染的管理遂以此作爲基準，以不致對人體的健康造成顯著性負面影響者作爲管理的依據，以此形成以健康風險爲基準的土地管理模式。

在英國的環境法Part 2A中，對於污染的土地是否適合再利用，其評估的準則不是以特定物質的土壤濃度作爲評斷的依據，而是採取土地再利用適合性法則（Suitable for use），利用風險評估來分析個別場址在不同的土地利用型態和地理條件狀況下，再利用的結果是否會導致受體接觸的暴露污染物超過可接受劑量。如果超過，表示再利用的結果可能具有潛在性之危害，極有可能導致人體健康上負面的影響。

Honders等人（2003）曾分析指出，歐盟國家中荷蘭對於遭受污染土地之政策在1997年後有了重大的轉變。過去荷蘭對於污染土地之再利用的判定是採取所謂的「多功能」（Multi-functional）方法，對於土地再利用的復育程度是採取最高標準，亦即並不考慮技術的可行性和所需的成本多寡，在當時的政策要求是要將污染的土地整治並回復到原來的用途。因此在該種情況下，根據荷蘭政府在1980年代初期的評估，整治所有被列管的土地所需要的費用約高達5000億歐元。對於這麼龐大的整治費用，幾乎是無法令人接受的負擔。因此，荷蘭政府在1997年調整管理策略，改採用效益主導模式，以風險爲基準的整治策略來因應。

從歐盟會員國的發展脈絡裡，我們已經可以看到對於土地使用密度高的國家而

言，土壤及地下水遭受污染時，採用風險為基準的管理策略，以風險的角度來評估及管理土地再利用的適合性，並衡量污染整治的目標，這是目前眾多先進國家共同採行的模式。Ferguson等人（1998）所撰寫的專書《歐洲污染場址的健康風險評估》（Risk Assessment for Contaminated Sites in Europe）中即指出，利用風險評估進行污染場址的整治復育最大的優點就是，對於土壤及地下水的污染場址，其污染的事實已經造成，因此進行風險評估時，污染鏈已經存在，潛在性的暴露途徑即可以透過評估的過程，在現地加以確認其實際的暴露情形，以降低不確定性。

Cairney（1995）認為，目前法律上的土壤管制標準及相關的指引，應該無法提供足夠的風險預防效益。其問題就是，當污染的場址要重新再利用時，無可避免的會有諸多的利益團體參與決定其整治復育的水準，包括：

一、開發單位：這些人期待以最低的成本及最快的速度來進行開發。

二、資金的贊助單位：這些人則期待最大化他們的投資，同時不期望有過度的風險。

三、顧問單位：開發或者是管控方面的人。

四、管理及規劃的單位：主要為當地的政府，負責公共的事務，避免公眾發生風險。

五、公民團體代表：例如：環保團體、綠色公民等，對環保性的事務施壓，並催促開發單位及管理單位以更積極的態度面對風險源的議題。

面對這麼多不同利益及擁有不一樣偏好的團體的條件下，傳統的土壤及地下水的管制標準似乎對於解決紛爭，發揮不了積極性的作用。意見分歧與爭論不休將會勢所難免（Cairney, 1995）。舉一個例子，同樣一個污染物質，在兩個不一樣的環境（土壤特性、含水率、有機碳含量），甚至不一樣的土壤使用條件（商業區、住宅區、農業用地、工業用地），其對於受體產生的健康風險將會不同。換言之，以同樣的管制標值來面對兩種不一樣的傳輸行為和暴露情境，似乎並非合理的作為。所以，進行特定場址健康風險評估的過程，主要的精神乃根據相關權益人的協商，然後訂定出一個在實務上眾人可以接受的整治目標，並確實執行。

3.3 風險評估的架構與步驟

　　風險評估是國際間先進國家環境政策制定過程中重要的參考工具，其目的在於運用現有的科學知識與技術，以及針對民眾所關心的議題進行分析與評估。然後由決策者綜合考量該地區之文化、政治、經濟與社會等因素，並且結合風險評估的結果，然後制定出合理之環境政策。

　　1983年美國國家研究委員會（NRC, 1983）發表的紅皮書中，將風險評估定義為：評估暴露於潛在的危害性污染物質中，發生有害人類健康效應的過程。為了能夠合理的達成此定義的需求，訂定出了風險評估的四大要素為：危害物鑑定（Hazard identification）、暴露評估（Exposure assessment）、劑量反應評估（Dose-response assessment）與風險特性描述（Risk characterization），如圖3-1所示。

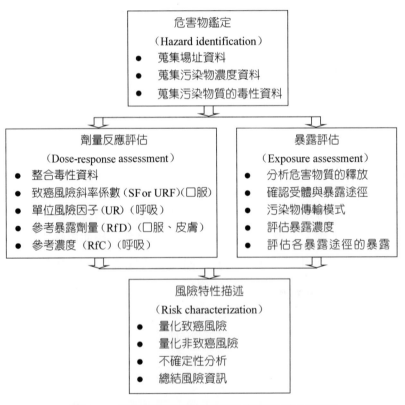

圖3-1　健康風險評估的四個步驟及執行內容

　　根據此四個步驟的執行，污染場址的風險評估之標準化有了更爲明確的規範。但是，評估的過程中需要特別對於污染場址的特性進行系統性的檢視，需要考慮的內容包括：考慮場址與暴露的情境的特性（Site specific）、考慮暴露環境組成的多樣化特性（包括多污染源、多污染物、多暴露介質、多暴露途徑、多暴露族群）以及考慮評估過程中情境型的不確定性、參數的不確定性、模式所產生之不確定性和參數的變異性等議題。在評估過程中需要的相關資料整理如表3-1所示。整體而言，風險評估已經成爲國際間先進國家廣爲採用的一個重要環境政策工具。以下將針對四個步驟進行詳細之說明。

■ 表3-1

健康風險評估執行過程中需要的資料	
步驟	需要的資料
危害物鑑定	一、人類資料（流行病學研究、臨床研究） 二、動物資料 三、體外數據（In vitro data） 四、結構活性關係（Structure-activity relationship）
劑量反應評估	一、人類研究（流行病學研究、臨床研究） 二、動物研究（最低效應的決定、劑量反應評估模擬、跨種間的劑量轉換研究、高暴露劑量推估低暴露劑量的外插） 三、以生理爲基礎的藥物動力學研究
暴露評估	一、人口統計資料 二、環境監測資料 三、污染物傳輸模擬 四、整合暴露評估（時間的變化、化學物種間的交互作用）
風險特性描述	一、傳輸與暴露參數的統計分布特性

資料來源：US Department of Health and Human Services, 1986

3.3.1 危害物鑑定（Hazard Identification）

　　危害物鑑定是風險評估的第一個步驟，其內容主要在蒐集污染的場址存在哪些危害性的化學物質，以及這些物質的濃度有多高、暴露這些化學物質會對人體健康產生什麼樣的影響。有關人體健康的影響常基於相關的研究，其中包括動物的毒性研究、生物測定研究（Bioassay studies）、生物體外的研究（In vitro studies）、結構活性關係的研究（Structure-activity relationships）、流行病學研究、人體臨床研究以及人類自願者的研究等（Henry, 1996）。

　　在土壤及地下水污染場址的風險評估中，危害物鑑定的步驟裡也建議需要蒐集污染場址的相關資料，其中包括場址環境資料、場址使用之歷史紀錄、場址周邊土地使用情形、關切化學物質的濃度資料、場址周邊水文地理的描述與判斷可能被關切化學物質影響的受體相關資料（行政院環境保護署，2006）。

　　另外，在危害物鑑定的過程中，對於關切化學物質質之致癌與否的判定，目前主要參考國際癌症研究署（International Agency for Research on Cancer, IARC）的方法，將化學物質分成四大類，如表3-2。其他有關關切化學物質之毒理資料的搜尋，建議可參考目前建置於各網站上的資料庫，包括國際癌症研究署的致癌物質分類方法（如表3-2）。

■ 表3-2

國際癌症研究署的致癌物質分類方法			
類別	支持成為此類別的證據	舉例	被歸類為此級的物質
Group 1：確定人類致癌物質	足夠的人類流行病學資料	苯、石綿、鎘、砷、甲醛、Benzo[a]Pyrene（BaP）	113
Group 2A：極可能人類致癌物質	有限的或不充分的流病資料加上足夠的動物實驗證據	Lead compounds, Petroleum refining, Frying, Emissions from high-temperature	66
Group 2B：可能人類致癌物質	有限的流病資料加上不充分的動物實驗證據	Chloroform, Carbon Tetrachloride, Ethylbenzene	285

■ 表3-2

國際癌症研究署的致癌物質分類方法（續）

類別	支持成為此類別的證據	舉例	被歸類為此級的物質
Group 3：無法分類	不充分的流病資料加上不充分的動物實驗證據	咖啡因、Sodium chloride、Mercury	505
Group 4：可能不是人類致癌物質	不充分的流病資料加上對動物不會致癌	己內醯胺（Caprolactam）	1

(1)美國環保署綜合風險資訊系統（Integrated Risk Information System, IRIS）
(2)世界衛生組織簡明國際化學評估文件（WHO Concise International Chemical Assessment Document, CICAD）（http://www.who.int/ipcs/publications/cicad/en/）
(3)美國環保署暫行毒性因子（USEPA Provisional Peer Reviewed Toxicity Value, PPRTV）（http://hhpprtv.ornl.gov/）
(4)美國毒性物質與疾病登錄署的毒理學特性（Toxicological profile）（US Agency for Toxic Substances and Disease Registry, ATSDR）（http://www.atsdr.cdc.gov/toxprofiles/index.asp）
(5)美國環保署健康效應摘要表格（USEPA Health Effects Assessment Summary Tables, HEAST）（http://cfpub.epa.gov/ncea/cfm/recordisplay.cfm?deid=2877）

3.3.2 劑量反應評估（Dose-Response Assessment）

　　劑量反應評估的執行，主要在建立暴露劑量和不良健康影響的發生比例之關係式（USEPA, 1989）。而此關係式的建構通常是透過動物的實驗來完成。在劑量反應評估的實驗中，接受暴露的實驗動物分成幾個不同暴露劑量的組別，其餘的條件則控制在相同的情況下，經過一定時間的暴露（分為慢性、亞慢性、急性，大多數為慢性和亞曼性的實驗，急性的實驗較少），在結束暴露後，將實驗的動物予以解剖並觀察各個標的器官的損傷情形，進而估算出來在各暴露劑量下，發生標的器官損傷的動物之百分比，然後繪製劑量反應評估曲線，如圖3-2所示。同一個化學物質之劑量反應的評估實驗，在實驗結束時，可以觀察該化學物質對多個標的器官的毒性效應（例如肝損傷、生殖毒性等），然後根據劑量反應的評估曲線，鑑定出該物質的無可見不良反應劑量（No-Observed-Adverse-Effect-Level, NOAEL）或最低可見反應劑量（Lowest-Observed-Adverse-Effect-Level, LOAEL）。

　　劑量反應評估的過程中，從動物的實驗結果應用至人類，通常需要經過兩個外

插（Extrapolation）的程序：一、物種的差異性：包括體型、生命週期、基礎新陳代謝速率等；二、暴露劑量的差異性：動物實驗的過程採高暴露劑量進行實驗以確保劑量反應評估的曲線得以建立，而人類的環境暴露則為低劑量。因此，需要透過物種的外插和劑量的外插兩個校正的動作，以合理的反應實驗中的數據資料之代表性，同時對於數據在統計與生物上的不確定性進行確認（Henry, 1996）。

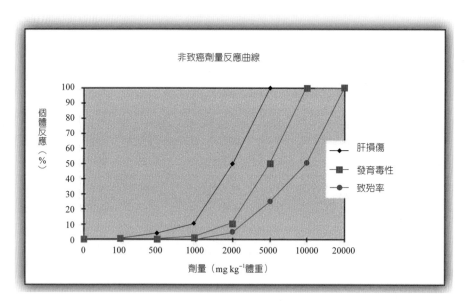

圖3-2　劑量反應評估曲線

　　基本上，劑量反應的模式可以分成兩種，閾值效應（Threshold effect）和非閾值效應（Non-threshold effect）（Asante-Duah, 2002）。理論上，癌症的發生因為涉及了基因的突變（Ames et al., 1973），而一個突變事件或者一個DNA的損害，均足以引發癌症發生，因此癌症的劑量反應關係被認為屬於非閾值影響。雖然大多數的致癌化學物質沒有安全的暴露劑量，但是最新的資料顯示有些致癌化學物質存在安全的暴露劑量；這部分的內容仍有賴更進一步的科學研究加以探討。相對的，非致癌的健康效應則為閾值效應（Department of Health and Ageing and Health Council, 2002）。換言之，非致癌的健康風險存在安全的暴露劑量。圖3-3說明了閾值與非閾值效應的劑量反應關係。

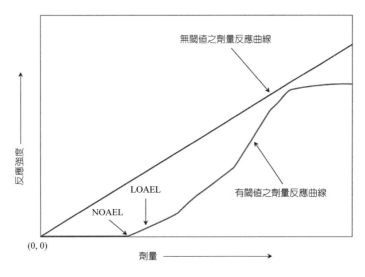

圖3-3　閾值與非閾值的劑量反應關係

　　在土壤及地下水污染場址的健康風險評估中，主要是應用劑量反應評估所推導出來的兩個重要的毒性參數值，包括致癌風險評估中的致癌風險斜率係數（Cancer Slope Factor, CSF）或單位風險（Unit Risk, UR）和非致癌風險評估中的參考劑量（Reference Dose, RfD）及參考濃度（Reference Concentration, RfC）。這些數據可參考國際間重要的毒理資料庫網站，如：

　　一、美國環保署的綜合風險資訊系統（Integrated Risk Information System, IRIS）。

　　二、美國環保署的區域性篩選水準（Regional Screening Levels, RSL）。

　　三、美國能源局的風險評估資訊系統（Risk Assessment Information System, RAIS, Oak Ridge National Lab）。

　　四、世界衛生組織簡明國際化學評估文件（WHO Concise International Chemical Assessment Document, CICAD）。

　　五、美國環保署暫行毒性因子（USEPA Provisional Peer Reviewed Toxicity Value, PPRTV）。

　　六、美國毒性物質與疾病登陸署（US Agency for Toxic Substances and Disease Registry, ATSDR）。

　　七、美國環保署健康效應摘要表格（USEPA Health Effects Assessment Summary

Tables, HEAST）。

八、美國加州環保局環境健康危害評估辦公室（Office of Environmental Health Hazard Assessment, OEHHA）所建立之毒性因子。

　　前述毒理資料的引用過程中，如果碰到同一化學物質在兩個資料庫的毒理參數有異時，建議參考的優先順序以美國環保署的綜合風險資訊系統為最優先，其次則為美國加州環保局（CalEPA）所建立之毒性因子，再其次為其他（Ramírez等，2012）。例如：苯的UR值，查IRIS為$7.8 \times 10^{-6}(\mu g\ m^{-3})^{-1}$，而CalEPA則列為$2.9 \times 10^{-5}(\mu g\ m^{-3})^{-1}$，根據此原則，應先參考使用USEPA之IRIS所列的為主。

3.3.3 暴露評估（Exposure Assessment）

　　暴露評估主要的目的在了解承受污染源之受體，目前實際的暴露情形，或者是未來在不同的情境下潛在性的暴露狀態。亦即評估在不同暴露途徑下，人體在一段的時間內吸收了多少污染物，且是否有暴露於此污染環境之機會，以及污染物質又是經由何種途徑進入人體而被吸收等問題。藉由了解環境中人體可能遭受到的污染物質之暴露濃度或暴露劑量，並推估進入人體的潛在劑量。

　　美國環保署（1989）建議採取三個步驟進行暴露評估。第一步：確認暴露的特性，並且了解暴露的物理環境以及潛在的暴露族群之特性；第二步：確認暴露的路徑，包括排放源、暴露點和暴露的途徑；第三步：量化暴露，將暴露者的暴露頻率、暴露期間、攝入量資料與暴露介質中之污染物的濃度結合起來，量化暴露的劑量。

　　行政院環保署公告之「土壤及地下水污染場址健康風險評估方法」（2014）列出了12種暴露途徑，以評估受體的暴露劑量，分別為：

一、誤食受污染土壤並經由口服吸收。

二、受污染土壤經皮膚接觸並為受體吸收。

三、土壤中關切化學物質，經孔隙向下滲入至地下水中，而造成地下水污染。

四、飲用受污染地下水並經由口服吸收。

五、使用受污染地下水作為洗澡用途，水中關切化學物質揮發後經吸入吸收。

六、使用受污染地下水作為日常清洗用途，水中關切化學物質揮發後經吸入吸收。

七、使用受污染地下水作爲洗澡或日常清洗用途，水中關切化學物質經皮膚接觸吸收。

八、使用受污染地下水作爲室外用途，水中關切化學物質揮發後經吸入吸收。

九、受污染土壤揚塵逸散至空氣中，並爲受體所吸入吸收。

十、受污染表層土壤中之關切化學物質經揮發成蒸氣，並爲受體所吸入吸收。

十一、受污染裡層土壤中之關切化學物質經揮發成蒸氣，並爲受體所吸入吸收。

十二、受污染地下水中之關切化學物質經揮發蒸散至室外空氣中，並爲受體所吸入吸收。

除了這些途徑外，進行風險評估的過程中，也需要考慮以下的暴露途徑：

一、受污染地下水中污染物經揮發蒸散至室內空氣中，並爲受體所吸收。

二、土中或地下水中污染物於農作物中，並爲受體口服吸收。

三、河川、湖泊或海洋污染累積魚體中，並爲受體口服吸收。

風險的評估即根據此估算受體的暴露劑量，並進行各暴露途徑之暴露劑量的加總，以求得受體之總非致癌風險和總致癌風險的大小。

3.3.4 風險特性描述（Risk Characterization）

風險評估的最後一個步驟就是風險特性描述。在此步驟中將整合前面三個步驟的資料，對於暴露於危害性的化學物質之條件下，發生不良健康影響的機率進行評估（Asante-Duah, 2002）。在此步驟中，前三個步驟的內容將被完整的連結起來，利用危害物鑑定中所建立之危害物質清單，然後利用暴露評估所估算而得之各個危害性物質在各暴露途徑的暴露劑量，並且以劑量反應評估所獲得之各危害性物質之非致癌風險的RfD值、RfC值和各致癌物質之致癌風險評估的CSF值（UR值），以估算發生健康風險的程度。風險特性描述中，必須討論風險評估過程中之主要假設、科學的判斷以及不確定性等，以期合理的解釋推估出來的風險值意義（Henry, 1996）。

Henry（1996）列舉出九個風險評估中經常使用的主要假設：

一、在缺乏人類的毒理科學數據狀態下，基本的假設爲實驗的動物所產生之毒性反應，可以作爲人類的不良效應之指標。

二、動物劑量反應實驗中，可以利用劑量反應的推估模式，外推低於動物實驗的低劑量反應。

三、動物實驗的結果可以用來說明不同種的動物之劑量反應效應。

四、致癌物質的劑量反應評估模式為非閾值效應。

五、隨著時間的變化，暴露劑量非定值時，可以用平均的暴露劑量代表。

六、當缺乏毒理動力學的數據時，假設生物有效劑量與外在的劑量成正比。

七、當暴露的途徑為多個且污染源有多個時，則對於同一個化學物質之風險，其假設具有可加成性。

八、在無相關的科學證據之情況下，各種暴露途徑均是假設100%吸收。

九、特定的暴露途徑所產生之健康危害，可作為其他暴露途徑潛在性的參考。

量化健康風險的部分，可先針對各暴露途徑進行致癌與非致癌的量化評估工作，然後再結合各途徑的風險進行加總。詳細的計算公式如下：

$$單一暴露途徑的致癌風險 = 長期每日暴露劑量 \times 致癌風險斜率係數$$
$$總致癌風險 = \sum（各暴露途徑之致癌風險）$$
$$單一暴露途徑之非致癌風險（HQ）$$
$$= 每日暴露劑量(mg\ kg^{-1}\ d^{-1})/RfD(mg\ kg^{-1}\ d^{-1})$$

另外對於呼吸暴露的非致癌風險則為：

$$HQ = C_{air}(\mu g\ m^{-3})/RfC(\mu g\ m^{-3})$$
$$總非致癌風險（THI） = \sum(HQ)$$

3.4 執行風險評估要注意哪些事項？

風險評估雖然在政策上提供了土地再利用的契機，讓遭受污染的土地可以依據當地的現況及未來的土地利用之規劃等條件，並利用風險為基準的評估架構，找出可行的方案及整治的目標。但是，在執行上仍需謹慎面對這樣一個新的管理模式。下列幾點問題是執行風險評估者應該注意的事項（許惠悰，2009）：

一、風險評估的結果之溝通與說明

風險評估的結果必須要與眾多不同背景的相關權益人進行溝通，這些權益人包括土壤污染附近的居民、環保團體、土地開發人、政府主管機關的代表、不同領域的學者專家等。每個人對於土地污染是否可以再利用都各有其立場、各有其主觀的認知與認定標準，風險評估者要儘可能的說明風險評估執行過程的所有細節，將每一個步驟的來龍去脈與根據交代清楚，如此可以減少因為不清楚所產生的認知差異而對評估的結果所形成的不信任感，甚至是全盤否定評估的情形。美國環保署所編定的超級基金之健康風險評估指引（Risk Assessment Guidance for Superfund）的第九章明列出審核健康風險評估文件的檢查表（USEPA, 1989），有興趣的讀者可參考之。可根據該檢查表的要項，核對評估的相關內容，向相關權益人說明。

二、交錯複雜的土地利用型態

台灣因為人稠地狹，並且人口密度是世界第二，所以各種不同的土地利用型態以及在空間之分布上非常地不均，並且彼此交錯在一起，工廠的旁邊可能就有人在種菜、生產稻米或者養殖水產。因此，一旦土壤或地下水遭受污染，間接暴露途徑就很可能產生，所以常有必要採用最接近實地情形的第三層次之健康風險評估。換言之，風險評估中需要的相關資料將需較為完整，所需要的資訊亦較詳實，導致執行的經費與成本亦較高。

三、多污染源地帶的健康風險評估

土地利用的複雜性高，衍生的另外一個議題就是污染源的多重性問題。亦即同一塊土地的污染問題可能面臨多種污染源共同污染的情形。面對如此複雜的情境，風險評估者所要處理的風險包含既有的和潛在的風險源之問題。所以，在評估上一定要能釐清各種污染物的污染源，如此才能在評估上對於既有的風險和潛在的風險以較為實際的情境假設並進行模擬，以分析受體的健康風險、評估污染土地的整治目標。

四、可接受風險不代表「零風險」

風險評估的結果，如果在可接受的範圍內，在層次性的風險評估架構中指

出，管理的策略是以污染物監控及訂定風險管理為主；這個意思就是說，雖然評估的結果表示目前的狀況風險是在可接受的範圍內，但是並不是代表受體的風險為零。所以，後續的相關作為，包含土地使用狀況、污染物的監控等作業，亦應持續的進行，方能讓風險持續地控制在可接受的範圍內。

五、保守式具不確定性的評估

風險評估的結果並不是百分之百絕對的。評估分析的過程中，情境的不確定性、變數的不確定性、模型的不確定性等變異會隨著評估的過程導入，並且反應到風險評估的結果中（許惠悰，2006）。換言之，風險評估者要儘可能掌握評估過程中所有參數的變異範圍，並在謹慎為要原則（Precautionary principle）下（Kriebel et al.; deFur and Kaszuba, 2002），保守地進行評估，利用機率風險的概念與方法（例如：蒙地卡羅模擬法），以評估風險的機率分布，掌握各種狀況下對於風險的影響。不過需要注意的是，進行蒙地卡羅模擬需要許多的數據，同時也需要做一些假設，所以在執行上並非所有的風險評估均適合採蒙地卡羅的方法進行評估。

除了上述在執行上應注意的問題外，執行風險評估是一項極具專業性的學問，風險評估與風險管理結合了環境、公共衛生、毒理、統計、管理等科學知識，因此，執行風險評估人才的養成與適任性，應該是推動風險管理中不能忽略的議題。風險管理如果缺乏專業人士來執行，則評估出來的結果將難以讓人信服或接受。因此，建立風險評估的專業認證制度，應該列為推動此機制的配套工作要項。

界定風險評估系統範疇的挑戰

施秀靜　馬鴻文

　　風險評估是彙整相關資訊以解讀並闡釋環境問題所導致之健康或生態衝擊的一種程序（Interpretive process），用以描述污染物釋放後對人類或生態造成衝擊的可能。風險評估可用於很多目的，如：用以量化環境或健康損害、訂定排放或環境品質標準、評估污染管制效益、決定設施的選址、比較危害來源的大小排序、訂定污染場址清理的程度與方法以及幫助決策者與民眾溝通管理方案等。隨著政策或管理目的的不同，風險評估的範疇會隨之調整，包括評估時間與空間的邊界、納入評估的污染源、污染物、受體、暴露途徑等；而評估的模式、數據的選用、不確定性的呈現方式等評估程序的細節亦因應需要而變化。因此，在每項風險評估的開始，有一個不可忽略的階段，即是決定風險評估的系統邊界（System boundary）。決策者、評估者以及利害關係人，需審慎思考政策或管理目的、風險評估期盼解決的問題、評估的範疇，以及適當的評估方法。本章首先簡述風險評估方法之應用的演進，其次再進一步說明評估架構中設定評估系統邊界的起始階段。

4.1 風險評估方法與應用的發展

　　最早將風險評估納入成為一項環境管理工具的是美國環保署。風險評估一詞明文出現於1975年《Quantitative Risk Assessment for Community Exposure to Vinyl Chloride》報告中（Kuzmack and McGaughy, 1975）；隔年便首度進行致癌物質的風險評估（Train, 1976）。因毒性化學物質存在於多樣的環境介質中，所以包含空氣污染（Clean air act）、水污染（Clean water act）、廢棄物清理（Hazardous wastes act）、飲用水（Safe drinking water act）與農藥（Pesticides act）等管理規定中，皆有毒化物管理的項目，可見風險評估在許多環境介質的管理中均有應用空間。

　　1980年美國環保署實際應用了風險評估來量化水質中的64種污染物；

1983年，美國國家研究院出版了各界簡稱為「紅皮書」（Red book）的《Risk Assessment in the Federal Government: Managing the Process (NRC, 1983)》。該份報告正式提出健康風險評估的四大步驟，包含危害物鑑定（Hazard identification）、劑量反應評估（Dose-response evaluation）、暴露評估（Exposure assessment）與風險特性描述（Risk characterization），確立了這沿用至今的風險評估實施架構。美國環保署於次年頒布《Risk Assessment and Management: Framework for Decision Making (USEPA, 1984)》，從此奠定美國環保機關執行風險評估與管理作為政策規劃基礎的架構。此報告認為風險評估與風險管理應有密切連繫且相互呼應，並具體表現於政策中，且有效發揮風險評估的價值。1985年美國環保署建置了整合風險資訊系統（Integrated Risk Information System, IRIS），並針對毒性化學物質進行致癌與非致癌特性的定量分析。其後超級基金（Superfund）法案於1986年將風險評估納入污染場址的整治與管理（USEPA, 1986）。

由於1980年代奠定了風險評估的基礎，使風險評估已廣泛應用於各項環境管理的議題，除了既有的空氣、水、土壤介質外，也包括海洋（Ocean Dumping Marine Protection Act, 1995）與食物（Food Quality and Protection Act, 1996）等因環境污染所造成的健康問題。1990年中期，歐盟與世界衛生組織亦採納紅皮書的風險架構並提供給各會員國參考（NRC, 2008）。

2000年後，風險評估方法的發展越趨精確，應用也越趨廣泛；其中為了增進風險評估的精確性，特別將兒童與一般成人分開評估，並區分出暴露於相同污染源，卻承受不同之危害程度的特殊族群。除此之外，評估範疇擴大考量多種污染源與污染物，利用風險評估量化多數、多樣之危害，藉以回饋於多元污染源的源頭管制。甚者，美國行政管理與預算局（Office of Management and Budget）將風險評估擴大使用於各項政府政策的評估，作為評價公共政策價值的依據（OMB/OSTP, 2007）。

隨著風險評估方法的發展，其應用逐漸從關注單一污染源或單一污染場址的問題，擴大到關注整體性的、系統性的問題。風險評估成為規劃整體環境管理策略的科學依據，包含環境品質管理、污染減量規劃、環境預測與總量管理等。

環境品質管理與污染減量多運用單一的既有污染源之風險評估，而此類應用也是風險評估初期主要的評估目的。因此在文獻中可以發現風險評估經常應用於焚化廠、工廠、電廠、污染場址等污染源的評估。風險評估方法最初期僅考量單一環

境介質與單一暴露途徑（Nouwen et al., 2001）；中期納入多種環境介質與多重暴露途徑，但以較為簡化的時間穩態與空間均質等假設，來計算污染物的傳輸與暴露（如Menese et al., 2004; Glorennec et al., 2005）；其後考量時間動態與空間的異質性來評估多介質與多暴露途徑的風險，如Morra等人（2006）結合大氣擴散模式（ISCST3與AERMOD）、移動污染源（CALINE）及土壤地下水傳輸模式（HSSM與GMS）與地理資訊系統，評估運作中之工業區的鄰近居民經由多介質、多途徑暴露的風險。如今土壤地下水污染整治所需的風險評估方法多已屬於這類較為精細而複雜的類型。

　　除了用以評估既有污染源的現況外，風險評估也常用於預測未來的風險（Demidova and Cherp, 2005），例如評估預期或正在規劃設計階段的開發行為，其各項選擇方案所增加的風險；也包括用於污染場址整治方案的選擇、未來褐地再利用型態的設計等（O'Reilly and Brink, 2006; Robinson and Zass-Ogilvie, 2009）。台灣近期多有此類風險評估的應用，如彰工火力發電廠（台灣電力股份有限公司，2007）、中龍鋼鐵擴建工程（中龍鋼鐵股份有限公司，2008）、六輕工業區（台灣塑膠工業股份有限公司等，2009）等以及污染場址專一性之風險地圖評析方法的建立，用於平衡環境風險與經濟誘因的污染場址之再利用評估（陳怡君，2013）。

　　近來風險評估從單一污染源的評估朝向擴大應用於整體性的環境議題，配合總量管理原則的考量，納入累積性風險與涉及經濟社會發展的風險評估。2003年，美國環保署定義累積性風險（Cumulative risk）為多樣污染源與污染物透過所有可能的暴露所造成的總風險；此後，除了繼續進行單一污染源的管制之外，風險評估的焦點對象逐漸移轉到關心民眾的總體衝擊（圖4-1）（USEPA, 2003）。2008年《NCR Strategic Hazards Identification Evaluation for Leadership Decisions》提出區域風險的概念，認為決策單位應考量區域尺度的風險作為政策方案規畫與執行之依據（Jackson et al., 2009），例如：Chen（2009）估計殺蟲劑於水體中的分布，用以評估水體整體性的風險，並建立水中污染物之減量與水質管理間的關係，更有效地協助決策者規劃水質管理的方案。

　　除了傳統上污染行為的評估，近期的風險評估開始和其他評估工具結合，針對經濟活動和產業發展可能連帶產生的污染行為，而進行整體性的風險評估。例如：針對一污染物質，結合單位排放量的風險以及與該污染物有關的經濟活動，藉此將風險評估的結果回饋至產業結構改變的規劃（Rehr et al., 2010）；又如結合

生命週期架構建立生命週期的風險評估方法，用以估算底渣再利用相關策略推動時，可能造成風險在底渣不同的生命階段中轉移（Shih and Ma, 2011）；又如：進一步結合經濟投入產出模型（Input-output analysis），估算台灣境內造成砷排放所導致的風險主要來自於哪些類型的經濟活動所驅動（Ma et al., 2012）。

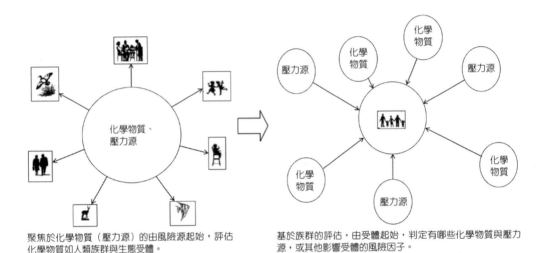

聚焦於化學物質（壓力源）的由風險源起始，評估化學物質如人類族群與生態受體。

基於族群的評估，由受體起始，判定有哪些化學物質與壓力源，或其他影響受體的風險因子。

圖4-1　風險評估的焦點改變（USEPA, 2003）

　　綜觀上述風險評估的應用，評估方法中已由單介質延伸為多介質；從單一暴露途徑擴增為多暴露途徑；從場址的時空均質性也逐漸轉為考量場址的時空異質性。而除了評估方法的演進外，風險評估的評估標的也從較為明確的特定污染源逐漸朝向大尺度的政策或策略評估。由於評估標的多樣化，針對評估問題的了解和描述、管理的規劃、處理方案的設計及危害物鑑定等也將因問題的性質而有很大的不同，因此對於評估的目的和問題的了解，在評估過程中是很重要的步驟。

4.2 風險評估系統邊界之設定階段

　　在執行風險評估之前，首先必須對所要解決的問題或欲達到的目的有清楚且具體的了解。美國環保署將最開始的風險評估步驟分為計畫和範疇界定（Planning and scoping）及問題擬定（Problem formulation）兩部分（USEPA, 1992）。計畫和範疇界定主要著重在確認待解決的問題、評估範圍和可能的解決方案；而問題擬

定則是經由風險管理者和風險評估者之間的互相討論，並且考量科學和技術的進展，針對評估對象設計出一套評估方法（Simon, 2014）。

　　美國國家研究院發表的《Science and Decision: Advancing Risk Assessment》中提到，面對潛在需要決策的複雜問題，風險評估應該同時考量問題的特性與決策的目的，才能有效地提供最佳管理方案以呼應關鍵問題、控制風險；因此，美國國家研究院提出以健康風險為基礎的決策架構（圖4-2）。此架構分為三個階段：第一階段為問題形成與範疇設定，第二階段為計畫與執行風險評估，第三階段則為風險管理。明確界定出風險評估的第一個階段需要對於問題作全面性的了解。

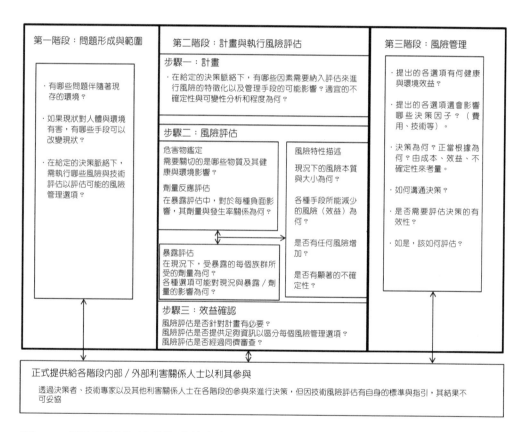

圖4-2　健康風險為基礎的決策架構用以強化健康風險評估的效力（NRC, 2008）

　　英國的環境食品及鄉村事務部（Department for Environment, Food and Rural Affairs, Defra）在環境風險評估與管理的指引中將風險評估分成四個階段（圖

4-3），其中包括擬定問題（Formulate problems）、評估風險（Assess risk）、評價可行方案（Appraise options）、闡釋風險（Address risk），而且這四個階段是循環的方式（Cyclical approach），而非單向的評估流程。問題擬定為最開始的階段，用來界定問題涵蓋的範圍和討論將利用風險評估來評估與比較那些管理策略（Defra, 2011），以下說明問題擬定階段的內涵：

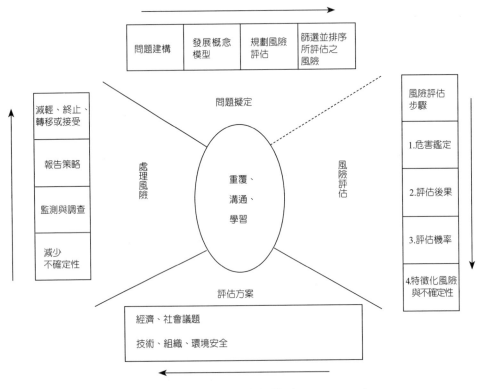

圖4-3　環境風險與管理之架構（Defra, 2011）

4.2.1 問題擬定

　　1992年美國環保署的「生態風險評估架構」報告首次將「問題擬定」納入評估的步驟中。1997年的美國總統／國會委員會風險評估及風險管理報告也清楚指出，對於問題的清楚定義和描述應該是風險評估的第一步驟（Presidential/

Congressional Commission, 1997）。在問題擬定中，要設想各種壓力源（Stressor）如何影響人體健康和自然環境，並決定後續要蒐集何種類別的資料來支持風險評估的進行。

美國環保署針對超級基金場址所制定的生態風險評估指引（Ecological Risk Assessment Guidance for Superfund）中指出，問題擬定是一種系統化的規劃程序，必須明確界定出在生態風險評估中所要考量的因素，及與法規和政策的連結關係（USEPA, 1997），包含五個主要的程序：

一、界定場址中潛在關切化學物質（Chemicals of Potential Concern, COPC）清單。

二、進一步整理場址中相關化學物質可能造成的衝擊種類。

三、回顧且確認場址中潛在關切化學物質的傳輸方式、可能的暴露途徑以及潛在承受風險的受體類別等資訊。

四、選擇評估方法和評估終點。

五、建立具有可試驗之假設的場址概念模型。

英國的環境食品及鄉村事務部將問題擬定區分成四個步驟（Defra, 2011），如圖4-4所示：

一、問題建構（Framing the Questions）

最主要為提出疑問，一般有以下幾點疑問應予提出：

1. 所關注的環境問題是什麼？
2. 為什麼這個問題需要關注？
3. 這個問題有多嚴重或緊急？
4. 哪些受體會受到影響？
5. 相關的利害關係人如何看待這個問題？

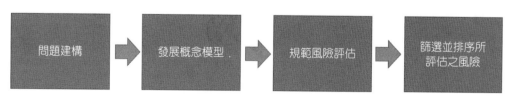

圖4-4　問題形成的步驟

　　澳洲政府的健康部（Department of Health）也是將問題擬定界定為風險評估的第一階段（enHealth, 2012），其所要提出的問題包括：

1. 哪些環境問題是已確定的？
2. 是否存在對人體健康或自然環境的影響？
3. 是否有可改善的方式？
4. 何種風險評估或技術評估是必須的？
5. 這些評估如何幫助建構出風險管理方法？

　　美國國家研究院在風險評估的第一階段問題擬定與範疇界定，透過以下三問，幫助描述待解決的問題（NRC, 2008）：

1. 哪些問題與環境現況有關？
2. 如果現況將威脅人體與環境健康，哪些管理方案可以改變現況？
3. 為了提供有效的決策資訊，什麼樣的風險評估或技術評估可用以衡量可能的風險管理方案？

　　其次並建議在第二階段第一期的規劃（Planning）中，要說明為了提供有效幫助決策的資訊，需要進一步了解適合經由哪些評估內容來估算現況的風險？可接受的不確定性與變異性有多高？進一步銜接第二階段第二期的危害物鑑定，則為哪些健康或環境影響是現在必須關注的？須回答的關鍵問題整理如表4-1。透過提出疑問，可以勾勒出評估對象的面貌，進一步了解所需要的工作和資訊；最重要的是對管理風險要有幫助。

■ 表4-1

問題描述
問題一：誰會遭受風險？遭受哪些風險？哪些地點會遭受風險？
■個別
■一般族群
■特殊族群，如小孩、青年人、孕婦等，確認場址附近有沒有公園、托兒所、學校或養老院
■族群特性：易受感染的（如氣喘）或高暴露（地域等）的族群

■ 表4-1

問題描述（續）

問題二：有待關注的環境危害為何？

- ■化學物質（個別的，多重的／累積風險）
- ■輻射
- ■物理（揚塵、熱）
- ■微生物以及生物
- ■營養（飲食、新陳代謝）
- ■社會─經濟

問題三：環境污染的來源為何？

- ■點源（煙道排放、放流水、污染場址）
- ■非點源（移動性污染源、地表逕流）
- ■自然界

問題四：暴露如何發生？

- ■暴露介質

空氣、地表水、地下水、土壤、固體廢棄物、食物、非食物消費產品

- ■暴露途徑

飲食（包括食物與水）、皮膚接觸、呼吸、非飲食的食入（如咬手指頭）

問題五：人體可能產生的機制？

- ■吸收（Absorption）
- ■分布（Distribution）
- ■代謝（Metabolism）
- ■排泄（Excretion）

問題六：人體健康的影響？

如癌症、心臟疾病、肝臟疾病與神經疾病等

問題七：接觸多久的環境危害才會造成人體健康受損？何時會病發？

- ■多久

急性、亞急性、慢性、非連續

- ■病發時間

如胎兒時期、幼兒時期或某年齡層等

二、發展概念模型（Developing a Conceptual Model）

在了解關切問題的本質之後，需要開始描繪問題的輪廓，將各個考量的因子和面向串連起來，把問題的邊界和特別著重的部分定義清楚，此即為概念模型的建立。最常見的概念模型的是S-P-R模型，主要在於呈現一種互動關係，表現危害的源頭（Source）如何透過可能的方式或途徑（Pathway）對所關注的受體對象（Receptor）造成影響。將這些關係界定清楚，可以了解有哪些因素是重要的、必須要考慮的、對風險有影響的；若沒有在一開始將這些因子的關係釐清，可能會將後續的評估或管理導向錯誤的方向。

情境設定（Scenario building）也是常見的方法。情境是對未來可能發展的狀況之描述。情境的建構可以用來檢視現有的政策或規範，以及在未來可能產生的風險、機會、強項和弱點，並幫助確認關鍵的決策和策略選項，制定出清楚的政策（Finger et. al., 2007）。深入了解問題並建構出概念模型，並透過情境設定檢視可能的發展方向，是在風險評估進行的開始階段一個很重要的關鍵步驟。

三、規劃風險評估（Planning the Risk Assessment）

由於環境問題所牽涉的對象較廣，產業界、政府機關、專家學者或是社會大眾，對於環境所關切的面向不盡相同，因此在風險評估的規劃上，也必須採納各界的意見，與利害關係人充分溝通，並進一步確認評估標的、範疇和預期解決的問題。風險評估的規劃，旨在找出所需的資料種類和可用來評估的方法，並確認哪些因子要採取量化或質化的分析，此外，空間和時間的尺度邊界也應該設定清楚，以符合評估的目標。

四、篩選並排序所評估之風險（Screening and Prioritizing the Risks to be Assessed）

風險篩選的目的在於決定哪些風險評估的標的需要更精確、更詳細的資訊，以及哪些部分不需要更進一步的分析，並指出有哪些不確定性因子會影響到管理的決策而必須處理。其次，環境問題所產生的風險可能有許多種類型，需要對這些類別的風險進行排序來決定需要優先處理的對象。有許多方法可用來決定風險的排序，例如：透過S-P-R模型來區別容易產生暴露的途徑或受體、區分直接或間接的

暴露，或是以化學物質的毒理特性作爲排序的依據，有較高排序的風險應該要有更多的分析和詳細的調查。

4.2.2 危害物鑑定（Hazard Identification）

由圖4-2和圖4-3可看出，在對評估對象進行問題擬定的階段之後，接著會進入到風險評估主體的階段，而評估階段的開始即爲危害物鑑定，也是屬於篩選評估對象的階段。危害物鑑定是辨識物質可能產生健康損害的種類或疾病，且需了解產生傷害或疾病的可能暴露情況，因此，需要知道物質在人體內的傳輸途徑，以及與器官組織或細胞間交互作用的相關訊息；所以進行危害物鑑定時，應針對所有可能對環境或健康造成影響的物質，根據其物理、化學特性與毒性做調查與規劃，並進一步探討其來源與生成機制；這些資料在劑量反應評估中非常重要，如致癌或非致癌，及其致癌斜率因子或參考劑量。

在美國國家研究院所發表的紅皮書中指出，危害物鑑定是一個確認暴露到某種化學物質後是否會對健康造成傷害或影響的步驟，其需要明顯的證據力來支持由暴露到影響健康之間的因果關係（NRC, 1983; Simon, 2014）。而在後續發表的「藍皮書」（Blue book）中指出，危害物鑑定在於確認可能對人體健康產生影響的污染物質、量化污染物質在環境中的濃度、描述污染物質特別對健康所造成的毒性表現、衡量在何種情況下這些毒性會在受暴露人體中反應出來（NRC, 1994）。

這個步驟所需要的資訊，主要來自環境的監測數據，以及流行病學和動物實驗的結果。如圖4-5所示，透過毒物的作用機轉（Mode of action）、敏感族群（Sensitive population）研究、暴露背景評估等資訊與研究的整合，可以提供更多研究證據來支持危害物鑑定這個步驟（NRC, 2008; enHealth, 2012）。行政院環保署要求開發計畫需遵照「健康風險評估技術規範」進行危害物鑑定，其中包括危害性化學物質種類、危害性化學物質之毒性（致癌性、包括致畸胎性及生殖能力受損之生殖毒性、生長發育毒性、致突變性、系統毒性）、危害性化學物質釋放源、釋放途徑，以及物質釋放量之確認。

危害物鑑定雖多著重在化學物質對健康的影響上，但其考量的範疇不只侷限在毒理的研究上，而應擴大到污染源、污染行爲，甚至其他可能導致污染發生的活動，將危害的概念由化學物質的篩選延伸至污染釋放源頭、途徑和經濟活動的考

量。此外，危害物鑑定也必須給予其前面的問題擬定階段更多有效的資訊，來修正評估系統的邊界和範疇；因此問題形成和危害物鑑定，兩者作為風險評估的篩選階段，屬於一種動態的互動關係。

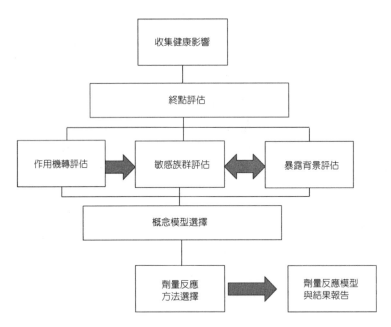

圖4-5　危害物鑑定所需的相關毒理和環境資訊整合（NRC, 2008; enHealth, 2012）

4.2.3 問題擬定與危害物鑑定的挑戰

　　許多國家的法規已將健康風險評估以明文納入其中，藉以量化污染場址對鄰近居民可能造成的健康衝擊，或對於開發計畫，事前評估可能發生之最壞的健康衝擊結果，並據以修正開發計畫的方向。

　　2014年台灣環保署公告「土壤及地下水污染場址健康風險評估方法」中，提及「危害物鑑定為健康風險評估的第一個步驟，主要係以蒐集現有的場址資訊與污染物檢測資料，來確認場址關切化學物質種類及其濃度、可能影響關切化學物質傳輸途徑，以及是否有受體（Receptors）可能受到該關切化學物質的危害。在這個步驟，由於評估的需求，健康風險評估執行人員需以現有的概略資料建立初步的場址

概念模式（Site Conceptual Model, SCM），包括污染源位置、場址周邊水文地理的描述，與判斷可能被關切化學物質影響的受體。」

　　2013年針對土壤及地下水整治場址提出「土壤及地下水污染整治場址環境影響與健康風險評估辦法」，其中說明風險評估作業內應提出問題擬定，用以確認與污染場址有關的關切化學物質項目、濃度與影響範圍，決定納入評估的生態物種，並研定評估終點與量測終點，建立污染場址風險的概念模型。而且須透過危害物鑑定，來蒐集污染場址資訊與污染物檢測資料、鑑定致癌毒性及非致癌毒性、可能影響關切化學物質傳輸途徑，及可能受到該關切化學物質危害之受體。

　　綜合上述問題擬定與危害物鑑定的內涵，其重點在於因應風險評估之目的，並設計適當的評估範疇與方法。而在此階段仍需克服下列各項挑戰：

一、管理目標的確立

　　由美國國家研究院所提出的規範和各國對風險評估的執行指引中可看出，在設定系統邊界時，首先必須釐清的便是進行風險評估的目的為何，面對一危害場址，究竟欲解決什麼問題？有哪些決策的選項？期待風險評估提供哪些資訊來輔助決策？這些問題的答案，常不如其問題表面般的簡單或直接，而需要經過決策者與利害關係人反覆溝通與討論，並避免一廂情願的簡化問題或忽略了重要的元素，才可能有適當的問題描述與管理方案的提出。評估的目的涉及的尺度可大可小，可專注於單一污染場址衝擊程度的量化、點出重要的危害物質或暴露途徑、比較整治方案、決定整治目標；也可擴大於眾多污染場址的危害性的排序、總量管理、國土規劃，以及褐地再開發的規劃。相應的問題擬定與危害物鑑定便可專注於污染場址的污染源、暴露途徑，以及受體與毒理特性的界定，也可作為總體策略規劃的參考而設計資訊彙整的過程。

　　土壤及地下水污染整治法立法之初即容許污染場址根據其現況與未來可能的用途，並經風險管理措施後，制定基於可接受總風險之整治標準。顯示風險評估在整治標準的應用上已增加彈性，有助於更加合理評估未來土地再利用的成本與效益。因此在問題擬定階段，需要對問題有更廣泛的探討和描述，以設計評估方法與所需資訊的廣度與深度。

　　以褐地再開發來看，意味對過去已開發、受到污染、廢棄及閒置等場址再利

用、再開發之期許。褐地問題影響層面甚廣，不但與當地的居民健康安全相關，也與社區經濟再發展、就業、周邊地區的回復、都市規劃等層面密切相關。若能再開發褐地，同時減少負面衝擊，將會帶來許多益處。依據褐地過去的再開發經驗，有多處褐地開發為商業園區、購物中心、工業用途與住宅用途，以及逐漸受到重視的「綠色空間」或再生能源所需土地。隨著欲解決的問題從量化管理措施成效、排定開發順序、選擇再開發用途，以致於著重經濟考量以選擇整治技術，或著重環境考量而納入綠色整治程序等，在將健康風險評估應用於褐地管理時，會有不同程度之風險評估的需要。美國將褐地管理程序分為七個步驟，包含選擇褐地、第一階段場地環境評估與調查、第二階段場地環境評估與調查、評估各項可行的修復方法、制定修復執行方案、實施修復與啟動場地再開發。上述步驟中，選擇褐地與排序評估順序可以健康風險為基礎，考量污染場址的潛在危害、污染物的毒理特性以及敏感的受體，以分數量化的應用方式篩選褐地。經由第一階段基礎調查後，亦可於第二階段評估場址特定性的風險以確定污染現況，進而應用風險評估於修復方案的選擇，並比較未來再開發選項，提供相關資訊來支援褐地的管理。

二、評估範疇與可接受風險

　　台灣的土壤及地下水污染整治法要求污染場址經過風險管理措施後，致癌總風險與非致癌總風險分別不得大於10^{-6}與1。另外，Quintin et al.（2010）彙整澳洲及紐西蘭、加拿大、中國、香港、荷蘭、泰國、英國與美國八個地區的案例，其住宅區土地再開發之致癌風險目標則落於10^{-5}與10^{-6}之間，非致癌則統一為1。香港將根據風險設定的土壤污染整治標準區分為市區住宅、郊區住宅、工業與公園用地；最嚴格的是郊區住宅，最寬鬆的則為公園用地，其間最大相差3個數量級。對於不同的土地再利用目標，其所面對的可接受風險會有所差異，同時也反映了針對不同的管理目標，考量不同的面向，會產生不同的可接受的風險。由於各個污染場址面臨不同的自然條件以及利害關係人不同的社會經濟考量，衡量可行整治技術的總成本與效益之後，會產生各自狀況下有所差異的可接受風險；而在不同之欲達到的可接受風險之下，所將採取的整治或管理手段亦會有所調整，繼而影響問題的擬定。故如何針對管理目標，通過利害關係人的協調與成本效益的衡量來決定可接受的風險，而不受固定的標準所限制，是目前應努力克服的挑戰。

　　以近來永續整治的趨勢為例：常常由於法規、民眾健康衝擊及再開發時效等因素的壓力，大部分的污染處理都是以快速移除污染為目標，導致傳統的整治技術多為高耗能（Energy-intensive）工法，如：地下水抽取移除系統（Pump-and-treat system）、土壤挖除與場外棄置及熱處理系統等。若只考量健康衝擊，時常會忽略資能源的消耗和其帶來的間接影響。在整治規劃階段，有許多的決策支援系統及工具可用來選擇適宜的整治技術。傳統的篩選因子包括：人體健康、費用、時間、有效性、技術可行性及法規標準，這些因子稱為內在因子（Internalities）；而永續整治的技術篩選因子除了上述各項之外，尚包括對場外環境、經濟及社會的衝擊，即外部因子（Externalities）。以褐地再開發為例，其過程中包含場址建置階段（機械設備建置、運輸、水使用、水排放、資源使用等）、整治操作階段（能源使用、水使用、資源使用、化學添加物使用等）與再使用階段（監測過程所需之資源、能源與水等耗用）。各個階段中皆有可能導致直接的危害（如污染物排放等），或間接的危害（如耗用能源所排放之污染）。因此，當風險管理以生命週期思考的方式擴大了其風險評估的範疇，在降低健康風險的同時，亦平衡考量其他環境衝擊，而可能產生具有彈性而可變動的可接受風險。

三、管理方案設計

　　在污染場址管理的生命週期中，可針對各個階段擬訂各類的管理方案。例如：在場址建置階段，可採用低污染、高效能機械設備或增設清潔能源系統；在整治操作階段可挑選適當的整治添加物；於再使用階段則可依場址週界開發潛力比較可能產生較低健康衝擊且有較高效益的再開發用途。場址管理的規劃常需結合多種管理方案，進而衍生不同的風險評估之需求；因此「如何依管理目標設計適當的管理方案？」為有待解決的重要問題。尤其受污染場址或褐地的管理已然成為重要的議題，該如何應用健康風險結合生命週期思考，並全面評估風險程度與風險的轉移，以平衡再開發的社會經濟效益與保護人體健康，將成為一項挑戰。

4.3 案例分析：底渣再利用健康風險評估

　　此處以底渣再利用例示可能面臨的挑戰。雖然底渣再利用的相關規範逐漸完

備，國際上已有執行案例並且有法可循，卻在推動上仍有阻礙，其部分原因是因為對底渣再利用所造成之健康風險頗有疑慮。因此，以底渣再利用之管理規範作為案例分析，並利用健康風險評估審視底渣再利用對健康可能的衝擊。

4.3.1 管理目標的確立

本案例值得一提的是雖然已有研究針對底渣再利用的危害進行評估，但各方仍抱持疑慮，因此本案例的評估結果不只運用於決定底渣再利用可行與否，而是可以透過健康風險評估建立較為細部的規範，以提升執行意願。本案例變化現有之底渣再利用之規範，並考量時間變化因素，來評估底渣再利用之健康衝擊，作為最低容許含量限制的建議基礎，以強化現有規範品質。

4.3.2 評估範疇與可接受風險

本案例應用健康風險評估進行環境衝擊之量化工作，評估底渣再利用的生命週期各個階段中，可能發生之污染釋放及其受影響之受體的暴露與風險，估算整體的風險，以避免風險在各階段之間轉移。底渣再利用的主要流程，包括自焚化廠運出後，進入底渣再利用機構，經過處理後運至工程施工單位進行道路鋪設之再利用。污染釋放源主要分為四部分：底渣處理場、底渣再利用場址、再利用後的處理與電力供應。底渣處理廠內包含尚未處理之底渣原料儲存區、篩分處理區與處理完後置放的成品儲存區。而底渣再利用程序中分為再利用於道路鋪設與不再利用而直接進入掩埋場處置兩者。再利用後的處理亦分為道路鋪設與掩埋場兩種處置。從文獻中得知污染物的滲出為底渣再利用行為中主要的污染物釋放機制，主要的污染物為砷、鎘、鉻與鉛；此外，同時也必須考量電力供應時的污染排放，如汞與戴奧辛等（行政院環保署，2006；2007；2008）。底渣再利用的場址並非唯一的評估對象。因此為了建立底渣再利用規範的管理目的，將生命週期思考結合風險評估而擴大了評估的範疇，並且可接受風險將因各方案整體評估結果而定，不被單一標準所限制。

4.3.3 管理方案設計

　　案例中提出四個政策方案情境，考慮道路鋪設時間並針對底渣內高濃度之重金屬進行評估。為了維護道路強度及維修地下管線（電纜與自來水），台灣市區道路開挖頻繁，約1～3年便開挖一次；而非都市地區則頻率較低，紀錄顯示道路鋪設不開挖最長可達18.5年（Chen, 2005）；因此以底渣鋪設在道路上2年即進行開挖來表示具有較高維修頻率的道路，而以20年為最長的道路鋪設年限。主要的直接釋放源來自於鋪設的道路與掩埋場：污染物經由道路鋪設處滲出至地下水，或掩埋場經處理後排放進地表水，進而於環境各介質間流佈，最後接觸人體。案例中根據底渣再利用的生命週期，依上述道路鋪設的時間長短為規範限制因子，探討底渣再利用可能之流向情境，分為下列四個管理方案：

一、情境a：底渣持續回收再利用

　　評估年限為20年。20年期間台北市底渣再利用量5518200公噸作為評估的功能單位。道路鋪設厚度為0.5公尺，由上至下共有四層，分別為5公分（20%底渣）、5公分（30%底渣）、15公分（20%底渣）及25公分（80%底渣）。底渣鋪設於道路，道路使用為2年開挖一次，且持續回填再利用直至20年。

二、情境b：焚化底渣應用於道路鋪設，鋪設後重新再利用

　　評估年限為20年。20年期間台北市底渣再利用量5518200公噸作為功能單位。道路鋪設厚度為0.5公尺。由上至下共有四層，分別為5公分（20%底渣）、5公分（30%底渣）、15公分（20%底渣）及25公分（80%底渣）。情境b設定為道路鋪設2年開挖後，進入掩埋場處置達18年。每年皆使用新的底渣滲配料來維修道路。

三、情境c：焚化底渣應用於道路鋪設20年

　　評估年限為20年，20年期間台北市底渣再利用量5518200公噸作為功能單位。道路鋪設厚度為0.5公尺。由上至下共有四層，分別為5公分（20%底渣）、5公分（30%底渣）、15公分（20%底渣）及25公分（80%底渣）。情境c設定為鋪設於道路20年。因此鋪設面積會因道路未開挖而擴大，研究中以100公尺長，5公尺寬的道

路底渣需求量作爲基礎，估算20年底渣量所鋪設的道路長度，並估計舖設道路附近接觸的人口數。

四、情境d：焚化底渣掩埋處理

　　評估年限爲20年。情境d設定爲底渣不作再利用，而是直接進行掩埋處置，根據掩埋場周遭的居民與環境條件，估算底渣直接掩埋之環境衝擊。

　　由於健康風險評估的應用自固定場址（確切的污染場址或煙道排放）逐漸趨向於大尺度的總量管理及策略評估（水質管理與經濟發展等），因而評估問題的描述、管理目的的規劃、評估的範疇劃分，以及處理方案的設計等問題擬定與危害物鑑定這兩個系統邊界設定階段越來越重要。如何將健康風險評估應用於不同尺度的環境問題，具前瞻及完整性的界定問題與系統邊界是健康風險評估必須面對的一大挑戰。

Chapter 5

效應評估的挑戰

吳焜裕

效應評估在於估計有害物質一旦進入生物體之後，會產生什麼性質和程度的危害。在台灣土壤地下污染法規中有關健康風險評估中的效應評估，主要是根據美國環保署在1989公告的超級基金法案的健康風險評估技術規範（USEPA, 1989）。而隨著科學證據的改善與評估方法的進步，美國環保署曾敦請美國國家科學院針對過往執行的風險評估作檢討，並建議未來風險評估需要改善之處（NRC, 1994, 2005）。效應評估方法在過去二十五年來進步非常多，目前國際衛生組織也都接受了新的劑量反應評估的方法。同時，美國環保署正在撰寫累積風險評估技術規範（Guideline for Cumulative Risk Assessment），這個規範公告後可能會影響新的土壤地下水污染物的風險評估之方法。

效應評估的關鍵階段為劑量反應關係的評估，而與其密切相關的還有危害物鑑定階段。第四章從系統邊界的設定與篩選的角度來討論危害物鑑定，本章則繼續結合危害物鑑定與劑量反應關係的評估，討論效應評估所面臨的挑戰。

首先，評估過程中有一些名詞容易混淆，且值得澄清。例如：英文的Hazard identification應該怎麼翻譯才適當呢？適當的用詞將指示正確的工作內容，尤其在執行土壤地下水的風險評估時。例如：一個老舊加油站因管線破裂或油槽洩漏造成的土壤地下水的污染場址，如果要執行健康風險評估，究竟要針對那些物質來評估呢？目前的作法就是針對土污法中有管制與有制訂管制標準的污染物質：8種重金屬、21種有機物、8種禁用農藥與戴奧辛和多氯聯苯，共38種化學物質與總石油碳氫化合物進行評估。2014年環保署增加建議將總石油碳氫化合物致癌風險分為12項指標化學物質，主要為小分子的氧化劑〔如甲基第三丁基醚（MTBE）〕或芳香族類物質〔苯、萘及其他多環芳香族碳氫化合物（PAH）〕。在尚未列出總石油碳氫化合物致癌風險之12項指標化學物質前，加油站造成的污染場址多只針對苯進行評估致癌風險，評估者只需要提到苯為國際衛生組織歸類為一級致癌物即可，接著就

可以進行其他評估工作。

　　然而眞實狀況是加油站設有儲存地下柴油與汽油的油槽。汽油中的苯含量約1%，如果油槽洩漏或管線腐蝕，洩漏的油造成污染，苯的含量相對較低，主要的土壤地下水污染爲總石油碳氫化合物所造成；若僅評估苯造成的風險，則可能低估了污染場址所造的危害。既然可能有多種化學物質污染，執行效應評估的第一件事應該是先鑑定哪些物質可能對人體健康造成危害，只有那些可能造成危害的物質才需要進行評估，不具有潛在危害性的物質就不需要評估，因此這時候Hazard identification應該翻譯爲危害物鑑定（或危害性鑑定）。其次才會討探各種污染物的效應爲何？要如何執行劑量效應關係評估。所以翻譯的名詞很重要，能幫助一般人更明確的了解其執行工作內涵。在一污染場址被歸類爲整治場址時，污染物常不僅一種，當1989年美國環保署公告土污的風險評估技術規範時，受化學分析方法的限制，對化學物質的分析鑑定受到相當限制，加上美國環保署有專門執行劑量效應關係的專門單位，因此美國環保署就可以評估任何可能對人體健康造成危害的化學物質。目前國際分析化學界在多種化學分析能力已大幅進步，因此現行的土壤地下水污染的效應評估面臨第一件最大的挑戰，是判斷哪些物質需要執行健康風險評估？在污染整治時，將以總風險作爲整治的目標，應該不分是否列管，而是可能對人體健康造成威脅的污染物都需要評估。一般可考慮，對於那些已制訂管制標準的污染物可以管制標準爲整治目標，而未制訂管制標準者，則以健康風險作爲制定整治目標的依據。

　　以下就危害物鑑定、劑量反應評估與累積風險評估三者進一步說明。

5.1 危害物鑑定

　　Hazard的中文有危害或是造成危害的物質兩種涵義。經過鑑定來判斷一化學物質是否可能對人體造成某一不良效應，這不良效應就稱危害，若有危害，這個物質就稱爲有害物質。如果這個物質可能會對人體造成不良效應，便需要針對這個物質進行健康風險評估，如果不會對人體健康造成不良效應，就不需要對這個物質執行健康風險評估，因爲這個物質不會帶來風險。因此當討論效應時，必須要談到如何鑑定一個化學物質會造成什麼效應？這也是Hazard identification應該翻譯爲危害物鑑定的原因。

　　要鑑定一個化學物質可能對人體造成的不良效應，需要完整的蒐集各種流行病學研究與毒理測試的數據；蒐集後首先要判斷每一個研究的品質，並取用品質優良者作為鑑定的基礎。優先使用有流行病學數據，如果流行病學相關數據不足以供作鑑定，則採用動物實驗數據，也就是毒理測試的數據。一般希望是長期慢性（Chronic toxicity test）的毒理測試數據為主，如果是致癌性，則往往是根據兩年的動物實驗數據為主；亞慢性（Sub-chronic toxicity test）或是急毒性（Acute toxicity test）數據一般是輔助性的參考。

　　流行病學數據一般來自職場流行病學數據；但也有例外，例如：砷便是使用居民的疾病資料。一般職場的暴露濃度還是比一般居民暴露濃度高出許多，所以要用來評估一般居民的風險仍需要作假設，包括高低濃度暴露的致病機制相同，或是流病研究族群與擬評估族群的易感性相似等假設。這些假設雖然科學上不易證明，一般來講是合理可以接受。但是也有因人種的差異，基因多型性在不同人種間分布有顯著差異。遇到這種情況，則需要蒐集基因型差異的資料，探討該基因在致病機制中扮演的角色，與基因多型性對易感性的影響等，才能進一步針對基因型差異風險的加權。

　　執行危害物鑑定首先需完整地掌握場址的污染物清單，針對每個污染物一定要完善的蒐集化學物質毒理學相關資料，並根據前面的假設與蒐集到的各種毒理資料，鑑定化學物質對人體健康可能造成的不良效應，根據鑑定結果決定哪些物質需要執行風險評估。如果只針對有管制的污染物進行評估，則評估結果必然會低估風險。

　　危害物鑑定需要根據完整的化學物質毒性之化學資料，包含流行病學、各種動物實驗數據、各種體外實驗結果、基因毒測試結果、化學品體內與體外代謝資料、毒物動力學（Toxicokinetics, TK）與藥效動力學（Toxicodynamics, TD）。TK在於定量描述化學物質在人體內吸收、分布、代謝和排泄的統計數學模式，TD在於定量描述化學物質在體內如何與生物分子作用而造成不良效應的統計數學模式。鑑定過程首先看是否有流行病學研究的資料，如果有則優先使用，因為其研究對象是人類，不需要考慮因物種差異造成的不確定性。若流行病學研究結果不充分或是缺乏流行病學研究，則根據動物實驗數據。

　　根據動物實驗結果作鑑定，雖然人體與動物在組織與生理上看來很類似，但總是還存在著某些差異。因物種的差異，在鑑定化學物質對動物造成的不良效應

時，很重要的是在於鑑定這個效應是否對人體也可能造成類似的健康效應？目前美國環保署與國際衛生組織都非常強調如何鑑定化學物質對動物造成的不良效應與人體的相關性，鑑定這個相關性需要仰賴基礎毒理研究結果，並根據基礎毒理資料建構作用模式（Mode of Action, MOA）。所謂MOA指的是化學物質造成不良效應過程中的關鍵事件，這樣的事件可以是一個機制或是一系列的機制。鑑定的重點在於根據基礎毒理資料建構MOA，不過並非每一種物質都有充分的毒理資料供建構MOA。在鑑定過程中，當在動物實驗中觀察到化學物質處理導致動物得到某一種疾病，或造成動物某一種不良效應，則需要建構對動物造成這個不良效應的MOA，接著探討這個MOA是否存在人體？若這個MOA可能存在人體，或是人體內有類MOA，代表人暴露於這個化學物質可能會造成類似的不良效應，因此需要進行健康風險評估。如果能證實這個MOA在人體內不存在，則代表著這個化學物質雖然會對動物造成不良反應，但因造成這個效應的MOA不存在人體內，所以觀察到的效應與人體無關，代表這個化學物質對動物造成的不良效應應該不會發生在人體，所以針對這個化學物質對動物造成的這個效應，就不需要進行健康風險評估。

　　最好的例子就是在2011年在台灣造成嚴重食品安全事件的塑化劑，在1999年國際衛生組織的專家們建議DEHP致大鼠得肝癌的機制可能與人不相關，所以國際衛生組織將原本歸為動物致癌物的DEHP降為不分類。但是在2010年的專家會議結論是這個機制可能與人體相關，接著DEHP就被國際衛生組織歸為動物致癌物。

　　但是其實截至目前為止，大多數的化學物質還是無法建構其致病的MOA，這其中以非致癌的物質最為普遍。因此在這種情況下，就必須仰賴所謂預定假說（Default assumptions），才可以用動物實驗數據作為鑑定基礎。其中最基本的假設有實驗動物可以作為評估化學物質對人體健康危害的適當替代動物；人與最敏感的物種一樣敏感；人與動物的標的器官可以不一樣；如果缺乏科學證據，因性別差異的器官不同，化學物質對兩性會有類似的效應。三聚氰胺的健康風險評估是很好的例子。當2008年9月發生三聚氰胺事件，因事件快速地蔓延到全世界，國際衛生組織於十二月初在加拿大召開專家會議，並針對三聚氰胺進行健康風險評估，並於會議結論中建議三聚氰胺的每日允許最高攝取量（Tolerable Daily Intake, TDI）。這個評估因三聚氰胺對致腎臟結石的MOA並無法建構，在動物實驗中，又導致老鼠的膀胱結石，只是在人體是腎臟結石，因具相關性，就使用動物膀胱結石的數據

進行風險評估，根據評估結果制訂出保護人體免於得腎臟結石的安全標準。

5.2 劑量反應評估

劑量反應評估（Dose-Response Assessment）是健康風險評估很重要的步驟，長久以來最受爭論，也最不容易說明或分析。此步驟的目的有：對非致癌物質與非基因毒性的致癌物，藉由劑量反應評估，估算得到因人體暴露到某一化學物質後不會造成不良效應的參考劑量或參考濃度（Reference Dose, RfD or Reference Concentration, RfC）。對具基因毒性的致癌性，則藉由劑量反應評估，估算化學物質的致癌風險斜率係數（或單位劑量致癌係數，Cancer Slope Factor，CSF）。

根據危害物鑑定的結果，若根據流行病學的資料作鑑定，同時這組數據呈現出隨著劑量增加而觀察的效應隨之增加，則這組數據優先使用。若沒有流行病學的資料則選擇動物實驗的數據。不論使用流行病學資料或是動物實驗的數據，往往暴露劑量或是動物接受的劑量，都比一般民眾可能在污染場址上面或附近生活時，可能暴露的劑量還高出很多。因此執行劑量反應評估的第一件事就是進行劑量風險外插，將流病或是動物在高劑量得到的數據外插到低劑量。一般流行病數據往往缺乏完整的研究對象的暴露資料，這個時候即使想辦法重建暴露的結果都是可以接受的。以苯為例，主要流行病學數據來自職業流病的結果，但是早期的研究中正確的暴露數據仍然非常少，所以美國環保署仍根據研究對象的職稱、工作年資與有限的作業環境監測數據，進行暴露重建的結果進行劑量反應評估，估算苯的致癌係數。其原因在流病數據非常珍貴，使用流病數據可以降低物種外插的不確定性；也就是當有人體資料時，應該盡可能使用人的數據執行評估。

萬一連暴露資料不齊全的流行病學資料都沒有，在沒有選擇的情況下只能借重動物實驗的數據進行劑量反應評估，一般希望是長期慢性毒理測試結果，目的在於評估人體終生暴露所造成的危害。但是還是有例外，像三聚氰胺亞慢性毒理測試結果看起來比兩年慢性測試結果還敏感，所以目前國際上利用動物數據做風險評估時，仍使用三聚氰胺13週動物實驗的結果。

高低劑量外插可以分為兩種方法，基本上沿用危害物鑑定所得到的MOA。如果MOA為具基因毒性致癌物質，就假設沒有安全劑量，也就是低劑量仍為線性。其意義為既使暴露一分子的這種致癌物質，仍有一致癌機率，與高轉移能量的輻

射線之基本假設相同。如果MOA顯示非具基因毒性的致癌物及非致癌物質，其基本假設爲有一安全劑量，也就是高於這個劑量才會造成對人健康的危害，暴露低於這個劑量應不太可能會造成危害的意思。所以具基因毒性致癌物執行劑量反應評估的目的在於估算致癌係數，其他的化學物質則估算其安全參考劑量或是濃度。如果毒理資料無法建構化學物質的MOA時，則回到基本假設將致癌物質當作無安全劑量，估算致癌係數。因此進行劑量反應關係的評估時，應優先選用人體資料，如流行病學數據。若無人體資料供進行劑量反應評估則是選取MOA與人相關之的動物實驗數據，若無法建構MOA則選取最敏感的動物數據進行劑量反應評估。

在執行劑量反應評估時，如一化學物質的MOA爲非具基因毒性的致癌物及非致癌物質，或者是無法建構MOA的非致癌物質，則基本假設就是這些物質會有安全劑量，也就是有一閾值（Threshold）的。化學物質造成的不良效應如發育毒性、生長毒性、免疫毒性、神經毒性、心臟血管危害等，一般在執行劑量反應評估時，會估算其參考劑量來作爲閾值，也代表當人體暴露某化學物質的劑量超過參考劑量時才會造成不良健康效應。過去參考劑量的估算，在人體或是動物毒性測試資料中，找出無可見不良反應劑量（No-Observed-Adverse-Effect Level, NOAEL），再將NOAEL除以不確定性因子（Uncertainty Factor, UF）而得參考劑量，估算公式如下：

$$RfD = NOAEL/UF$$

其中NOAEL爲觀察不到不良健康效應劑量中的最高劑量；其中UF是根據評估時的不確定性進行調整，一般而言，考慮實驗動物數據推估到人類的不確定性取10、人類個體對於化學物質易感性不同之不確定性取10，亞慢性推估長期慢性的不確定亦應納入考量。萬一因劑量選得不好，導致所選取的劑量都造成動物不良效應顯著高於對照組，則選最低可見反應劑量，稱爲Lowest-Observed-Adverse-Effect Level（LOAEL），一般將LOAEL除以10以估算NOAEL。從動物實驗測試中，選取NOAEL或LOAEL都會受到實驗時劑量選取與動物隻數的影響，甚至可以操作動物隻數少一點，而NOAEL的劑量就可以高一點，同樣除以100的UF，所得到RfD就可以比較高，也就是標準可以寬鬆一些。在1995年後，美國環保署爲改善這種可以操作的RfD，開始推廣基準劑量（Benchmark dose）的方法。

　　針對具基因毒性的致癌物，劑量反應評估的目的是估算致癌係數。在美國環保署的1986年的致癌風險評估技術規範中，建議的是根據統計方法的最大可能估算法（Maximum likelihood estimation），估算百萬分之一的單位致癌風險，再取95%信賴區間的上限。雖然規範中接受各種模式，只要高劑量的數據能驗證模式即可，問題是各模式外插結果所估計之低劑量的風險相去甚遠，甚至因模式的差異可導致千萬倍的差異。所以美國環保署在2005年新公告的致癌風險評估技術規範中，也建議使用基準劑量法以估算致癌係數。

　　美國環保署從1999年開始開發基準劑量法的軟體，以便推廣基準劑量方法，這個方法以估算額外增加10%疾病發生率、95%信賴區間劑量的下限（簡寫為LED_{10}或是Benchmark Dose Lower Bound，$BMDL_{10}$），於1984年由Dr. Crump提出理論方法。1995年美國環保署開始推廣。截至目前基準劑量軟體還是持續改善中。這個軟體針對不同數據型態，有設計軟體供作模擬估算$BMDL_{10}$。其中最常使用的軟體，則是數據為二分法型態（Dichotomous pattern），例如：癌症為一發生與否的二分法的數據，另外還有連續式與多世代的生質毒性的數據型態等軟體。在二分法數據軟體中，內建有九個模式包含Gamma、Logistic、Loglogistic、Logprobit、Multistage、Multistage-cancer、Probit、Weibull、Quantal-linear等9種不同的數學模式。基準劑量軟體在輸入研究數據資料後可以使用這些數學模式進行最適化估算$BMDL_{10}$，再從不同模式估算的結果選取最適當$BMDL_{10}$作進一步的評估。對基因毒性致癌物則可以從BMR（Benchmark Response）與$BMDL_{10}$來估算致癌係數，估算致癌係數的公式如下：

$$\text{Slope Factor} = \frac{\text{BMR}}{\text{BMDL}_{10}}$$

　　此係數是動物的致癌係數，需要進一步作物種外插，利用人與動物體重比的0.75次方作外插，以估算人體的致癌係數。在非致癌風險評估中，則以$BMDL_{10}$取代傳統的NOAEL，得到$BMDL_{10}$後，再經不確定性作調整，便可以估算得到RfD。若劑量數據不夠，無法執行基準劑量模擬，也可直接用NOAEL來估算RfD。

　　利用基準劑量進行致癌係數估算的優點是每個模式估算結果都較接近，不會像過去一樣，評估結果相去百萬倍甚至千萬倍。利用這個方法執行參考劑量的估算，優點在於科學上比較客觀，不受實驗動物隻數的影響。目前此方法已廣為國際

社會所接受，如國際衛生組織已正式使用於食品安全評估與環境風險評估。

　　當然這個方法也並非沒有缺點，如估算致癌風險係數過程中，利用BMDL$_{10}$來作外插是否合理？有時候看起來好像一種遊戲規則。另外動物實驗數據常常只有三至四組，使用這麼少的數據，確實比以前改善，但是數據點數少，不論是評估致癌係數或是參考劑量，評估結果常常還是含有相當的不確定性。

5.3 綜合與累積評估

　　綜合評估（Aggregate assessment）指的是評估單一物質經由不同介質與途徑暴露造成的總風險，像是半揮發性有機物與重金屬類的物質，經污染源排放後，會經由多介質與多途徑以及受體接觸而暴露。評估這類的污染物一定需要仰賴多介質模式，以模擬污染物經由不同介質、途徑、受體接觸暴露。但是多介質模式主要從國外引進，事實上這些模式並未被驗證過，包含模式參數是否能反映台灣現況呢？因此模擬結果與實際狀況的差異，或是所謂不確定性之大小，在過去未曾被探討。這個議題很值得從事土壤地下水污染物相關工作者深思，否則針對許多污染物，其傳輸行為與多介質模式的假設可能不相符合。

　　例如：許多多介質模式使用逸壓（Fugacity）模式，基本假設為熱力學平衡的狀態；但因環境為一開放系統，無法達到真正的平衡狀態，只能說在兩種介質的介面達到平衡的狀態。這樣的假設所可能造成的偏差，值得深思。第二個假設是在一個介質的區間內混和均勻，但是土壤污染場址，甚至地下水污染場址，在單一介質中都不可能混和均勻。這樣的假設可能只有揮發性有機物造成的污染場址，因其物理化學性質使然，比較可能在一介質中相對均勻分布。對其他污染物，尤其是重金屬會造成誤差，因此執行評估者須仔細分析模式的不確定性。雖然評估中常以蒙地卡羅分析不確定性，但多僅能分析參數不確定，無法確實探討模式不確定性，而此部分亟需改善。

　　一般多介質模式，比較適用於面積較大的場址，這樣越不容易滿足在一區間或介質中混和均勻的假設，甚至會出現隨著空間變化的情況。除污染物濃度變化外，模式的參數也會因地質條件的變化而隨之變化。然而在執行污染場址風險評估時，往往受限於污染行為人提供的資源有限，並在非常緊迫的時間限制下，執行評估者可能不會討論這樣的議題。

累積評估（Cumulative assessment）則指評估多種污染物經不同途徑與不同媒介暴露而可能造成的風險，因此可以說多個綜合評估的總合。這種情況經常存在，因為污染的場址可能是多種化學物質，甚至是多種物理化學性質相差很大的化學污染物污染的場址。因此累積評估更棘手的問題是風險特性描述，究竟什麼樣的效應、在什麼狀況下，風險可以相加？一般而言，當暴露濃度很低的情況下，污染物之間會有加乘效應的可能性應該很低，因為體內的酵素有能力來應付外來物質的攻擊。這種情況下，只要作用機制與標的器官（Target organ）相同，風險相加目前普遍被接受。目前加州環保局有這樣的資料庫，並標示標的器官。然而，是否只有相同的標的器官危害指數（Hazard indexes）才可以相加呢？這裡可能會有爭論，因為計算危害指數時，所使用的分母，不論參考劑量或是濃度，多數根據動物實驗數據估算得之。其中的一個基本假設為動物的標的器官與人可能不相同，如三聚氰胺在動物的標的器官是膀胱，但是在人體是腎臟，這是少數有人體數據可以驗證物種間標的器官的差異。多數化學污染物缺乏人體資料以驗證物種間標的器官的差異，在計算危害指數什麼時候需要相加，將會是爭論的重點。更麻煩的是許多污染物的參考劑量或是濃度，是根據實驗動物體重的變化估算得之，也就是其標的器官不明確，那麼危害指數是否相加呢？

計算危害指數還有其他問題，如一般計算參考劑量或濃度是根據最敏感的標的器官（如某化學物質最敏感的標的器官為肝臟，第二敏感的可能是腎臟）估算。比較不敏感的標的器官，可能沒有已知的參考劑量或濃度數值可供使用評估，但若是有其他污染物的主要標的器官可能是腎臟，這樣評估者需要再進行劑量效應評估，估算第二敏感器官的參考劑量或濃度，才可能完成完整的風險特性化。如果只根據既有的參考劑量或是濃度來計算危害指數，將會低估危害指數，除非這個物質的暴露劑量很低，所換算的危害指數可忽略不計。

另外關於致癌風險是否相加的問題，在一般情況下，毒理學家也是建議作用機制與標的器官相同，致癌風險方可相加。但是從統計與集合的觀點來看，例如：污染物A致肝癌，污染物B致腎臟癌，假設A與B致癌機制與標的器官都不同，也就統計上所謂A與B致癌為相互獨立事件。但對受體而言，得到肝癌或是腎臟癌，都是得到癌症，其得到癌症的機率應該是等於污染物A的致癌機率加上污染物B的致癌機率減去污染物A與B同時對受體的致癌機率。一般情況下，受體暴露污染物A與B的劑量都相當低，因此污染物A與B同時對受體致癌機率就會遠低於污染物A致癌

機率或是污染物B致癌機率，所以結果還是總致癌風險等於污染物A加上污染物B的個別致癌風險相加的結果。

　　根據前面的案例分析，可以推論在評估一受多種致癌物質污染的場址，在執行致癌風險評估時，如果暴露劑量低或是很低，因體內去毒與基因傷害修補酵素等，都未達到飽和的狀況下，或是沒有科學證據證明這些污染物在體內有交互作用的情況下，基本上總致癌風險爲個別污染物的致癌風險之總合，這樣的作法在科學上應該是合理且可以接受的。

　　另一個問題，執行健康風險評估者常會混淆，就是致癌係數與參考劑量的估算依據。若執行健康風險評估時，缺乏了解這些數值估算的過程，會不清楚致癌係數與參考劑量乃是根據外在暴露劑量估算而來。證據何在呢？很多讀者會問這個問題，根據前面5.2劑量反應評估中，執行劑量反應評估過程並無劑量換算，如果有的話，那只是將飼料濃度或是飲用水中污染物濃度換算成劑量單位，只有少數情況下，使用藥物動力學估算內在劑量，但是在這種情況下，還是會換算回施加劑量（或是潛在劑量；Potential dose），也就是致癌係數與參考劑量都是以施加或是潛在劑量爲基礎。所以應該要注意，在執行暴露評估、計算暴露劑量時，不應乘上吸收效率，因爲一乘上吸收效率就是估算內在劑量。這樣一來在計算風險或是危害指數時，雖然都是劑量單位，暴露劑量乘以致癌係數或是除以參考劑量，雖然看起來劑量單位互相抵銷，所得到的風險是沒有單位。但是物理意義上是不能互相抵銷的，因爲一個是施加或是潛在劑量，另一個是內在劑量，無法互相抵消。

　　當然使用市面上的多介質模式進行風險評估，因爲發展軟體者已經將致癌係數與參考劑量的單位換成內在劑量，所以在使用手冊上或是軟體的估算公式上，會註明需要乘以吸收效率。這就要非常小心，當評估者引用美國環保署IRIS或是相關網站資料時，要特別注意，他們一般並沒有將劑量單位換算成內在劑量單位。這時候在估算劑量時仍乘以吸收效率，再乘上致癌係數或除以參考劑量，就會導致風險低估。

　　究竟怎麼執行的風險評估才是科學性的評估？提供決策者作爲制訂科學性政策的基礎，應該才是執行風險評估最重要的目標。風險評估在這裡指的是在一污染場址中的環境污染物可能造成的潛在風險之評估，目的是整合現有最佳科學資訊作爲污染場址整治決策之參考。因此科學資訊的整合扮演非常重要的角色，評估者應該站在超越污染者與決策者的立場，客觀獨立的整合科學證據執行風險評估。

以下總結目前在台灣執行土壤地下水污染場址風險評估遇到的挑戰：

一、哪些污染物需要執行評估？以台灣為例，目前有制訂標準的污染物有39種，其中一種是總石油碳氫化合物，也就是說僅有38種污染的化學物質有明確的標準。而這38種以外的其他污染物更為需要執行風險評估，以訂定整治目標；包含環保署增列之12項致癌指標物質，並針對其個別成分執行風險評估，再根據執行結果制訂整治目標。

二、在這種情況下，執行評估者除了原來能執行污染物傳輸模擬與多介質模式外，就需要更專業，要有能力執行危害物鑑定與劑量效應評估。執行評估者一定有充分了解這兩項工作，甚至有能力執行這兩項工作，才能對風險評估更充分的了解。在美國環保署有不同部門支援，因此超級基金場址風險評估者只要執行環境污染物模擬就好，但是包括台灣的許多地區與美國不同，沒有其他單位可以支援作危害物鑑定與劑量效應評估。因此這項工作亦應考慮納入，才能思考在管制污染物以外的污染物，是否列入整治的範圍？換言之，在美國環保署IRIS、加州環保局或國際衛生組織等相關的資料庫中，沒有被評估過的物質，仍應審慎思考是否納入評估。

三、在台灣執行土壤地下水污染場址風險評估，一般應該都會執行累積風險評估。執行者應該要對多介質模式多了解，更需要了解使用這樣的模式進行評估，評估結果會帶有哪些不確定性，這樣的不確定性並非藉著蒙地卡羅模擬所能完全呈現，需要許多定性的說明描述。另外在執行風險特性化時，究竟什麼情況下風險可以相加，應該要完整的了解，並說明其背後的假設與可能的不確定性。

Chapter 6

污染物傳輸與宿命

吳先琪　黃璟勝

　　進行背景現狀（或稱基線Baseline）健康風險評估或是環境影響評估可以用實際調查的環境污染物濃度來估計暴露劑量，但是要預測未來風險的變化，或是進行各種風險管理方案的分析，就必須用未來的環境污染物濃度來估計。因此風險評估者必須利用污染物的傳輸與宿命模式來推估未來時間與空間的污染物濃度。有時候環境檢測數據不足時，評估者也必須用模式來推估未檢測之位置或是未檢測的相中的污染物濃度，才能正確評估受體暴露的污染物濃度。

　　使用模式模擬的過程，會因為對於模式的一些前提與假設不了解而引用了錯誤的方法，例如：維度錯誤、邊界條件錯誤、參數的估計錯誤及錯誤的省略等。由於污染物濃度是風險評估中最敏感的因素，錯誤的使用模式會導致估計濃度的嚴重誤差，也造成評估之風險值的嚴重誤差。因此本章介紹污染物傳輸及宿命的模式與參數及正確的使用方法，還有各種模式的假設條件，俾利風險評估者選用正確的預測污染物濃度方法。

6.1 地下水層中污染物的傳輸與宿命

　　本節介紹污染物傳輸的數學模式、用到的假設、使用的限制及常見的誤用。污染物傳輸模式係基於菲克定律（Fick's law）與質量守恆定律（Law of mass conversation），間接用到達西定律（Darcy's law）算流速場。6.1.1和6.1.2節分別介紹達西定律與菲克定律，6.1.3節介紹污染物傳輸控制方程式（Governing equation）的推導，6.1.4節討論空間維度對污染物濃度預測結果的影響，6.1.5和6.1.6節分別介紹邊界條件和源項與匯項（Source/Sink term）的應用，6.1.7節回顧並整理過去發展的解析解，最後6.1.8節介紹工程上使用的污染傳輸軟體，6.2節介紹污染傳輸模式的參數如何決定。

6.1.1 達西定律和傳流

　　達西定律描述流體在多孔介質的流動現象，可用以下例子說明：考慮一根管子，如圖6-1(a)所示，管子的截面積為A，管內填砂部分的長度為l，管內流量為Q（單位時間流體通過管子斷面的體積）可表示為：

$$Q = KA(h_u - h_d)/l \qquad\qquad （6-1）$$

其中，K代表砂的水力傳導係數（Hydraulic conductivity），K值越大透水性越高，h_u和h_d分別為上游和下游的水力水頭（Hydraulic head），定義為：

$$h_u = z_u + P_u/(\rho g)$$
$$h_d = z_d + P_d/(\rho g) \qquad\qquad （6-2）$$

其中，z_u和z_d分別代表位於上游和下游的高程，P_u和P_d分別為上游和下游的孔隙水壓（Pore water pressure），ρ為水的密度，g為地表重力加速度。水由高的水力水頭流到低的水力水頭，依據（6-2）式，水力水頭的大小和參考位面（Reference datum）的高程有關，如圖6-1(a)所示，不同的參考位面有不同的水力水頭值，但水頭的差$(h_u - h_d)$與高程無關。

　　方程式（6-1）為達西定律，其微分式可寫為：

$$Q = -KA\frac{dh}{dl} \qquad\qquad （6-3）$$

其中，dh/dl為水力梯度（Hydraulic gradient）。（6-3）式兩邊除以截面積A，可得到水流的達西速度q（Darcy velocity）：

$$q = \frac{Q}{A} = -K\frac{dh}{dl} \qquad\qquad （6-4）$$

此速度代表滿管的流速，此時管子裡沒有砂粒，如圖6-1(b)所示。實際上，水在砂顆粒間流動，流速定義為滲流速度v（Seepage velocity）或平均線性流速度（Average linear velocity），如圖6-1(c)所示，可表示為：

$$v = \frac{q}{n_e} = \frac{Q}{n_e A} = -\frac{K}{n_e}\frac{dh}{dl} \tag{6-5}$$

其中，n_e為砂的有效孔隙率（Effective porosity），$n_e A$代表截面上水能自由流動的孔隙面積。污染物以平均線性流速度在地下水流動的現象，稱爲傳流（Advection），其通過單位面積的質量流通量（Mass flux），可表示爲vC，C代表污染物濃度。

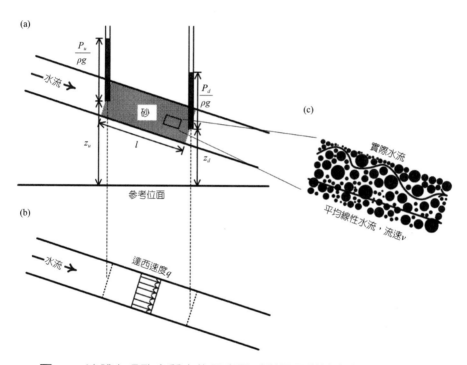

圖6-1　流體在多孔介質中的示意圖（彩圖另附於本書第327頁）

6.1.2 菲克定律和延散

菲克定律描述溶質（Solute）從高濃度處擴散到低濃度處的現象，可用下面例子說明：考慮一個容器內部裝滿水，一層薄板將容器分成兩個大小相同的區域，在左邊區域的溶質濃度爲C_0，如圖6-2(a)所示。將薄板移開的瞬間，在交界面的左側

濃度為C_0，右側濃度為零，由於濃度的差異，溶質粒子開始往濃度低的地方移動，此時的水仍然為靜止狀態。經過一小段時間後，一些溶質粒子進入右側區域，如圖6-2(b)所示，單位時間溶質粒子通過單位截面積的質量流通量f，可表示為：

$$f = -D_m \frac{C_2 - C_1}{\Delta s} \tag{6-6}$$

其中，D_m為分子擴散係數（Molecular diffusion coefficient），反映溶質在水中散開的現象。C_1和C_2分別為左平面和右平面上的濃度，Δs為兩平面的距離，$(C_2 - C_1)/\Delta s$為濃度梯度（Concentration gradient）的差分式。（6-6）式的微分式可表示為：

$$f = -D_m \frac{dC}{ds} \tag{6-7}$$

其中，dC/ds為濃度梯度。（6-7）式為菲克定律的數學式，描述溶質因濃度梯度所產生的擴散流通量。經過較長時間後，溶質會均勻分布於整個容器中，每個位置濃度皆相同，如圖6-2(c)所示，此時$dC/ds = 0$。

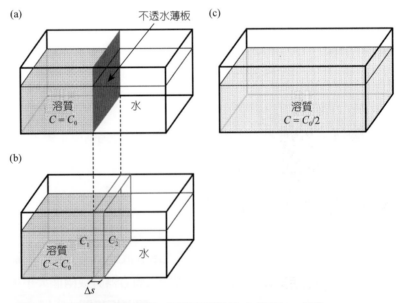

圖6-2　溶質擴散示意圖（彩圖另附於本書第327頁）

　　上述的菲克定律係描述溶質在靜止水中的擴散現象，若考慮在多孔介質中，水仍靜止、溶質路徑曲折、擴散現象變慢，因此定義有效擴散係數（Effective diffusion coefficient）$D^* = \tau D_m$，其中τ是曲折度（Tortuosity），用來反應曲折路徑的影響。在水中，$\tau = 1$；在多孔介質中，$\tau \le 1$，Millington（1959）和Millington and Quirk（1961）提出飽和土壤的曲折度近似$\tau = n^{1/3}$，其中n為孔隙率，Dullien（1992）提出未壓密土壤的曲折度近似 $\tau = \sqrt{n}$，Perkins and Johnston（1963）建議未壓密沖積物（Unconsolidated alluvial material）的曲折度為 $\tau \cong 2/3$，若是黏土（Clay），$\tau \le 0.1$。

　　考慮多孔介質中二維的污染傳輸，水沿著L方向流動，T方向正交於水流方向，溶質由一根細管注入，如圖6-3(a)所示，溶質在多孔介質中散開的現象，稱為延散（Dispersion），這是因多孔介質大尺度的非均質（Large-scale heterogeneity）造成，從小尺度觀察，溶質的延散現象除有擴散現象外，還受下列三個因素影響：一、介質孔隙大小分布不均勻，溶質通過孔隙較小處流速會較慢，較大處流速較快；二、溶質顆粒大小不一，使溶質在孔隙中的流路曲折不一，造成溶質有不同的路徑長度；三、貼近介質顆粒的溶質因摩擦力關係，流速會較小；反之，在孔隙中央的溶質流速會較大。沿L和T方向質量流通量，可分別表示為：

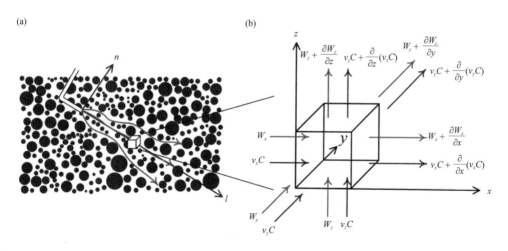

圖6-3 示意圖：(a)污染物在多孔介質傳輸、(b)通過單位體積的污染物質量流通量（彩圖另附於本書第328頁）

$$W_L = -D_L \frac{dC}{dL} \tag{6-8}$$

$$W_T = -D_T \frac{dC}{dT} \tag{6-9}$$

其中，D_L和D_T分別代表縱向延散係數（Longitudinal dispersion coefficient）和橫向延散係數（Transverse dispersion coefficient）。此外，前人大量的實驗得知，在層流的情況下，延散係數與流速呈正比關係，縱向延散係數和橫向延散係數可分別表示為$D_L = \alpha_L v + D^*$和$D_T = \alpha_T v + D^*$，α_L為縱向延散度（Dispersivity），α_T為橫向延散度，$\alpha_L v$和$\alpha_T v$代表傳流產生的機械延散（Mechanical dispersion）。

考慮三維的污染傳輸，取用卡氏座標系統（Cartesian coordinates system），若x、y和z三個軸都不與地下水流向平行，這樣的情況下，在x、y和z方向上，單位面積的質量流通量分別為：

$$W_x = -D_{xx} \frac{dC}{dx} - D_{xy} \frac{dC}{dy} - D_{xz} \frac{dC}{dz} \tag{6-10}$$

$$W_y = -D_{yx} \frac{dC}{dx} - D_{yy} \frac{dC}{dy} - D_{yz} \frac{dC}{dz} \tag{6-11}$$

$$W_z = -D_{zx} \frac{dC}{dx} - D_{zy} \frac{dC}{dy} - D_{zz} \frac{dC}{dz} \tag{6-12}$$

其中，濃度梯度的係數稱為延散係數張量（Dispersion coefficient tensor），可用矩陣的形式表示：

$$
\begin{bmatrix}
D_{xx} & D_{xy} & D_{xz} \\
D_{yx} & D_{yy} & D_{yz} \\
D_{zx} & D_{zy} & D_{zz}
\end{bmatrix}
=
\begin{bmatrix}
\dfrac{\alpha_L v_x^2 + \alpha_T(v_y^2 + v_z^2)}{v} + D^* & \dfrac{(\alpha_L - \alpha_T)v_x v_y}{v} & \dfrac{(\alpha_L - \alpha_T)v_x v_z}{v} \\
\dfrac{(\alpha_L - \alpha_T)v_x v_y}{v} & \dfrac{\alpha_L v_y^2 + \alpha_T(v_x^2 + v_z^2)}{v} + D^* & \dfrac{(\alpha_L - \alpha_T)v_y v_z}{v} \\
\dfrac{(\alpha_L - \alpha_T)v_x v_z}{v} & \dfrac{(\alpha_L - \alpha_T)v_y v_z}{v} & \dfrac{\alpha_L v_z^2 + \alpha_T(v_y^2 + v_x^2)}{v} + D^*
\end{bmatrix}
$$

$$\tag{6-13}$$

其中，v_x、v_y和v_z分別為傳流速度v在x、y及z方向上的分量，和傳流速度的關係為$v^2 = v_x^2 + v_y^2 + v_z^2$。從方程式（6-8）～（6-9）到（6-10）～（6-12）的推導過程，沒有任何的假設或簡化，細節可參閱Zheng and Bennett（2002, p.36-44）。若x軸與傳流的主流方向平行，則$v_x = v$且$v_y = v_z = 0$，（6-13）式主對角線上的延散係數張量為$D_{xx} = \alpha_L v + D^*$、$D_{yy} = \alpha_T v + D^*$和$D_{zz} = \alpha_T v + D^*$，其餘延散係數張量為零，同理（6-10）式可簡化成（6-8）式，（6-11）和（6-12）式簡化成（6-9）式。

過去文獻常誤用（6-13）式，例如為了讓非對角線延散係數張量D_{xy}、D_{xz}、D_{yx}、D_{yz}、D_{zx}及D_{zy}等於零，Ozelim and Cavalcante（2013）假設$\alpha_L/\alpha_T = 1$，然而α_L/α_T的比值通常介於3到100之間（Zheng and Bennett, 2002, p.304-306）。又當x、y和z軸都不平行水流方向（$v_x \neq 0$、$v_y \neq 0$且$v_z \neq 0$），但設定D_{xy}、D_{xz}、D_{yx}、D_{yz}、D_{zx}和D_{zy}等於零（Meenal and Eldho, 2012; Yadav et al., 2012），這是另一種誤用。

6.1.3 傳流和延散控制方程式

結合（6-10）～（6-13）式和質量守恆定律，可導得污染傳輸的控制方程式。考慮單位體積的正立方體，每邊長度為一單位，如圖6-3(b)所示，以x方向為例，進入立方體的污染物，質量流通量為傳流傳輸（Advective transport）和延散傳輸（Dispersive transport）的總合，可表示為$W_x + v_x C$，流出立方體的質量流通量為$W_x + v_x C + \partial(W_x + v_x C)/\partial x$，其中第三項$\partial(W_x + v_x C)/\partial x$代表流通量的變化量，通常小於零，反映部分污染物留在單位立方體中，因此立方體中的污染物濃度隨時間增加；當$\partial(W_x + v_x C)/\partial x = 0$，流入和流出立方體的質量相同，因此立方體中的污染物濃度不改變。y和z方向的流通量變化量，可分別表示為$\partial(W_y + v_y C)/\partial y$和$\partial(W_z + v_z C)/\partial z$，依據質量守恆定律，三個方向變化量的總合，加上污染物從液相變成固相的質量轉換，和一階化學反應減少的質量，等於立方體中濃度對時間的改變量$\partial C/\partial t$，可表示為：

$$-\frac{\partial C}{\partial t} = \frac{\partial}{\partial x}(W_x + v_x C) + \frac{\partial}{\partial y}(W_y + v_y C) + \frac{\partial}{\partial z}(W_z + v_z C) + \left(\frac{\rho_b}{n}K_d\right)\frac{\partial C}{\partial t} + \lambda C \quad (6\text{-}14)$$

其中，ρ_b為容積乾密度（Bulk dry density）代表單位立方體中多孔介值的質量，K_d為分配係數（Distribution coefficient），λ為一階反應係數（First-order reaction coefficient），等號右側第四項描述單位時間在單位立方體中，污染物變成固相的質量，等號右側第五項代表一階化學反應減少的質量，如：放射性衰變（Radioactive decay）、水解作用（Hydrolsis）或生物降解（Biodegradation），細節可參閱本書6.2.7節及Zheng and Bennett（2002, p.74-77）。在等溫條件下，低濃度的水溶液相與固相的污染物，通常用線性等溫吸附式描述兩者之間的關係，可寫為$\overline{C} = K_d C$，其中$\overline{C}$代表單位立方體中，每單位多孔介質質量吸附的固相污染物質量。另外兩種常見的等溫吸附模式，為Freundlich與Langmuir等溫吸附式，可參閱本書6.2.3節及Zheng and Bennett（2002, p.81-83）。（6-14）式等號右側的變化量總和為負值，因此等號左側須加上負號來平衡方程式，可進一步表示為：

$$-R\frac{\partial C}{\partial t} = \frac{\partial}{\partial x}(W_x + v_x C) + \frac{\partial}{\partial y}(W_y + v_y C) + \frac{\partial}{\partial z}(W_z + v_z C) + \lambda C \qquad (6\text{-}15)$$

其中，W_x、W_y和W_z分別定義在（6-10）、（6-11）和（6-12）式，$R = 1 + \rho_b K_d/n$為遲滯因子（Retardation factor），描述多孔介質對污染物的吸附關係，若污染物會被介質吸附，則$K_d > 0$，$R > 1$；若污染物不會被介質吸附，則$K_d = 0$，$R = 1$。（6-15）式為污染傳輸的控制方程式，當x方向與水流方向平行（$v_x = v$且$v_y = v_z = 0$），依據方程式（6-10）～（6-13），（6-15）式可簡化為：

$$R\frac{\partial C}{\partial t} = \frac{\partial}{\partial x}\left(D_x \frac{\partial C}{\partial x}\right) + \frac{\partial}{\partial y}\left(D_y \frac{\partial C}{\partial y}\right) + \frac{\partial}{\partial z}\left(D_z \frac{\partial C}{\partial z}\right) - \frac{\partial}{\partial x}(vC) - \lambda C \qquad (6\text{-}16)$$

其中，D_x、D_y及D_z分別為在x、y及z方向上的延散係數。

6.1.4 維度對濃度時域分布的影響

在含水層（Aquifer）中，污染物於垂直方向（z方向）的延散行為常被忽略，換句話說，僅考慮二維水平的延散和傳流。考慮一個水平方向無限延伸的水層，垂直方向厚度為H，污染源位在水層中央，濃度維持C_0，觀測井和污染源中心的距離為x_0，污染源為立方體，其長、寬及高分別為$0.1x_0$、$0.1x_0$及$0.1H$，如圖6-4所示，Huang and Yeh（2014）發展了三維污染物傳輸的解析解，當污染源的高和水層厚度相同時，三維的解可簡化為二維的解，定義無因次濃度為$C_D = C/C_0$，無因次時

間$t_D = D_L t/(R x_0^2)$，無因次位置$x_D = x/x_0$、$y_D = y/x_0$、$z_D = z/H$，無因次參數$\phi = v x_0/D_L$、$\beta = \lambda x_0^2 D_L$、和$\kappa = D_T/D_L$，由於三維的解考慮垂直方向的延散，因此有一個無因次參數$\gamma = x_0^2 D_T/(H^2 D_L)$，二維的解不考慮垂直方向的延散，因此沒有$\gamma$。當$\phi = 1$、$\beta = 1$、$\kappa = 1$及$(x_D, y_D, z_D) = (1, 0, 0)$，污染物濃度對時間的分布，如圖6-4所示，二維的解高估污染物濃度，高估的原因為污染源的高僅為水層厚度的10%（$0.1H$），垂直方向會因垂直延散而有濃度分布。另一方面，三維解預測的濃度隨γ增加而減小，當$\gamma \geq 1$，濃度不隨γ增加而改變，較大的γ反映至少一種下列因素：觀測井離污染源較遠、水層厚度較薄及垂直方向的延散係數值較大，導致污染物垂直方向分布較均勻。若$\gamma \geq 1$，將二維解的預測結果乘以污染源高度和水層厚度的比值0.1，可得到和三維解析解一樣的預測結果。

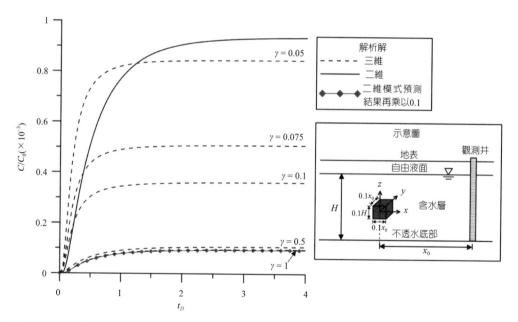

圖6-4　二維和三維污染傳輸解析解於監測井的預測濃度（彩圖另附於本書第328頁）

6.1.5 邊界條件

一般而言，常見的邊界條件有下列三種：Dirichlet（或稱為First-type）邊界條

件、Neumann流通量（Second-type）邊界條件、Robin（Third-type）邊界條件。於
地下水污染物傳輸問題，Dirichlet條件表示邊界上的污染物濃度維持定值C_0，通常
用來代表污染源的濃度，數學式可表示為：

$$C = C_0 \quad at \quad \Omega \qquad (6\text{-}17)$$

其中，Ω為邊界位置。無流通量（No flux）條件為Neumann流通量邊界條件的特
例，代表污染物無法通過的邊界，如不透水層或未受壓水層（Unconfined aquifer）
的自由液面（Free surface，亦可稱為Water table），濃度對正交邊界方向的微分等
於零。

　　Robin條件代表通過邊界的污染物總流通量vC_0為已知，等於延散通量和傳流通
量的總和，數學式可表示為：

$$-D_L \frac{\partial C}{\partial x} + vC = vC_0 \quad at \quad \Omega \qquad (6\text{-}18)$$

　　（6-17）式的C_0代表污染源和水層交界處的濃度為定值，而（6-18）式中的C_0
代表污染源的濃度，由於有延散通量$D_L \partial C/\partial x$，交界處的濃度為未知，可能小於或
等於C_0。

　　若污染物從井注入含水層，井和水層的交界處可用下列Robin條件表示：

$$-D_L \frac{\partial C}{\partial r} + v_r C = v_r C_0 \quad at \quad r = r_w \qquad (6\text{-}19)$$

$$v_r = \frac{Q_i}{2\pi r_w b} \qquad (6\text{-}20)$$

其中，$D_L = \alpha_L v_r$，$r = \sqrt{x^2 + y^2}$，r_w為井半徑，Q_i為單位時間注入污染物的體積，b
為井的開篩長度（Screen length），v_r為通過篩孔的水流速度。

　　當井設置在污染區域內，透過抽水清除污染物，井和水層交界處的濃度變化可
表示為（6-19）式，其中，C_0和v_r分別被C和v_w取代，$v_w = Q_p/(2\pi r_w b n_e)$，$Q_p$為單位時
間抽出水的體積，在此情況下，（6-19）式簡化成零濃度梯度條件，寫為：

$$\partial C/\partial r = 0 \quad at \quad r = r_w \qquad (6\text{-}21)$$

6.1.6 源項與匯項

　　源項（Source term）／匯項（Sink term）描述單位時間進入／離開水層的污染物質量，源項可分為點源（Point source）、線源（Line source）、面源（Plane source）及體源（Volume source）。點源可表示為$C_0Q_i\delta(x-x_0)\delta(y-y_0)\delta(z-z_0)$，$\delta(-)$為Dirac delta函數，其單位為$L^{-1}$，三個$\delta(-)$的乘積表示污染物從位置$(x_0, y_0, z_0)$進入水層。

　　線源項通常代表忽略井半徑影響的井注入量，可寫為$(C_0Q_i/H)\delta(x-x_0)\delta(y-y_0)$，其中$H$為水層厚度，也等於井的開篩長度，兩個$\delta(-)$的乘積表示井位於$(x_0, y_0)$座標點上。Papadopulos and Cooper（1967）曾分析忽略井半徑對地下水流的影響，他們的研究結果可類比到污染傳輸問題，當$t > 2.5 \times 10^2 r_w^2/T$，$T$是水層的導水係數（Transmissivity），井半徑對濃度的預測結果影響非常小，予以忽略。此外，Yeh and Chang（2013）指出，若井半徑介於0.05到0.25公尺，可忽略井半徑的影響。

　　面源項通常代表一條受污染河川，可表示為$C_0v\delta(x-x_0)$，$\delta(x-x_0)$表示平面無寬度，位於$x = x_0$貫穿水層。

　　體源項代表一個有體積的污染源，可表示為$[C_0Q_i/(XYZ)][u(x+X/2)-u(x-X/2)][u(y+Y/2)-u(y-Y/2)][u(z+Z/2)-u(z-Z/2)]$，其中 X、Y 和 Z 分別為體源在 x、y 和 z 三方向的長度，$u(-)$為單位步階函數（Unit step function），三個步階函數的乘積代表污染源位於$-X/2 \leq x \leq X/2$、$-Y/2 \leq y \leq Y/2$和$-Z/2 \leq z \leq Z/2$，是一個立方體。

　　匯項為單位時間離開水層的污染物質量，線匯項通常代表抽取井（Extraction well），以抽水方式移除水層中的污染物，數學式可寫為$-(CQ_p/b)\delta(x-x_0)\delta(y-y_0)$，其中$C$為在位置$(x_0, y_0)$抽出的污染物濃度，線源項和線匯項的差別為前者的$C_0$已知，代表被注入的污染物濃度；後者的$C$為未知。

　　表6-1列出寫在控制方程式裡的各種源匯項，$\delta(t-t_0)$代表污染物在$t = t_0$時進入／離開水層，M和M_c分別為進入和離開水層的污染物質量，M為已知，M_c為未知。污染物瞬間進入水層的情況，也可用初始條件來設定位於某地點或某區域的初始濃度$C（t = 0）$。設定位於某地點的初始條件，和用瞬間進入水層的源項，在數學上是兩種不同的表示方式，但對污染物濃度的預測結果是完全相同的。

■ 表6-1

	源匯項的數學模式	
源匯項	連續進入／離開含水層	瞬間進入／離開含水層
點源	$C_0 Q_i \delta(x-x_0)\delta(y-y_0)\delta(z-z_0)$	$M\delta(x-x_0)\delta(y-y_0)\delta(z-z_0)\delta(t-t_0)$
線源	$(C_0 Q_i/b)\delta(x-x_0)\delta(y-y_0)$	$(M/b)\delta(x-x_0)\delta(y-y_0)\delta(t-t_0)$
線匯	$-(CQ_p/b)\delta(x-x_0)\delta(y-y_0)$	$-(M_c/b)\delta(x-x_0)\delta(y-y_0)\delta(t-t_0)$
面源	$C_0 v\delta(x-x_0)$	$M\delta(x-x_0)\delta(t-t_0)$
體源	$\dfrac{C_0 Q_i}{XYZ}\left[u(x+\dfrac{X}{2})-u(x-\dfrac{X}{2})\right]$ $\left[u(y+\dfrac{Y}{2})-u(y-\dfrac{Y}{2})\right]$ $\times\left[u(z+\dfrac{Z}{2})-u(z-\dfrac{Z}{2})\right]$	$\dfrac{M}{XYZ}\left[u(x+\dfrac{X}{2})-u(x-\dfrac{X}{2})\right]$ $\left[u(y+\dfrac{Y}{2})-u(y-\dfrac{Y}{2})\right]$ $\times\left[u(z+\dfrac{Z}{2})-u(z-\dfrac{Z}{2})\right]\delta(t-t_0)$

6.1.7 解析解與應用

污染傳輸模式的解析解，可分爲下列四類：含水層中的污染傳輸、未飽和層的污染傳輸、多物種耦合的污染傳輸和碎裂介質中的污染傳輸，分別在下面的四節中介紹。表6-2整理了一維和三維污染傳輸解析解，表6-3列出了徑向發散污染傳輸解析解，兩張表再依據傳輸介質和污染源的數學式分類。表6-4整理了徑向收斂和非對稱收斂污染傳輸解析解，並以抽水井和污染源的數學模式及水層延伸分類。

一、含水層中的污染傳輸

一維污染傳輸的控制方程式可表示爲：

$$R\frac{\partial C}{\partial t} = D_L \frac{\partial^2 C}{\partial x^2} - v\frac{\partial C}{\partial x} - \lambda C \qquad (6\text{-}22)$$

表6-2　一維和三維污染傳輸解析解

文獻	傳輸介質	污染源的數學模式	備註
・一維污染傳輸			
Lapidus and Amundson (1952)	含水層	Dirichlet邊界條件	$\lambda = 0$
Lindstrom et al. (1967)	含水層	Robin邊界條件	$\lambda = 0$
Hunt (1978)	含水層	點源項	$\lambda = 0$
Tang et al. (1981)	單一裂隙與多孔介質	Dirichlet邊界條件	污染源位於裂隙
Sudicky and Frind (1982)	平行裂隙與多孔介質	Dirichlet邊界條件	污染源位於裂隙
Van Genuchten and Alves (1982)	含水層	Dirichlet或Robin邊界條件	
Van Genuchten (1985)	含水層	Robin邊界條件	放射性污染物，四個衰變物種
Srinivasan and Clememt (2008)	含水層	Robin邊界條件	放射性污染物，任意數量的衰變物種
Li and Cleall (2011)	有限延伸的含水層	Robin邊界條件	水層有兩個區域的非均質
Chen and Liu (2011)	含水層	Robin邊界條件	C_0隨時間改變，反映季節的影響
Sigh et al. (2012)	含水層	Robin邊界條件	C_0和D_L隨時間改變，反映季節的影響
Chen et al. (2012b)	含水層	Robin邊界條件	放射性污染物，四個衰變物種
Yang (2012)	單一裂隙與多孔介質	Dirichlet邊界條件	污染源位於裂隙
Xie et al. (2013)	含水層	Robin邊界條件	掩埋場址的擴散傳輸
Leij and Bradford (2013)	雙重孔隙介質	Robin邊界條件	
・三維污染傳輸			
Bedekar et al. (2012)	未飽和層與含水層	Dirichlet邊界條件	污染源在未飽和層
Huang and Yeh (2014)	含水層	體源項	

■ 表6-3

徑向發散污染傳輸解析解			
文獻	傳輸介質	污染源的數學模式	備註
Tang and Babu (1979)	含水層	Dirichlet邊界條件	
Moench and Ogata (1981)	含水層	Dirichlet邊界條件	
Valocchi (1986)	含水層	Robin邊界條件	考慮固相和液相耦合的污染傳輸
Hsieh (1986)	含水層	Dirichlet邊界條件	
Chen (1987)	含水層	Robin邊界條件	
Chen et al. (2012a)	膚層與含水層	Dirichlet邊界條件	
Veling (2012)	含水層	Robin邊界條件	污染物瞬間釋放
Hsieh and Yeh (2014)	膚層與含水層	Robin邊界條件	

　　過去有一些文獻發展一維污染傳輸的解析解，各文獻主要的差異在於污染源的處理和水層的範圍（Domain）。Lapidus and Amundson（1952）將污染源設定為Dirichlet邊界條件（6-17式），Lindstrom et al.（1967）採用Robin邊界條件（6-18式），Hunt（1978）則將污染源考慮為點源項。文獻上可看到其他點源一維污染傳輸的解，但多數的解只適合半域（$x \geq 0$）情況，僅Hunt（1978）的解適合全域（$-\infty \leq x \leq \infty$）。這三個解析解都沒考慮一階反應或降解項（$\lambda = 0$），Van Genuchten and Alves（1982）的技術報告上則有污染源為Dirichlet或Robin邊界條件。當$R = 1$、$D_L = 1 m^2 d^{-1}$、和$v = 1 m d^{-1}$，三個解析解預測的無因次濃度C/C_0，如圖6-5所示，Dirichlet邊界解預測的濃度分布值，在接近污染源處，其濃度值較高，Robin邊界解的預測濃度值次之，點源解相則對最低。Dirichlet條件設定邊界的濃度為定值C_0，隱含著邊界可釋放大量的污染物（Yeh and Yeh, 2007），此解可用來模擬老舊或設計不良的垃圾掩埋場滲出水進地下水的情景。過去地表蓄水池（Surface impoundment）有被用來接納一般或有害的廢水，其底部釋放的溶質有限，Robin條件解適合用來描述此情境（Yeh and Yeh, 2007）。至於點源解適合用來描述進入水層的污染物，來自廢水注入井或由受污染渠道底部滲出的情景（Yeh and Yeh, 2007）。另一方面，Xie et al.（2013）的解析解描述掩埋場址的一維污染物擴散傳

輸，控制方程式可寫爲：

$$R \frac{\partial C}{\partial t} = D^* \frac{\partial^2 C}{\partial z^2} - \lambda C$$

（6-23）

■ 表6-4

徑向收斂狀和非對稱收斂污染傳輸解析解				
文獻	抽水井的數學模式	污染源的數學模式	水層延伸	備註
· 徑向收斂污染傳輸				
Valocchi (1986)	零濃度梯度	初始條件，濃度均勻分布	有限	考慮固相和液相耦合的污染傳輸
Chen and Woodside (1988)	零濃度梯度	初始條件，濃度不均勻分布	無限	
Moench (1989)	Neumann邊界條件	Robin邊界條件	有限	考慮抽水井和注入井的井蓄水效應
Chen et al. (1996)	零濃度梯度	環狀線源	無限	
Chen et al. (2003a)	零濃度梯度	Robin邊界條件	有限	考慮尺度效應的延散係數
Veling (2012)	零濃度梯度	初始條件，徑向距離的任意函數	無限	
· 非對稱收斂污染傳輸				
Guvanasen and Guvanasen (1987)	零濃度梯度	初始條件，有限區域濃度均勻分布	無限	流場爲徑向收斂和發散水流的疊加
Chen et al. (2003b)	Neumann邊界條件	Robin邊界條件	有限	考慮抽水井的井蓄水效應
Chen (2007)	零濃度梯度	Dirichlet邊界條件	有限	考慮尺度效應的延散係數和注入井的井蓄水效應
Chen (2010)	零濃度梯度	Dirichlet邊界條件	有限	
Chen et al. (2011)	無	Robin邊界條件	有限	圓柱座標系統，污染源位於頂端

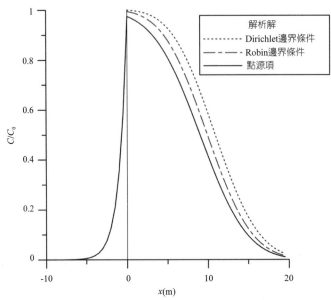

圖6-5 分別考慮Dirichlet、Robin邊界及點源的解析解對不同位置的預測濃度（彩圖另附於本書第329頁）

　　掩埋場址和底下的水層，夾著一層地工不織布（Geomembrane），設定為Robin邊界條件。最近Huang and Yeh（2014）的解析解考慮三維傳輸，污染源為體源，透過褶積定理（Convolution theorem），過去把污染源設定為面源或點源的解析解，都可視為Huang and Yeh（2014）解的特例。

　　有些文獻考慮含水層為非均質的情況，Li and Cleall（2011）針對一個有限域的水層，分成兩個區域，兩區的參數（R、D_L、v及λ）皆不相同，且兩端都為Robin邊界條件。另外有一些文獻考慮污染源濃度隨時間或季節變化的情況，例如：Chen and Liu（2011）使用Robin邊界條件代表一條污染河川，河水的濃度隨時間以$C_0 \exp(-q_1 t)$或$C_0 \sin(\omega t)$函數改變，其中q_1與ω分別為衰減係數與波速，分別以上述兩個函數取代（6-18）式中的C_0。Sigh et al.（2012）使用Robin邊界條件來表示一條河川，河水的濃度以$C_0[1 + \exp(-q_1 t)]/2$函數表示，延散係數隨著時間改變，以$D_L = D_0[1 - \sin(\omega t)]$或$D_L = D_0 \exp(-q_2 t)$函數表示，上述函數中，$q_2$為衰減係數，$D_0$為初始延散係數。

　　也有一些文獻探討徑向發散或收斂的污染傳輸模式，發散式的傳輸，污染物從注入井進入水層，地下水流速和徑向距離r成反比，可表示為$r_w v_r/r$，其中v_r定義於

（6-20）式。徑向污染傳輸的控制方程式，可表示為：

$$R\frac{\partial C}{\partial t} = D_L\frac{\partial^2 C}{\partial r^2} - v\frac{\partial C}{\partial r} \tag{6-24}$$

Tang and Babu（1979）考慮均質含水層，注入井為Dirichlet邊界條件，井緣濃度設定為定值C_0，模式的解析解需分三段且具積分形式，被積分式包含複雜的Modified bessel functions。Moench and Ogata（1981）解與Tang and Babu（1979）同樣的問題得到在Laplace域的半解析解，包括Airy functions須用數值逆轉計算時間域的濃度。Hsieh（1986）也解相同的問題，他發展的解析解也含Airy functions，以20點高斯積分（Gaussian quadrature）估算解析解的數值結果。Chen（1987）設定注入井為Robin邊界條件（6-19式），導得徑向傳輸的解析解，若忽略於井緣的延散項，則前三者的解可視為此解的特例。Veling（2012）所發展的解析解，也採用（6-19）式當邊界條件，但以$v_r \delta(t)$取代式中的$v_r C_0$，表示污染物瞬間釋放，此外他也同時發展徑向收斂污染傳輸的解析解。Chen et al.（2012a）考慮注入井緣為Dirichlet邊界條件，但水層在徑向有兩層，內層是膚層（Skin zone），外層為水層，兩層的R、D_L及v不相同。Hsieh and Yeh（2014）也考慮徑向雙層的水層，但注入井緣設定為Robin邊界條件。另一方面，Valocchi（1986）的半解析解考慮固相和液相耦合的污染物傳輸，注入井設定為Robin條件，但（6-19）式中$v_r C_0$被$Md(t)/(2\pi r_w bn_e)$取代，代表瞬間釋放污染物。

至於徑向收斂狀污染傳輸的問題，Valocchi（1986）的半解析解考慮污染物均勻分布於水層內，水層有限延伸，遠處邊界設定為無流通量條件。Chen and Woodside（1988）的解析解，考慮污染區域沿徑向分成數個區段，每段的濃度不同，以近似不均勻濃度分布的污染區。另一類處理徑向收斂狀污染傳輸問題，是把污染源當外側邊界條件處理，Moench（1989）將從注入井進入水層的點狀污染源，改為與注入質量相同，而以抽水井為中心的環狀分布，污染源和抽水井分別設定為Robin邊界條件和（6-21）式，並考慮井蓄水（Wellbore storage）效應，發展模式的半解析解。Chen et al.（1996）的半解析解，以環狀線源代表點污染源，而考慮水層為無限延伸。Chen et al.（2003a）的半解析解，考慮縱向延散度是徑向距離的函數，代表有尺度效應的延散係數。另一方面，Chen et al.（2011）發展在圓柱座標系統（Cylindrical coordinate system）的污染傳輸模式，污染源位於圓柱頂

端，考慮爲Robin邊界條件，其控制方程式爲：

$$R \frac{\partial C}{\partial t} = D_T \left(\frac{\partial^2 C}{\partial r^2} + \frac{1}{r} \frac{\partial C}{\partial r} \right) + D_L \frac{\partial^2 C}{\partial z^2} - v \frac{\partial C}{\partial z} \tag{6-25}$$

其中z軸向下爲正，流速v垂直向下，（6-24）和（6-25）式雖然都考慮徑向傳輸，但背後的物理意義不同：前者的徑向傳輸包含延散和傳流（$v = r_w v_r / r$）機制，而後者的徑向傳輸，僅考慮延散的機制。

　　污染物從注入井至抽水井的移動，可視爲非對稱收斂污染傳輸，Guvanasen and Guvanasen（1987）的半解析解，考慮注入井附近的徑向發散狀流場和抽水井附近的徑向收斂狀流場，而整個流場是兩種水流的疊加結果，污染源設定爲初始條件，代表注入結束後的污染物分布，並假設污染範圍有限且濃度均勻分布，抽水井緣以（6-21）式處理。另外一些文獻也考慮注入後的污染傳輸，但忽略注入井引起的發散水流，僅考慮抽水井的徑向收斂流場，並應用極座標系統（Polar coordinate system）來描述污染傳輸。Chen et al.（2003b）的半解析解，有考慮井蓄水對濃度的影響，而Chen（2007）的解析解，則考慮有尺度效應的延散係數；此外，Chen（2010）的解析解，以圓柱座標系統描述三維的污染傳輸，污染源位於外側邊界，爲一垂直面源。

二、未飽和層的污染傳輸

　　污染物從地表進入水層，通常會先通過未飽和層（Unsaturated zone）。未飽和層的水流垂直向下，其污染傳輸控制方程式可表示爲：

$$R \frac{\partial C}{\partial t} = \frac{\partial}{\partial x} \left(D_x \frac{\partial C}{\partial x} \right) + \frac{\partial}{\partial y} \left(D_y \frac{\partial C}{\partial y} \right) + \frac{\partial}{\partial z} \left(D_z \frac{\partial C}{\partial z} \right) - \frac{\partial}{\partial z} [v(z,t) C] \tag{6-26}$$

其中，流速$v(z, t)$爲深度z和時間t的函數。在預測濃度之前，須先計算出$v(z, t)$，依據達西定律，未飽和層的流速可表示爲：

$$v(z,t) = \frac{K(\psi)}{\theta} \frac{\partial}{\partial z} (z + \psi) \tag{6-27}$$

其中，θ爲未飽和層的體積含水量（Volumetric water content），ψ爲負的壓力水頭

亦稱吸力水頭（Suction head），$z + \psi$爲水力水頭，$K(\psi)$爲未飽和層的水力傳導係數，是吸力水頭的函數，一維暫態未飽和層流的控制方程式可表示爲：

$$\theta^* \frac{\partial \psi}{\partial t} = \frac{\partial}{\partial z}\left[K(\psi)\frac{\partial \psi}{\partial z} \right] + \frac{\partial}{\partial z} K(\psi) \tag{6-28}$$

其中，θ^*爲土壤的保水曲線（Retention curve）之斜率，代表改變一單位吸力水頭，體積含水量的改變大小。（6-28）式可由達西定律和質量守恆定律推導而得，由於此式有兩個未知數$K(\psi)$和ψ，因此還需要一個方程式來描述$K(\psi)$和ψ的關係，而最常用的關係式是（Van Genuchten, 1980）：

$$K(\psi) = KS_e^{0.5}\left[1 - (1 - S_e^{1/a})^a \right]^2 \tag{6-29}$$

$$S_e = (1 + |\chi\psi|^c)^{-a} \tag{6-30}$$

其中，$a = 1 - c^{-1}$，c和χ是參數。（6-26）式爲未飽和層污染傳輸的數學式，Bedekar et al.（2012）將此式簡化爲一維垂直傳輸，並假設流速爲定值，發展未飽和層傳輸的解析解，當污染物進入飽和含水層後，以三維模式來描述污染物傳輸。

三、多物種耦合的污染傳輸

有些化學物質或放射性核種（Radionuclide），會隨著時間衰變成不同的物質，例如：鈽-238（^{238}Pu）會依序衰變爲鈾-234（^{234}U）、釷-230（^{230}Th）及鐳-226（^{226}Ra）（Van Genuchten, 1985）。此外，含氯有機溶劑（Chlorinated solvent）會生物降解，如四氯乙烯（PCE），可能會依序衰變產生三氯乙烯（TCE）、二氯乙烯（DCE）、氯乙烯（VC）及乙烯（ETH）。上述衰變過程稱爲衰變鏈（Decay chain）。Bateman（1910）提出衰變鏈的數學式，稱爲貝特曼方程式（Bateman equation）：

$$\begin{aligned} \frac{dC_1}{dt} &= -\lambda_1 C_1 \\ \frac{dC_i}{dt} &= -\lambda_i C_i + \lambda_{i-1} C_{i-1} \quad i \in 2, 3, \dots m \end{aligned} \tag{6-31}$$

其中，C_1、C_2、……、C_m依序爲衰變過程產生的核種濃度，λ_i爲核種的一階衰變常數（First-order decay constant），m爲核種數量。基於貝特曼方程式，一維污染傳輸方程，可表示爲：

$$R_1 \frac{\partial C_1}{\partial t} = D_L \frac{\partial^2 C_1}{\partial x^2} - v \frac{\partial C_1}{\partial x} - y_1 \lambda_1 C_1$$

$$R_i \frac{\partial C_i}{\partial t} = D_L \frac{\partial^2 C_i}{\partial x^2} - v \frac{\partial C_i}{\partial x} - y_i \lambda_i C_i + y_{i-1} \lambda_{i-1} C_{i-1} \quad i \in 2, 3, \ldots m$$

（6-32）

其中，等號右邊的係數y_i爲第i個物種增加的質量和第$i-1$物種減少的質量比值。Van Genuchten（1985）考慮$m = 4$和$y_i = R_i$來發展模式的解析解。Sun et al.（1999）提出一個變數轉換技術並結合單一物種傳輸的解析解，可適用任意物種數量m，請參閱6.1.8第四節中的說明。Quezada et al.（2004）應用Laplace積分轉換並配合矩陣對角化除耦法（Matrix diagonalization），可考慮任意物種數量m。隨後Srinivasan and Clement（2008）應用這個方法考慮初始條件爲空間的函數，並發展解析解。Chen et al.（2012b）考慮$y_i = R_i$和Robin條件，其中C_0爲常數，並發展$m = 4$的解析解，他們的求解方法也適用任意m的情況。

四、碎裂介質中的污染傳輸

裂隙的阻力遠小於岩體或多孔介質，岩體或多孔介質中的裂隙（Fracture）可能會主導污染物傳輸。探討污染物在裂隙中的傳輸模式，可分單一裂縫或雙重孔隙（Double porosity）兩類。第一類模式考慮單一垂直裂隙，水流沿著裂隙流動，由於裂隙的寬度都相當小，因此採用一維控制方程式：

$$\frac{\partial C_f}{\partial t} = D_f \frac{\partial^2 C_f}{\partial z^2} - v_f \frac{\partial C_f}{\partial z} - \lambda_f C_f - (2n_e D_x / w)\left|\frac{\partial C}{\partial x}\right|_{x=w/2} \qquad （6-33）$$

其中，下標f代表裂隙，w爲裂隙寬度，等號右邊第四項代表一部分的污染物於$x = w/2$和$x = -w/2$位置，進入兩側的多孔介質。在多孔介質中，假設沒有水流並考慮正交裂隙的延散傳輸，其控制方程式表示爲：

$$R \frac{\partial C}{\partial t} = D^* \frac{\partial^2 C}{\partial x^2} - \lambda C \qquad （6-34）$$

考慮污染源位於裂隙的頂端，為Dirichlet邊界條件。若苯裂隙和多孔介質的交界處濃度相同，即$C_f(z, t) = C(x, z, t)|_{x = w/2}$。Tang et al.（1981）發展上述模式的濃度解析解，由於求解方法的限制，必須假設$\lambda = \lambda_f$。Sudicky and Frind（1982）的解析解也作相同的假設，並考慮有限延伸的多孔介質，且兩側的邊界為無流通量條件，他們的解可用在數個平行裂隙的情況。Yang（2012）的解析解考慮上述單一裂隙模式，可適用於λ和λ_f不相同的情況。

另一類的模式考慮大量的裂隙在岩體或多孔介質中，雖不規則但均勻分布，稱為雙重孔隙介質。Leij and Bradford（2013）發展一維的污染傳輸模式，污染源考慮為Robin邊界條件，則裂隙與岩體的控制方程式分別為：

$$\frac{\partial C_f}{\partial t} = D_f \frac{\partial^2 C_f}{\partial x^2} - v \frac{\partial C_f}{\partial x} - \lambda_f C_f + \alpha(C - C_f) \tag{6-35}$$

$$\frac{\partial C}{\partial t} = D_L \frac{\partial^2 C}{\partial x^2} - v \frac{\partial C}{\partial x} - \lambda C + \alpha(C_f - C) \tag{6-36}$$

其中，$\alpha(C - C_f)$與$\alpha(C_f - C)$分別為負值和正值。假設$C_f > C$，則污染物由裂隙進入周圍的岩體。係數α反映質量進入的多寡和岩體的孔隙率有關。

6.1.8 商用軟體介紹

工程上，常被使用與污染傳輸有關的軟體，茲介紹下列六個：POLLUTEv7、AT123D、BIOSCREEN、BIOCHLOR、MOC及RT3D，相信這些軟體都已經過驗證（Verification），換句話說，都曾和現地觀測數據或解析解的預測值做過比較，下面六節分別介紹此六個軟體的數學模式。

一、POLLUTEv7

POLLUTEv7是加拿大的GAEA Technologies Ltd.所發展的軟體，相關網址為：http://www.gaeatech.com/index.php。此軟體可模擬垃圾掩埋場滲出水在未飽和層向下傳輸的過程，使用指南可參閱Rowe and Booker（2004）。POLLUTEv7可設定未飽和層高達200層，且每一層的參數（R、D_L、v、λ）不相同。傳輸介質考慮多孔介質和裂隙，其控制方程式分別寫為：

$$R\frac{\partial C}{\partial t} = D_L \frac{\partial^2 C}{\partial z^2} - v\frac{\partial C}{\partial z} - \lambda C \qquad (6\text{-}37)$$

$$R_f \frac{\partial C_f}{\partial t} = D_f \frac{\partial^2 C_f}{\partial z^2} - v_f \frac{\partial C_f}{\partial z} - \lambda_f C_f - q_f \qquad (6\text{-}38)$$

其中，q_f代表單位時間從裂隙進入周圍多孔介質的污染物流通量。當使用者提供裂隙的相關資訊後，POLLUTEv7將自動定義v_f和q_f。未飽和層頂端的污染源，可用三種邊界條件來表示：Dirichlet邊界條件、無流通量邊界條件及有限質量邊界條件。第三個條件描述污染源的初始濃度為C_0，並隨著時間以線性速率增加，當污染物開始向下進入未飽和層，而滲出水收集系統排掉部分的污染物，因此污染源濃度開始下降。有限質量邊界條件可考慮放射性污染物隨時間衰變的影響，相關資訊可參閱Rowe and Booker（2004, p.24-26）。未飽和層底部的邊界條件有三種：無流通量邊界條件、Dirichlet邊界條件和固定流出（Fixed outflow）邊界條件。無流通量邊界條件代表未飽和層底部為不透水層；Dirichlet邊界條件代表未飽和層底部為含水層，並假設污染物進入水層後，濃度稀釋至某一定值，其值由使用者設定；固定流出條件延伸Dirichlet條件，考慮水層中的地下水流帶走污染物的情況，細節可參閱Rowe and Booker（2004, p.26-27）。此外，POLLUTEv7可設定未飽和層為半無限延伸，以排除底部邊界的影響。

二、AT123D

AT123D由葉高次教授於美國Oak Ridge National Laboratory發展的解析模式，為公開的FORTRAN程式，使用指南可參閱Yeh（1981）。AT123D可模擬含水層中一維、二維、或三維的污染傳輸，並考慮均質含水層和穩態地下水流，三維傳輸的控制方程式可寫為：

$$R\frac{\partial C}{\partial t} = D_x \frac{\partial^2 C}{\partial x^2} + D_y \frac{\partial^2 C}{\partial y^2} + D_z \frac{\partial^2 C}{\partial z^2} - v\frac{\partial C}{\partial x} - \lambda C$$
$$+ M\delta(x - x_0)\delta(y - y_0)\delta(z - z_0)\delta(t) \qquad (6\text{-}39)$$

其中，等號右側的點源項代表在水層(x_0, y_0, z_0)的位置，而當$t = 0$時，污染物瞬間釋放的質量為M。AT123D考慮三種類型的污染物、三種污染物的釋放方式、四種含水層尺度（Dimension）和八種污染源的幾何形狀，因此三維污染傳輸模式有288種

組合；在x-y或y-z平面的二維傳輸模式有72種組合；在x軸的一維傳輸模式有18種組合；全部共有450種組合。

　　三種類型的污染物，分別是放射性廢棄物、化學物質及熱。三種污染物的釋放方式，包含瞬間釋放、連續釋放及有限期間釋放，其中後二者應用摺積定理導得。四種含水層尺度在x方向都無限延伸，分別爲在y和z方向無限延伸、在y和z方向有限延伸、在y方向無限延伸且z方向有限延伸及在y方向有限延伸且z方向無限延伸，有限延伸的邊界皆設定爲無流通量條件。八種污染源的幾何形狀有點源、平行x軸的線源、平行y軸的線源、平行z軸的線源、正交x軸的平面源、正交y軸的平面源、正交z軸的平面源及體源。

三、BIOSCREEN

　　BIOSCREEN由美國環保署The Center for Subsurface Modeling Support提供的免費下載軟體，網址爲：http://www.epa.gov/ada/csmos/models/bioscrn.html。此軟體是基於Domenico（1987）的近似解所發展而來。而Domenico（1987）的解，是從描述x方向一維污染傳輸和Dirichlet邊界條件的解析解，直接乘以y和z的誤差函數（Error function）來近似y和z方向的延散傳輸，定義貝克勒數（Peclet number）爲$P_e = vd/D_L$，其中特性長度d爲觀測位置和污染源的距離，當$P_e \geq 10$時，Domenico（1987）的近似解才適用（West et al., 2007）。

　　BIOSCREEN應用疊加準則考慮瞬時生物降解反應（Instantaneous biodegradation reaction）情況下的污染物濃度C_{inst}，計算步驟如下：

1. 設定$\lambda = 0$和$C_0 = C_{measured} + BC$，其中$C_{measured}$爲實際量測的污染源濃度，BC爲水層本身的生物降解能力（Biodegradation capacity）。
2. 從Domenico（1987）的解算得到的濃度減去BC，可得到C_{inst}。

　　當$R = 1$時，此算法可得到正確的結果（Borden et al., 1986）；但當$R > 1$時，表示此算法得到近似結果（Connor et al., 1994）。

四、BIOCHLOR

BIOCHLOR也是由美國環保署The Center for Subsurface Modeling Support發展的免費軟體，網址為：http://www.epa.gov/ada/csmos/models/biochlor.html。此軟體可模擬含氯有機物的生物降解，以四氯乙烯（PCE）為例，其降解過程的產物依序為：四氯乙烯（PCE）、三氯乙烯（TCE）、二氯乙烯（DCE）、氯乙烯（VC）及乙烯（ETH）。在水層中的三維傳輸的控制方程式可表示為：

$$R_1 \frac{\partial C_1}{\partial t} = D_x \frac{\partial^2 C_1}{\partial x^2} + D_y \frac{\partial^2 C_1}{\partial y^2} + D_z \frac{\partial^2 C_1}{\partial z^2} - v \frac{\partial C_1}{\partial x} - y_1 \lambda_1 C_1 \qquad (6\text{-}40)$$

$$R_i \frac{\partial C_i}{\partial t} = D_x \frac{\partial^2 C_i}{\partial x^2} + D_y \frac{\partial^2 C_i}{\partial y^2} + D_z \frac{\partial^2 C_i}{\partial z^2} - v \frac{\partial C_i}{\partial x} - y_i \lambda_i C_i + y_{i-1} \lambda_{i-1} C_{i-1}$$
$$(6\text{-}41)$$

$$i \in 2, 3, \dots m$$

其中，C_1、C_2、C_3、C_4及C_5分別為PCE、TCE、DCE、VC及ETH的濃度，$m = 5$為化合物的總數。

方程式（6-40）只有一個未知數C_1，因此可以導得解析解，BIOCHOLOR使用Domenico（1987）的近似解，其餘四個控制方程式的濃度應變數互相耦合，所以無法直接解出解析解，Sun et al.（1999）提出一個轉換技術，將四個相依的濃度變數（C_2、C_3、C_4、及C_5）轉換成四個獨立的應變數，轉換後的控制方程式形式和（6-40）式一致，可以獲得四個獨立應變數的解析解，最後將這四個解析解代入逆轉公式，可得到$C_2 \sim C_5$的解析解。然而Sun et al.（1999）的轉換方法，需要假設每一個控制方程式有相同的D_x、D_y、D_z和v，若參數值不相同，則BIOCHOLOR建議採用參數的平均值。

五、MOC

MOC由美國地質調查局（United States of Geological Survey）發展，其網址為：http://water.usgs.gov/nrp/gwsoftware/moc/moc.html。此軟體的使用指引，可參閱Konikow and Bredehoeft（1978）。MOC是特徵線法（Method of Characteristic）的縮寫，並配合使用有限差分法，此軟體可模擬污染物在滲漏含水層（Leaky aquifer）的二維傳輸。考慮水層具非均質和異向性，而孔隙率、縱向和橫向延散

度（α_L和α_T）均爲定值。計算過程分成兩步驟：先由二維暫態地下水流控制方程式〔Konikow and Bredehoeft, 1978, eq.(1)〕和達西定律，計算隨時間和空間改變的水流速度v_x和v_y，再由二維污染傳輸控制方程式（6-42），計算污染物濃度。

$$\frac{\partial(CH)}{\partial t} = \frac{\partial}{\partial x}\left(HD_{xx}\frac{\partial C}{\partial x} + HD_{xy}\frac{\partial C}{\partial y}\right) - \frac{\partial}{\partial x}(Hv_xC)$$
$$+ \frac{\partial}{\partial y}\left(HD_{yx}\frac{\partial C}{\partial x} + HD_{yy}\frac{\partial C}{\partial y}\right) - \frac{\partial}{\partial y}(Hv_yC) - \frac{C'W}{n} \tag{6-42}$$

其中，H爲水層的飽和厚度是x和y的函數，$-C'W/n$爲源項，位於污染源涵蓋的節點（Grid node），W爲單位面積的體積流量（Volumetric flux），其正值和負值分別代表離開和進入水層，當$W > 0$，$C' = C$代表離開水層的污染物濃度，當$W < 0$，$C' = C_0$代表進入水層的污染物濃度。此外MOC考慮水層邊界爲無流通量條件，初始條件可設定觀測的水力水頭分布和污染物濃度分布，或設定前一次水頭和濃度的模擬結果。

六、RT3D

RT3D由美國Pacific Northwest National Laboratory發展，是MT3D的延伸版，網址爲：http://bioprocess.pnnl.gov/。此軟體可模擬水層中的三維污染傳輸，並考慮不同污染物的化學反應對傳輸的影響，使用指引可參閱Clement（1997）。依據使用者提供的資訊和內建的三維地下水流模式（Clement, 1997, p.7-8），RT3D計算隨時間和空間改變的v_x、v_y和v_z，也可匯入MODFLOW軟體對v_x、v_y和v_z的計算值。MODFLOW爲地下水流模式，有使用手冊可參閱（McDonald and Harbaugh, 1988, p. 586），液相和固相污染物的控制方程式分別爲：

$$\frac{\partial C_k}{\partial t} = \frac{\partial}{\partial x}\left(D_{xx}\frac{\partial C_k}{\partial x} + D_{xy}\frac{\partial C_k}{\partial y} + D_{xz}\frac{\partial C_k}{\partial z}\right) - \frac{\partial}{\partial x}(v_xC_k)$$
$$+ \frac{\partial}{\partial y}\left(D_{yx}\frac{\partial C_k}{\partial x} + D_{yy}\frac{\partial C_k}{\partial y} + D_{yz}\frac{\partial C_k}{\partial z}\right) - \frac{\partial}{\partial y}(v_yC_k) \qquad k \in 1, 2, \ldots m_k$$
$$+ \frac{\partial}{\partial z}\left(D_{zx}\frac{\partial C_k}{\partial x} + D_{zy}\frac{\partial C_k}{\partial y} + D_{zz}\frac{\partial C_k}{\partial z}\right) - \frac{\partial}{\partial z}(v_zC_k) + \frac{q_s}{n}C_{sk} + r_c$$

$$\tag{6-43}$$

$$\frac{d\widetilde{C}_j}{dt} = \widetilde{r}_c \quad j \in 1, 2, \ldots m_j \tag{6-44}$$

其中，C_k為第k種液相污染物的濃度，$\widetilde{C}_j$為第j種固相污染物的濃度，m_k和m_j分別為液相和固相污染物的數量，q_sC_{sk}/n為源項分布於污染源涵蓋的節點，C_{sk}代表進入水層的第k種污染物濃度，q_s為單位體積的體積流量，r_c和$\widetilde{r}_c$分別代表液相與固相污染物在化學反應過程中增加或減少的質量，將會在下一段進一步討論。另一方面，RT3D考慮固相污染物停留在固定位置，且濃度隨時間改變，因此（6-44）式沒有延散和傳流項。

RT3D的化學反應模式，可分Instantaneous與Kinetic-limited兩類。第一類模式在工程上較常使用，假設反應時間很短，則忽略反應過程，直接依據化學平衡方程式的係數，來決定污染物在反應過程的消耗或增加量。以苯（Benzene）和氧（Oxygen）的反應為例，化學平衡方程式可表示為：

$$C_6H_6 + 7.5O_2 \rightarrow 6CO_2 + 3H_2O$$

苯和氧的質量消耗比例為1：3.072，（6-43）式的r_c可用下式表示：

$$C_B^{t+\Delta t} = C_B^t - C_O^t/3.072 \text{ 且 } C_O^{t+\Delta t} = 0 \text{ 當 } C_B^t > C_O^t/3.072 \tag{6-45}$$

$$C_O^{t+\Delta t} = C_O^t - 3.072C_B^t \text{ 且 } C_B^{t+\Delta t} = 0 \text{ 當 } C_O^t > 3.072C_B^t \tag{6-46}$$

其中，C_B^t和C_O^t分別為苯和氧在時間t的濃度，Δt為有限差分法的時間間距（Time step），$t + \Delta t$代表下一個時間。

第二類模式考慮反應過程，應用一階不可逆過程（First-order irreversible process）與Monod-type term（Clement, 1997, p.23-27），因此r_c為各種液相污染物濃度乘積的函數，形成一組非線性方程式〔由（6-43）式組成〕。液相污染物濃度的計算相當耗時，在工程應用上，以減少節點的數量來避免大量的計算時間，然而後果可能造成較大的截尾誤差而影響結果的精確性，因此在工程上較少使用（Zheng and Bennett, 1995, p.78-79）。

6.2 污染傳輸模式的參數決定

6.2.1 延散係數

本節說明延散係數的估計方法，首先介紹管柱實驗（Column experiment），可估計管柱內的延散係數，接著分別介紹單井注入試驗和單井注入及抽出試驗，可計算場址的縱向延散係數，最後介紹動差法（Method of moments），可針對大量現地觀測資料估計延散係數張量。

一、管柱實驗

考慮一根管柱長度為l，內部裝填多孔介質，管柱的一端位於為$x = 0$，導入穩定的水流並釋放示蹤劑（Tracer），可用一維控制方程式描述傳輸過程：

$$\frac{\partial C}{\partial t} = D_L \frac{\partial^2 C}{\partial x^2} - v \frac{\partial C}{\partial x} \tag{6-47}$$

釋放示蹤劑的數學模式，可考慮為Dirichlet邊界條件或Robin邊界條件，也可考慮為點源連續注入。Lapidus and Amundson（1952）、Lindstrom et al.（1967）及Hunt（1978）分別考慮上述三種不同污染源發展一維傳輸的解析解，定義貝克勒數為$P_e = vl/D_L$，當$P_e < 40$時，三個解析解的預測結果不相同，原因已在6.1.7節討論，當$P_e \geq 40$，三個解析解的計算結果非常接近，可近似為：

$$\frac{C}{C_0} = \frac{1}{2} erfc\left(\frac{x - v t}{\sqrt{4D_L t}}\right) \tag{6-48}$$

其中，C_0為示蹤劑注入濃度，$erfc$為補餘誤差函（Complementary error function）。定義孔隙體積（Pore volume）為$U = vt/l$，當$x = l$，（6-48）式可表示為：

$$\frac{C}{C_0} = \frac{1}{2} erfc\left(\frac{\sqrt{P_e}}{2} J\right) \tag{6-49}$$

其中，$J = (U - 1)/\sqrt{U}$。補餘誤差函數和累積常態分布$N(Z)$（Cumulative normal distribution）的關係爲 $erfc(x) = 2N(-\sqrt{2}x)$（Charbeneau, 2000），因此，C/C_0可寫成：

$$\frac{C}{C_0} = \frac{1}{2} erfc\left(\frac{\sqrt{P_e}}{2} J\right) = N(Z)$$ （6-50）

其中，Z爲標準常態隨機變數（Standardized normal deviate）和J的關係爲$Z = J\sqrt{P_e/2}$，依據$P_e = vl/D_L$，延散係數可表示爲$D_L = vl(J/Z)^2/2$。因J和Z是線性相關，J/Z的值可由$C/C_0 = 0.16$和0.84分別對應的(Z, J)來計算，依據（6-50）式，(Z, J)分別有$(-1, J_{0.16})$和$(1, J_{0.84})$對應關係，因此延散係數可表示：

$$D_L = \frac{vl}{8}(J_{0.84} - J_{0.16})^2$$ （6-51）

其中，$J_{0.16}$和$J_{0.84}$未知，可由下列圖解法求得。考慮一個實驗案例：取$v = 1\text{m d}^{-1}$、$l = 1\text{m}$及$D_L = 0.01\text{m}^2 \text{ d}^{-1}$，則$P_e = 100$。由實驗觀測可獲得濃度$C$對時間$t$的分布，進而算出$J$對$C/C_0$的分布結果。若把$C/C_0$取機率座標、$J$取算數座標，可畫出$J$對$C/C_0$的直線，如圖6-6所示。接著從圖上讀$J_{0.16}$與$J_{0.84}$的對應值分別爲$-0.14$和$0.14$，最後由（6-51）式，可算得延散係數爲$0.0098\text{m}^2 \text{ d}^{-1}$，此值相當接近$0.01\text{m}^2 \text{ d}^{-1}$。

二、單井注入試驗

單井注入試驗可估用來推算現地的縱向延散度α_L，考慮一口注入井，描述徑向傳輸的近似解爲：

$$\frac{C}{C_0} = \frac{1}{2} erfc\left(\frac{r - R_n}{\sqrt{(4/3)\alpha_L R_n}}\right)$$ （6-52）

其中，$R_n = \sqrt{Q_i t/(\pi n_e H)}$ 代表位於$C/C_0 = 0.5$的位置，如圖6-7所示，（6-52）式係從（6-48）式推導獲得，可參閱Charbeneau（2000, p.378-380）。當$r = 5\text{m}$、$n_e = 0.2$、$H = 30\text{m}$、$Q_i = 100\text{m}^3 \text{ d}^{-1}$和$\alpha_L = 0.1\text{cm}$，（6-52）式預測的濃度對時間分布曲線，如圖6-7所示，定義t_m爲觀測井中$C/C_0 = 0.5$所需要的時間，觀察濃度隨時間增加的趨勢，在$t = t_m$的曲線斜率可近似爲$1/\Delta t$，Δt的定義如圖6-7所示，因此濃度對

時間的微分可表示為：

$$\frac{\partial}{\partial t}\left(\frac{C}{C_0}\right) \cong \frac{1}{\Delta t} \text{ at } t = t_m \text{ and } r = R_n = r_{ow} \tag{6-53}$$

其中，r_{ow}為注入井和觀測井的距離，$R_n = r_{ow}$是因為$erfc(0) = 1$。將（6-52）式代入（6-53）式可導得：

$$\alpha_L = \frac{3r_{ow}}{16\pi}\left(\frac{\Delta t}{t_m}\right)^2 \tag{6-54}$$

當$P_e = r_{ow}/\alpha_L$大於40，（6-54）式的估計結果才適用。以圖6-7的曲線為例，r_{ow}、t_m和Δt分別為5m、4.71d和0.29d，代入（6-54）式可得到$\alpha_L = 0.11$cm和$P_e = 45$，非常接近用來計算曲線的$\alpha_L = 0.1$cm。

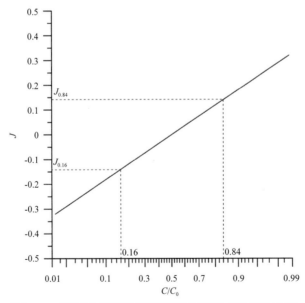

圖6-6　管柱末端無因次濃度對變數J的直線分布

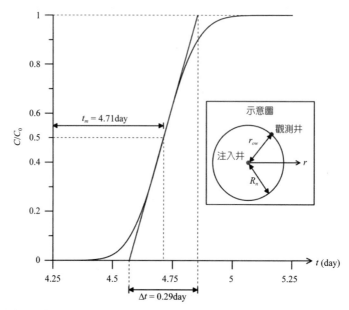

圖6-7 單井注入試驗監測井濃度對時間的分布（彩圖另附於本書第329頁）

三、單井注入及抽取試驗

單井注入及抽取試驗分為兩個階段：先注入總體積V_i的示蹤劑，接著在同一口井，以固定速率抽取，累積抽取體積V_p隨著時間增加，根據Gelhar and Collins（1971）發展試驗的解析解，可表示為：

$$\frac{C}{C_0} = \frac{1}{2} erfc \left(\frac{\frac{V_p}{V_i} - 1}{\sqrt{\frac{16}{3}\left(\frac{\alpha_L}{R_m}\right)\left[2 - \left|1 - \frac{V_p}{V_i}\right|^{0.5}\left(1 - \frac{V_p}{V_i}\right)\right]}} \right) \tag{6-55}$$

其中，$R_m = \sqrt{V_i/(\pi n_e H)}$代表第一階注入的總水量在水層的分布半徑，如圖6-8所示，V_p為時間的函數，第二階段開始時$V_p = 0$，考慮含水層厚度$H = 30m$、$n_e = 0.2$、$V_i = 1m^3$和$\alpha_L = 0.1cm$，第二階段濃度隨V_p/V_i改變（或隨時間改變）的曲線，如圖6-8所示。由於（6-55）式是解析解，以不同的α_L代入解析解，透過試誤法選取最

接近量測結果的α_L，或最小平方法（Least squares method）來估計α_L，目標函數可表示爲：

$$F = \sum_{i=1}^{N}[C_i - C(V_p)/C_0]^2 \qquad (6\text{-}56)$$

其中，C_i表示隨V_p改變的量測濃度，N爲量測總數，$C(V_p)/C_0$代表（6-55）式，是V_p的函數，F爲誤差的平方和，令F對α_L微分結果爲零，可表示爲$dF/d\alpha_L = 0$，再應用牛頓法（Newton method）計算方程式的根即爲α_L。

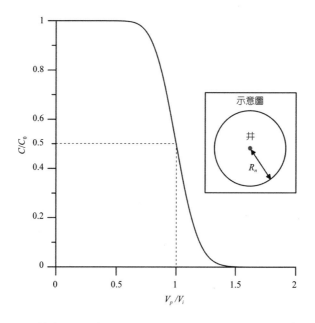

圖6-8　單井注入及抽取試驗在抽取階段濃度隨時間變化曲線

四、動差法

動差法係以積分方式整合大量的現地觀測數據，以估計現地的延散係數張量。Freyberg（1986）發展三維動差法模式，可表示爲：

$$M_{ijk}(t) = \int_{-\infty}^{\infty}\int_{-\infty}^{\infty}\int_{-\infty}^{\infty} n_e C(x,y,z,t)x^i y^j z^k \, dx \, dy \, dz \qquad (6\text{-}57)$$

其中，$(i, j, k) \in (0, 1, 2)$，$C(x, y, z, t)$代表不同時間含水層內部的濃度，觀測井之間的濃度可用線性內差求得，積分的範圍可用示蹤劑傳輸範圍近似，透過現地的量測結果，可計算在不同時間的$M_{ijk}(t)$。協方差張量σ（Covariance tensor）可用M_{ijk}表示為：

$$\sigma = \begin{bmatrix} \sigma_{xx} & \sigma_{xy} & \sigma_{xz} \\ \sigma_{yx} & \sigma_{yy} & \sigma_{yz} \\ \sigma_{zx} & \sigma_{zy} & \sigma_{zz} \end{bmatrix} \qquad （6\text{-}58a）$$

$$\sigma_{xx} = \frac{M_{200}}{M_{000}} - x_c^2 \qquad \sigma_{yy} = \frac{M_{020}}{M_{000}} - y_c^2 \qquad \sigma_{zz} = \frac{M_{002}}{M_{000}} - z_c^2$$

$$\sigma_{xy} = \sigma_{yx} = \frac{M_{110}}{M_{000}} - x_c y_c \qquad \sigma_{xz} = \sigma_{zx} = \frac{M_{101}}{M_{000}} - x_c z_c \qquad （6\text{-}58b）$$

$$\sigma_{yz} = \sigma_{zy} = \frac{M_{011}}{M_{000}} - y_c z_c$$

$$x_c = M_{100}/M_{000} \quad y_c = M_{010}/M_{000} \quad z_c = M_{001}/M_{000} \qquad （6\text{-}58c）$$

其中，三個下標數值分別為i、j和k，M_{000}代表注入水層的示蹤劑總質量。延散係數張量，可表示為：

$$\begin{bmatrix} D_{xx} & D_{xy} & D_{xz} \\ D_{yx} & D_{yy} & D_{yz} \\ D_{zx} & D_{zy} & D_{zz} \end{bmatrix} = \frac{1}{2}\frac{d\sigma}{dt} = \frac{1}{2}\begin{bmatrix} \dfrac{d\sigma_{xx}}{dt} & \dfrac{d\sigma_{xy}}{dt} & \dfrac{d\sigma_{xz}}{dt} \\ \dfrac{d\sigma_{yx}}{dt} & \dfrac{d\sigma_{yy}}{dt} & \dfrac{d\sigma_{yz}}{dt} \\ \dfrac{d\sigma_{zx}}{dt} & \dfrac{d\sigma_{zy}}{dt} & \dfrac{d\sigma_{zz}}{dt} \end{bmatrix} \qquad （6\text{-}59）$$

繪製協方差張量每一個分量對時間的分布曲線，曲線的平均斜率可近似（6-59）式中的微分結果。上述的動差法係基於三維的濃度分布，若考慮二維濃度分布，假設濃度不隨深度改變，動差法所估計的D_{xx}、D_{xy}、D_{yx}和D_{yy}須乘上0.74（Charbeneau, 2000, p.395）。

6.2.2 孔隙率

　　孔隙率為單位容積中所含孔隙體積的比例，數學式可寫為$n = V_v/V_t$，其中V_v與V_t分別為孔隙的體積與總體積。現地土壤的孔隙率，可透過實驗分析求得，其方法簡述於後。於現地鑽井過程採得的土樣，其體積V_t為已知；攜回實驗室後，放在105℃的烘箱內，約烘一天的時間直到試體的重量沒變化；接著將烘乾的土樣從底部灌水飽和，則土壤的孔隙體積V_v，等於所吸入水的體積，進而可求得孔隙率值。不同土壤的孔隙率，列於表6-5（Charbeneau, 2000, p.8, Table 1.3.1）。

■ 表6-5

各種介質孔隙率範圍（Charbeneau, 2000）	
介質	孔隙率
Unconsolidated Material	
Gravel	0.20~0.40
Sand	0.25~0.55
Silt	0.35~0.60
Clay	0.35~0.65
Sedimentary Rock	
Sandstone	0.05~0.50
Limestone, dolomite	0~0.30
Karst limestone	0.05~0.50
Shale	0~0.10
Crystalline Rock	
Basalt	0.05~0.35
Fractured basalt	0.05~0.50
Dense crystalline rock	0~0.05
Fractured crystalline rock	0~0.10

6.2.3 污染物在各相中之分配

在建立土壤及地下水污染物傳輸及宿命預測模式，用於各種整治方案（包括無作為方案）情境下之風險評估時，有兩個與污染物性質及環境因子非常有關的機制：吸附與分解。土壤及地下水層的介質具有極高的表面積能吸附污染物。吸附作用使得土壤中可遷移的污染物質量占總質量的比率降低、遷移速度變慢（此現象又稱為遲滯作用），在一定的時間下，擴散的範圍也比較小。吸附作用也會使得污染物的活性降低，以及在空氣或水中的濃度降低，以致於造成的環境衝擊與健康風險也降低。

首先先考慮污染物在土壤介質與水相之間已經達到平衡的狀態下，很多平衡吸附模式描述土壤顆粒上的濃度C_s，與在液相中的濃度C_w之間的關係。

一、無機污染物離子的吸附、離子交換、表面錯合

無機污染物在土壤及地下水層中移動的形態多為離子或錯化合物，所以首先討論離子的吸附。

1. 經驗吸附模式及使用上常見之錯誤與誤差

一般量化吸附傾向的方法是在恆溫下，以足夠的時間讓污染物在各相間的濃度達到平衡後，分析其在固相、液相及氣相中之濃度，然後以吸附相對自由相的等溫吸附曲線（Isotherm）來表示。以下是幾種常見的等溫吸附曲線及描述它們的經驗式（Adamson, 1990）。

(1) 蘭繆爾等溫吸附曲線（Langmüir Isotherm）

蘭繆爾等溫吸附曲線如圖6-9所示，其經驗式如下式：

$$S = S_{\max} \frac{K_{ads}\, C}{1 + K_{ads}\, C} \tag{6-60}$$

蘭繆爾等溫吸附模式代表一種吸附容量（或吸附位址）是有限的吸附現象，因此吸附量（S）會趨近一個最大值（$S_{\max}$）。此外其平衡常數（K_{ads}）則表示其吸附能量之強弱；其倒數為半飽和係數（$1/K_{ads}$），若其值愈小，表示吸附傾向愈強。

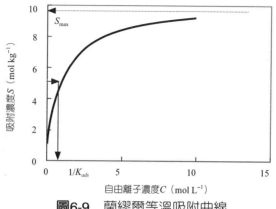

圖6-9　蘭繆爾等溫吸附曲線

(2) 弗朗依德里希等溫吸附曲線（Freundlich Isotherm）

弗朗依德里希等溫吸附代表的吸附現象比較多樣，如圖6-10所示。

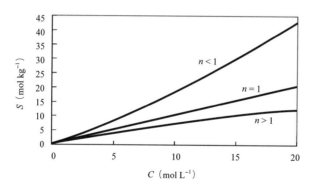

圖6-10　弗朗依德里希等溫吸附曲線（Freundlich Isotherm）（彩圖另附於本書第330頁）

弗朗依德里希等溫吸附曲線的經驗式如下：

$$S = KC^{1/n} \qquad (6\text{-}61)$$

如果 $n = 1$，則爲線性吸附，吸附濃度與自由離子濃度成正比，亦即：

$$S = KC \qquad (6\text{-}62)$$

線性吸附爲弗朗依德里希等溫吸附的一種特例，但是由於其計算簡單，使用最

普遍。

(3) BET等溫吸附曲線〔Brunauer, Emmett, Teller（BET）Isotherm〕

BTE等溫吸附曲線代表一種多層吸附模式（圖6-11）

a. 第一層的吸附是遵循蘭繆爾等溫吸附；

b. 第二層以上的吸附是類似同樣分子的冷凝或沈澱，其吸附熱與冷凝（蒸發）熱相當。

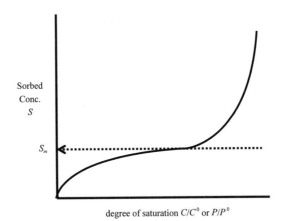

圖6-11　BET等溫吸附曲線〔Brunauer, Emmett, Teller（BTE）Isotherm〕

其經驗式如下：

$$S/S_m = \frac{cx}{(1-x)\{1+(c-1)x\}} \qquad （6\text{-}63）$$

$x = C/C^0$ or P/P^0

$C^0 =$ 吸附質的溶解度

$P^0 =$ 純吸附質的蒸汽壓

$S_m =$ 單層吸附的容量（類似蘭繆爾等溫吸附模式中的Xt, S_{max}）

$c =$ 經驗常數

　　BET等溫吸附曲線多用於氣態污染物的表面吸附，但是也有用於水溶液中離子吸附的例子。

(4) 線性吸附、分配（Linear Isotherm, Partitioning）

線性吸附已如前述，可以是弗朗依德里希等溫吸附曲線的一個特例，其經驗式

如下：

$$S = K_d C \qquad (6\text{-}64)$$

此外，在溶質濃度極低時，蘭繆爾等溫吸附及BET吸附模式也都是線性的。由於它簡便好用，因此模式建立者將其用在許多情形下。

2. 離子交換

離子交換作用是一種正負電荷互相吸引的作用，因此價數高而且半徑小的離子，最容易被吸附。

(1) 陽離子交換的選擇性

土壤吸附陽離子具有選擇性，吸附的傾向以高價數及原子序大者為優先。許多土壤中都可以見到下列的交換順序：

$$Th^{2+} > La^{2+} > Ba^{2+} > Ca^{2+} > Mg^{2+} > H^+ > Cs^+ > Rb^+ > K^+, NH_4^+ > Na^+ > Li^+$$

土壤污染管制項目中的Pb^{2+}, Cd^{2+}, Ni^{2+}, Cu^{2+}, Hg^{2+}及Zn^{2+}之吸附傾向與Ca^{2+}相似，Hg^+則與Rb^+相似。

(2) 陽離子交換的選擇常數（Selectivity Coefficient, K_c）

土壤陽離子交換以銅離子和鈉離子為例的反應，可以表示如下：

$$2\ X\text{-}Na^+ + Cu^{2+} = X\text{-}Cu^{2+} + 2\ Na^+ \qquad (6\text{-}65)$$

其中X-代表土壤中帶有固定負電荷之位址。當置換反應達到平衡時，可以用下式表示吸附在土壤上銅離子$X\text{-}Cu^{2+}$與鈉離子$X\text{-}Na^+$之比例：

$$K_c = \frac{(X\text{-}Cu^{2+})(Na^+)^2}{(X\text{-}Na^+)^2(Cu^{2+})} \qquad (6\text{-}66)$$

如果（Na^+）和（$X\text{-}Na^+$）的量很大，不受到Cu^{2+}吸附的影響，則可假設為定值：

$$\frac{(X\text{-}Cu^{2+})}{(Cu^{2+})} = K_c \frac{(X\text{-}Na^{+2})}{(Na^{+2})} \qquad (6\text{-}67)$$
$$= 接近常數$$
$$= K_d \left[分配係數（Distribution coefficient）\right]$$

如此便可以得到線性的分配係數了（Morel and Hering, 1993）。

(3) 陰離子交換（Anion Exchange Capacity）

土壤中帶正電荷的位址較少，通常是土壤中的一些化學鍵或橋接的（Bridging）陽離子，且多隨pH降低才較顯著增加。因此陰離子交換的容量通常不大且受pH之影響。土壤污染管制項目中的砷酸根離子之吸附行為與磷酸根離子相似。

(4) 離子吸附經驗模式之誤用與限制

以上各個離子吸附經驗模式在使用上最大的問題是：模式只能用在與實驗條件完全一模一樣的環境下（吳先琪，2008）。即使是pH值改變1，吸附係數可以改變10倍。因為很多具有酸鹼官能基的污染物或是土壤礦物，其官能基解離的程度是隨pH值呈現指數的變化。而解離或非解離的物種，其吸附之行為是完全不同的。此外，pH值、離子強度、配位基（Ligand）存在與否及其濃度，甚至污染物本身之濃度都會改變吸附行為，而使得模式的預測產生很大的偏差。

3. 吸附的表面錯合模式（Surface Complexation Model）

將土壤表面的每一吸附位址，視為水中可與污染物離子錯合的物種，並以水化學的平衡模式來描述的方法，可以考慮pH及其他水中物種存在的影響（Morel and Hering, 1993）。

(1) 土壤表面的錯合物種

土壤表面的錯合物種可以分為下列幾類（圖6-12）：

a. 酸鹼

$$
\begin{aligned}
& XOH = H^+ + XO^- \\
& XOH \\
& XOH + H^+ = XOH_2^+
\end{aligned}
\tag{6-68}
$$

其中X代表礦物表面之Al、Si或Fe等金屬礦物原子，其氫氧化物的解離，構成一組多質子酸的系統。由其反應可以略知，土壤孔隙水為鹼性時，土壤表面帶負電荷；土壤孔隙水相對較酸性時，土壤表面帶正電荷。

b. 金屬錯合（Metal Coordination）

金屬離子會與一個或二個表面配位基X-O$^-$形成錯合物，例如：

$$XOPb^+ = XO^- + Pb^{2+} \quad K^{app} = 10^{-6.1} \tag{6-69}$$

其中K^{app}是表面錯合物$XOPb^+$的外顯解離平衡常數（Apparent equilibrium constant），此外顯平衡常數不是完全不變的常數，它與pH、溶液中之電解質種類與濃度甚至固體礦物之來源有關。至於同樣的配位基與金屬會形成哪一種表面錯合物為主，則須視錯合實驗數據較符合哪一種錯合物的平衡模式。

c. 配位基錯合（Ligand Coordination）

溶液中的陰離子例如：磷酸根會與礦物表面露出的金屬原子X形成錯合物。在微酸性的環境下，表面會有較多的金屬帶正電荷，對於陰離子的吸附錯合較為有利。

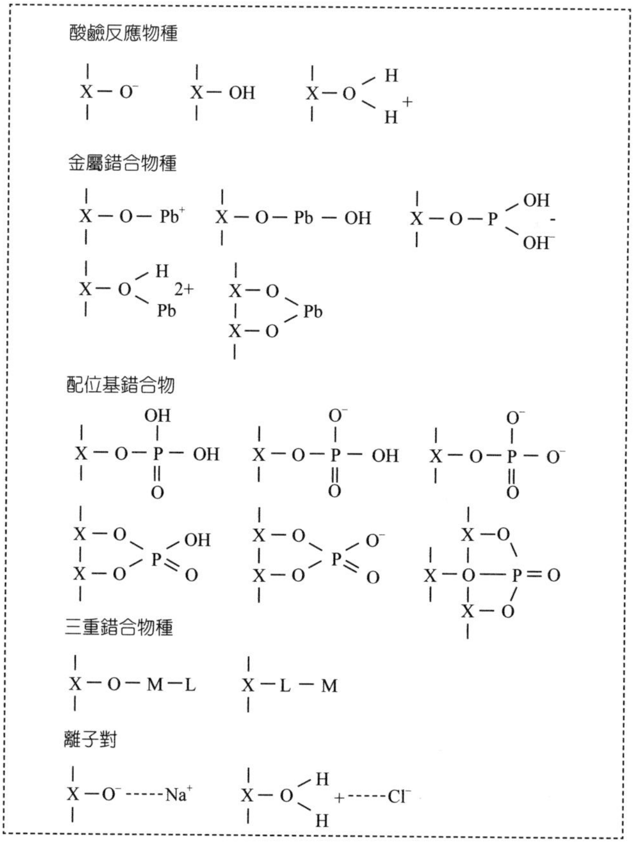

圖6-12　污染物離子與土壤表面可能形成的一些錯合物物種（資料來源：Morevl and Hering，1993）

d. 三重錯合（Ternary Complexes）

此種錯合的形式像架橋。金屬離子或配位離子均可扮演架橋的角色。這種方式可以使帶正電的礦物表面也能吸附陽離子，而帶負電的表面也能吸附陰離子。

e. 離子對（Ion Pairs）

離子對是正負離子以靜電引力互相吸引形成的配對，是相較之下錯合更弱的一種結合。

(2) 錯合吸附模式（Complexation Model for Adsorption）

以錯合反應模式解釋金屬離子吸附現象的優點是可以符合化學計量的原則，而且可以考慮pH變化的影響。但是其複雜之處是其平衡常數不但是pH的函數，也受到表面電荷的影響；而表面電荷與電位差又與溶液之離子強度有密切關係（Kummert and Stumm, 1980）。比起前述之經驗公式或離子交換模式，錯合吸附模式考慮了環境因子，所以可以外插到實驗條件以外的環境條件。

例如錯合吸附模式可以考慮pH之影響：假如土壤之主要礦物成分為$Fe(OH)_3(s)$，其表面XFeOH官能基酸鹼反應之解離常數為10^{-6}（M），則在pH7時，其配位基XFeO$^-$的濃度為pH6時之10倍，所以對於某些重金屬之吸附能力就可以大10倍，pH之影響很大。

但是由於實際環境參數之實驗數據仍然有限，使用者需要釐清土壤的各個吸附質，並將錯合平衡常數一一找出，才能建構完整的吸附模式。實際應用之例子可參考中華民國環境工程學會出版，林財富主編《土壤與地下水污染：原理與應用》一書之第四章（吳先琪，2008）。

二、有機化學物質之吸附

1. 有機物的溶解度

在風險評估遇到有非水相液體（Non-Aqueous Phase Liquid, NAPL）存在時，常常用溶解度來當作接觸水體中污染物之濃度。有機物的溶解度差異很大，可以高到完全溶解，例如：分子量較小的醇類及酸類；也可以低到無法在水溶液中偵測出來，例如：戴奧辛水中溶解度為19.3ng L^{-1}（USEPA, 2006）。在同類的化合物中，溶解度與其分子體積成反比。可利用表6-5估計有機物之溶解度：

■ 表6-5

化合物類別	$\log C_w^{sat}(L)/(mol\ L^{-1}) = -aV_L + b$			
	n	a	b	R^2
直鏈烷類	8	0.0442	0.34	0.99
支鏈烷類	7	0.0349	-0.38	0.97
一級醇類	10	0.0416	3.01	0.99
二級醇類	5	0.0435	3.52	0.99
三級醇類	6	0.0438	4.01	0.99
氯苯類	13	0.0556	2.27	0.99
多環芳香碳氫類	13	0.0399	1.90	0.99
多鹵素C_1及C_2類	27	0.0404	1.85	0.86

不同類別有機化合物及溶解度與分子體積之關係（均為溫度25℃）

分子體積（V_L）的單位為cm³ mol⁻¹。n代表化合物的數目
參考自Schwarzenbach et al.（1993）

至於分子體積（V_L）可以用分子量（M）除以液體密度（ρ_L）來求取：

$$V_L = M/\rho_L \qquad (6-70)$$

或是依照表6-6各原子貢獻的體積相加，再減去每一鍵結縮減的體積（6.56 cm³ mol⁻¹）。

■ 表6-6

每一原子貢獻之體積（cm³ mol⁻¹）

C	16.35	H	8.71	O	12.43	N	14.39	P	24.87	F	10.48
Cl	20.95	Br	26.21	I	34.53	S	22.91	Si	26.83		

參考自Schwarzenbach et al.（1993）

具有極性或在水中會解離之化合物，例如：酸類、醇類、酚類、胺類及有強電負性原子之分子，在水中之溶解度C_w^{sat}大於非極性之化合物，例如：碳氫化合物。解離之有機物例如：酸根則完全溶解於水中，其總溶解度可以用下式估計：

$$C_w^{sat}{}_{(total)} = C_w^{sat}(1 + K_a/[\text{H}^+]) \qquad (6\text{-}71)$$

或是
$$C_w^{sat}{}_{(total)} = C_w^{sat}(1 + 10^{\text{pH}-\text{pKa}}) \qquad (6\text{-}72)$$

　　因此其總溶解度與pH值有密切的關係。模式建構者常常忽略了pH值對有機污染物溶解度的影響。

2. 亨利定律常數

　　風險評估作業中常用到亨利定律常數來評估與液體接觸達到平衡之氣相中污染物的濃度，有時候也用亨利定律常數來估計液體表面氣相濃度之邊界條件。亨利定律常數可以用實驗方法求取，但是碰到溶解度很低的物質，或是蒸氣壓很低的物質都很不容易測定，也查不到資料。另一種粗略的估計方法是用飽和蒸氣壓（Saturated vapor pressure）的估計值除以水中飽和溶解度（Saturated solubility）的估計值來估計亨利定律常數。

$$K_H = P/C_w \simeq P^*/C_w^{sat} \qquad (6\text{-}73)$$

其中K_H是化合物在空氣及水之間的亨利定律常數，P是化學物質的分壓（Partial pressure），C_w是水中濃度，P^*是飽和蒸氣壓，C_w^{sat}是水中的飽和溶解度。

　　如果無法從文獻中查到也無法做實驗，則水中飽和溶解度之估計方法已如前述。化學物質的飽和蒸汽壓，可以用該物質的莫耳體積、折射率、是否有接受氫鍵或提供氫鍵之官能基及其強度等分子特性估計出來。也可以由化合物之沸點及極性校正因子來預測其蒸氣壓（參見Schwarzenbach et al.（2003）中的第4章）。

3. 正辛醇—水分配比

　　正辛醇—水分配比（K_{ow}）可用來估計很多其他的參數，例如：溶解度、有機物-水間的分配係數及生物濃縮係數等。其的定義如下：

$$K_{ow} = \frac{C_{oct}}{C_w} \qquad (6\text{-}74)$$

其中C_{oct}為化合物在正辛醇（N-octanol）與水的兩相系統中，在正辛醇相中的平衡濃度。K_{ow}可以代表化合物之疏水性（Hydrophobicity），其值與溶解度成反比。因此，可以用一些經驗公式估計化合物之K_{ow}，例如K_{ow}與溶解度的關係：

$$\log K_{ow} = -a \log C_w^{sat} + b \qquad （6\text{-}75）$$

其中 a 與 b 為經驗係數。表6-7是一些有機物其 K_{ow} 與溶解度的關係：

■ 表6-7

一些類別有機化合物的 K_{ow} 與25℃下之溶解度的關係（ a 及 b 為上式之經驗係數）

化合物類別	a	b	$\log K_{ow}$ 的範圍	R^2	化合物數
烷類	0.85	0.62	3.0~6.3	0.98	112
烷基苯	0.94	0.60	2.1~5.5	0.99	15
多環芳香族碳氫類	0.75	1.17	3.3~6.3	0.98	11
氯苯類	0.90	0.62	2.9~5.8	0.99	10
多氯聯苯	0.85	0.78	4.0~8.0	0.92	14
多氯戴奧辛	0.84	0.67	4.3~8.0	0.98	13
鄰苯二甲酸酯類	1.09	-0.26	1.5~7.5	1.00	5
脂肪族酯類（RCOOR'）	0.99	0.45*	-0.3~2.8	0.98	15
脂肪族醚類（R-O-R'）	0.91	0.68*	0.9~3.2	0.96	4
脂肪族酮類（RCOR'）	0.90	0.68*	-0.2~3.1	0.99	10
脂肪族胺類（R-NH$_2$, R-NHR'）	0.88	1.56*	-0.4~2.8	0.96	12
脂肪族醇類（R-OH）	0.94	0.88*	-0.7~3.7	0.98	20
脂肪酸類（R-COOH）	0.69	1.10*	-0.2~1.9	0.99	5

*限於 K_{ow} 大於1左右之化合物，C_w^{sat} 的單位是mol L^{-1}，資料來源：Schwarzenbach et al. (2003)

　　K_{ow} 也可以由化合物之官能基的貢獻量來估計，只要知道化合物的結構，便可以估計出大概的數值。詳細的官能基貢獻值及一些結構的修正因子可參見 Schwarzenbach et al.（2003）。

4. 土壤及地下水介質的吸附─平衡等溫吸附

　　要了解污染物在土壤中之宿命，必須能預測化學物質在固定相與在溶解相（或氣相）間之濃度分布。當固相與流體相在恆溫下有足夠的接觸時間，使吸附達到平衡時，可以用一等溫吸附曲線（Isotherm）來描述吸附相濃度與溶解相濃度

之關係。圖6-9至圖6-11是幾種常見的等溫吸附曲線。在某一特定的情景下，也就是在等溫吸附曲線上之某一點（例如C_w極小時），可以用固體相與溶解相平衡分配比（Distribution ratio），K_d（單位為cm^3-water g^{-1}-soil）來描述兩相中濃度之比值。

$$K_d = \frac{C_s}{C_w} \tag{6-76}$$

其中C_s為吸附質在土壤中之含量，C_w為吸附質在土壤水或地下水中之濃度。

(1) 非解離有機污染物

土壤吸附非解離有機污染物的試驗，有下面幾個共通的現象（參見Chiou et al.，1979；Chiou et al.，1983；Chiou et al.，2002）：

a. 固體相與溶解相平衡吸附是線性的，K_d是常數，故亦稱其為分配係數（Partition Coefficient）。

b. 平衡分配係數K_d與土壤有機質含量成正比（Karickhoff, 1984）。

c. 吸附平衡為一種分配現象，多種吸附質間沒有競爭吸附的現象。

d. 以有機質含量（f_{om}）或有機碳含量（f_{oc}）校正後的分配係數與土壤種類無關，只與吸附質之種類有關，校正後的分配係數定義如下：

$$K_{om} = K_d/f_{om} \tag{6-77}$$
$$K_{oc} = K_d/f_{oc} \tag{6-78}$$

e. 有機質校正後的分配係數，K_{om}（及K_{oc}），其對數值與化合物水中活性之對數值成正比，與水中溶解度成反比。

f. K_{om}及K_{oc}與正辛醇—水分配比（K_{ow}）成正比。

g. 土壤吸附有機物大致上均為可逆的反應，也就是說吸附的化合物也可以脫附出來。

h. 溫度對於分配性的吸附影響不大。

i. 水溶液中鹽度增加時，分配係數會增大。

利用以上的土壤吸附特性及線性自由能的關係，可以得到吸附係數與化合物性質（例如：K_{ow}與水中溶解度）的一些關係，例如：

$$\log K_{oc} = a \log K_{ow} + b \qquad (6\text{-}79)$$

$$及 \qquad \log K_{oc} = -a' \log C_w^{sat} + b' \qquad (6\text{-}80)$$

其中a、b、a'及b'均代表經驗係數。一些化合物類別之迴歸關係式如表6-8所示。

■ 表6-8

一些類別的非解離化合物在常溫（20至25攝氏度）下在有機固體（以有機碳表示）與水間之分配係數K_{oc}與K_{ow}之迴歸關係式（a與b為係數）

化合物類別	$\log K_{oc} = a \log K_{ow} + b$				
	a	b	$\log K_{ow}$之範圍	R^2	化合物個數
烷基及含氯苯類，多氯聯苯（PCBs）	0.74	0.15	2.2~7.3	0.96	32
多環芳香族碳氫類（PAHs）	0.98	-0.32	2.2~6.4	0.98	14
未解離氯酚類	0.89	-0.15	2.2~5.3	0.97	10
一碳及二碳含鹵素碳氫化合物類	0.57	0.66	1.4~2.9	0.68	19
氯化烷類	0.42	0.93		0.59	9
氯化烯類	0.96	-0.23		0.97	4
含溴化合物	0.50	0.81		0.49	6
所有酚尿素類（Phenylureas）	0.49	1.05	0.5~4.2	0.62	52
僅有烷基及鹵化酚尿素、酚甲基尿素、酚二甲基尿素	0.59	0.78	0.8~2.9	0.87	27
僅有烷基及鹵化酚尿素	0.62	0.62	0.8~2.8	0.98	13

K_{ow}之單位為cm^3 cm^{-3}，K_{oc}之單位為cm^3-water g^{-1}-carbon。資料來源：Schwarzenbach et al. (2003)

(2) 多成分土壤之吸附

土壤含有許多種組成分，總分配比是由各成分之分配比，經加權平均而得。如果能掌握土壤之組成分及各成分個別之等溫吸附曲線，吸附總分配比就是所有等溫吸附曲線的加成（重疊）。在特殊的情況下，如果各成分個別之等溫吸附曲線均為線性的，則可以估計總分配比如下：

$$K_d = \frac{C_{oc}f_{oc} + C_{min}A + C_{ie}\sigma_{ie}A + C_{rxn}\sigma_{rxn}A}{C_{w,neut} + C_{w,ion} + C_c\,\rho_{colloid}}(\text{cm}^3\ \text{g}^{-1}) \qquad （6\text{-}81）$$

其中

C_{oc} = 有機化合物在土壤有機質中之濃度（mol g^{-1}-C）

C_{min} = 有機化合物在土壤礦物表面上之濃度（mol cm^{-2}）

C_{ie} = 帶電荷有機化合物被土壤礦物表面電荷吸附之濃度（mol (mol surface charge)$^{-1}$）

C_{rxn} = 有機化合物與土壤礦物表面可逆反應官能基結合之濃度（mol (mol surface sites)$^{-1}$）

$C_{w,neut}$ = 水中不解離有機化合物之濃度（mol L^{-1}）

$C_{w,ion}$ = 水中解離成離子之有機化合物之濃度（mol L^{-1}）

C_c = 水中附著於膠體上有機化合物之濃度（mol g^{-1}-colloid）

f_{oc} = 土壤有機碳之重量分率（g-C g^{-1}）

A = 土壤礦物之表面積（m^2 g^{-1}）

σ_{ie} = 土壤表面之有效電荷密度（（mol surface charge）m^{-2}）

σ_{rxn} = 土壤表面之有效反應位址密度（（mol surface site）m^{-2}）

$\rho_{colloid}$ = 水中膠體之濃度（g-colloid L^{-1}）

　　在一般的表土中，有機物的含量大約1%以上，而正常土壤空隙水及地下水中之溶解性有機質約在數個mg L^{-1}，因此對於非解離的有機化合物，上式僅有分子及分母之第一項顯著，分配係數即成為簡單的

$$K_d = \frac{C_{oc}f_{oc}}{C_{w,neut}} = \frac{C_s}{C_w}(\text{cm}^3\ \text{g}^{-1}) \qquad （6\text{-}82）$$

　　因為$C_{oc}f_{oc}$即土壤中之含量，即C_s。$C_{w,neut}$即為全部水中濃度。由於K_d可以由K_{oc}乘上f_{oc}得到，而K_{oc}又可以從K_{ow}或從水中溶解度估計，因此在一般的土壤及地下水的環境中，利用線性分配係數，便可以輕易掌握污染物在孔隙水與土壤固體間濃度之比例。

6.2.4 水中之比例及遲滯因子

　　如果以f_w表示一溶質在孔隙水中之質量占總質量之比例，則

$$f_w = 在水中之質量 / （在水中之質量+在固體中之質量）$$
$$= C_{wtot}\,\theta/(C_{wtot}\,\theta + C_{stot}\,\rho_b) \tag{6-83}$$

其中 θ 為水之含量（$cm^3\ cm^{-3}$），當地下水層為完全飽和時 $\theta = n$。ρ_b 為每單位容積中固體含量或稱為容積密度（Bulk density）（$g\ cm^{-3}$），*tot* 代表各組成分濃度之和，則分配比就是

$$K_d = C_{stot}\ /C_{wtot}\ (cm^3\ g^{-1}) \tag{6-84}$$

將上式之分子與分母除以水中總溶質濃度，在水中之比例就可寫成

$$f_w = 1/(1 + \rho_b K_d/\theta)$$
$$= 1/(1 + \rho_s K_d(1 - \theta)/\theta) \tag{6-85}$$

ρ_s 為土壤的真比重。

　　遲滯因子（Retardation factor, R）是水流速度（類似水中溶質比例為1）與有吸附情形下（水中比例為 f_w）溶質隨水流移動之速度之比值，其與分配係數、孔隙水比例及容積比重的關係如下式（Freeze and Cherry, 1979; Bedient et al., 1999）：

$$R = 1/f_w = 1 + \rho_b K_d/\theta \tag{6-86}$$

由 R 及水流速度，可以預測污染物穿透某一長度土壤或地下水層所需之時間。

6.2.5 溶解的有機質及界面活性劑的影響

　　地下水及土壤孔隙水中總是有一些溶解的有機物質，有時以溶解性有機碳（Dissolved Organic Carbon, DOC）代表，包含腐植酸及一些天然或人造的界面活性劑等，濃度約 0.1mg-C L^{-1} 至 10mg-C L^{-1} 不等。這些溶解的有機質及界面活性劑，對污染物質的宿命有某種程度的影響。以往的研究曾經發現下列的一些現象（可參考：Chiou，1986）：

　　一、進行批次的底泥吸附有機化學物質試驗時，底泥的濃度愈高，分配係數就　　　　愈小。

二、水中有溶解性的腐植酸及黃酸存在時，某些有機污染物及農藥的溶解度會升高；而亨利常數及生物濃縮係數則會下降；

三、溶解性的腐植酸可以增加有機氯農藥在土柱中的移動性。

以上的現象是因爲在移動的液相中，上述天然或人造的有機物有些是以膠體或微胞的狀態存在，一樣具有吸附污染物的能力，而且不會被濾除或沉澱下來。因此這些被膠體吸著的型態就成爲吸著與眞正溶解之外的第三相，而使得偵測到的溶液中濃度增大，外顯的吸附係數變小了。忽略第三相的影響會低估污染物在水中的濃度。欲量化污染物第三項對其宿命的影響，可以將前述土壤多成分吸附的模式加以修改，定義外顯的分配係數爲：

$$K_d^{app} = \frac{C_{oc} f_{oc}}{C_{w,neut} + C_c \rho_{colloid}} \ (\text{cm}^3 \ \text{g}^{-1}) \tag{6-87}$$

其中 $C_c \rho_{colloid}$ 代表第三項在水溶液中的濃度。如果將上式等號右手邊同除以 $C_{w,neut}$，則 K_d^{app} 變成：

$$K_d^{app} = \frac{(C_{oc}/C_w) f_{oc}}{1 + (C_c/C_w) \rho_{colloid}} \tag{6-88}$$

$$= \frac{K_{oc} f_{oc}}{1 + K_{coc} \rho_{colloid}}$$

其中 K_{coc} 是膠體吸附該化合物的分配係數。如果 $K_{coc} \approx K_{oc}$，則由上式可以得到下面的結論：

一、如果 $K_{coc} \rho_{colloid} \gg 1$ 則 K_d^{app} 與膠體濃度成反比

$$K_d^{app} \propto 1/\rho_{colloid} \tag{6-89}$$

二、如果 $K_{coc} \rho_{colloid} \gg 1$，$K_d^{app}$ 與化學物質之 K_{oc} 無關

$$K_d^{app} = f_{oc} / \rho_{colloid} \tag{6-90}$$

以土壤及地下水整治的應用觀點來看，地下水溶液中的膠體可以增加污染物的移動性，因此近年來有用人爲方式注入界面活性劑、溶劑或腐植質來加速移除污染物，對於 K_{oc} 很大的疏水性污染物，可以很顯著地降低其遲滯係數（可以參考：

Gschwend and Wu，1985）。

6.2.6 有機污染物的吸附動力學

當地下水流速或是土壤滲濾速度很快時，化合物在固液氣三相間未能達到平衡就已經離開土壤孔隙，此時在模擬其傳輸時必須考慮吸附動力學。

一、一階線性吸附動力模式〔One-Box（First Order）Model〕

一階線性吸附動力模式的假設是土壤固體中的濃度變化率與固液或固氣相間的濃度差成正比。

$$dC_s/dt = -k[C_s/K_d - C_w] = -k'[C_s - C_w K_d] \qquad （6\text{-}91）$$
$$k' = k/K_d$$

其C_s/K_d中所代表的意義類似土壤固體中該化合物的活性，或是與該土壤達平衡時水溶液應有之平衡濃度。當時間夠長平衡達到（$dC_s/dt = 0$）時

$$C_s/K_d = C_w \qquad （6\text{-}92）$$

雖然一階線性吸附動力模式很簡單，便於加入地下水模式中的傳流-延散（advection-dispersion）控制方程式中仍然可以得到解析解，但是它無法解釋土壤吸脫附常常有先快後慢的兩段吸附現象。

二、雙吸附位址模式（Two-Box Model, Two-Site Model）

此模式假設土壤有兩種吸附劑或吸附位址，第一種位址可以很快的吸附污染物然後達到平衡，第二種位址吸附較慢，要較長的時間才能達到平衡。平衡的模式可以用下面的式子描述：

$$C_w \overset{K_d}{=} C_{s1} \underset{k_r}{\overset{k_f}{\rightleftarrows}} C_{s2} \qquad （6\text{-}93）$$

$$C_s = C_{s1} + C_{s2} \qquad （6\text{-}94）$$

$$C_{s1} = K_p f C_w \qquad\qquad （6\text{-}95）$$

$$dC_{s2}/dt = k_f C_{s1} - k_r C_{s2} \qquad\qquad （6\text{-}96）$$

其中C_{s1}及C_{s2}為第一類位址與第二類位址之污染物濃度，k_f及k_r為兩類位址間之吸附動力係數，f為第一類位址所占之比例。兩個盒子模式多了一個參數，模擬結果較接近實驗之結果，但是經驗係數 f、k_f 及 k_r 無法與土壤或污染物性質連結，成為每一個案有不同之參數，使得模式之預測能力降低。

三、質傳受限的吸附（Mass-Transfer-Limited Sorption）

　　過去的研究顯示，在土壤及地下水中吸附無法達到平衡，而使得污染物的貫穿曲線呈現拖尾的現象，或是抽水抽氣一陣子，抽出的濃度已經很低了，但是停止抽氣抽水後，不久濃度又升高回來，稱為污染物濃度反彈現象。這些現象都無法在實驗室中懸浮的黏土礦物顆粒或有機物薄膜吸附實驗中出現，因此顯然是與現地或模廠中不均質土壤的某些土壤團粒中，污染物質傳受到限制，而無法快速貫穿至團粒內部有關。

　　地下污染物傳輸會受到限制的機制至少有邊界層（Boundary layer）的質傳限制及團粒內的質傳限制。

1. 邊界層的擴散

　　邊界層擴散的快慢，與分子擴散係數及邊界層之厚度有關，其時間尺度可以用下式表示。假設邊界層為土壤顆粒上的水膜，厚度為0.1cm，污染物在水中的分子擴散係數（D_w）為1×10^{-5} cm^2 s^{-1}，則

$$邊界質傳時間尺度，t = （邊界層之厚度）^2/(2 \cdot D_w) \qquad （6\text{-}97）$$

$$\approx 500 \text{ s}$$

因此，如果接觸時間不及10分鐘左右，則吸附平衡是達不到的。

2. 團粒內的徑向擴散

　　土壤的的物理及化學性質其實是相當不均勻的。土壤中含有許多黏土的薄層（Lens）、岩石的裂縫、大小不一的團粒、植物或動物造成的通道。土層的水力傳

導係數在幾公分內，可以有幾個數量級的變化。因此，土壤及地下水層中其實交錯並充滿了流體快速流動的區域及流體靜滯不移動的區域。

　　以懸浮在水溶液中的圓形多孔團粒來模擬土壤中移動相與不移動相間的質傳現象（其實也就像是吸附或分配現象），可以用球體中的徑向傳輸來模擬污染物在團粒中的濃度分布情形（Wu and Gschwend, 1986, 1988）：

$$\frac{\partial C_{tot}}{\partial t} = D_{eff}\left(\frac{\partial^2 C_w{}'}{\partial r^2} + \frac{2\partial C_w{}'}{r\partial r}\right) \qquad (6\text{-}98)$$

其中C_{tot}是團粒中某一位置吸附質（包含固、液及氣相）之總濃度，D_{eff}爲團粒中之有效擴散係數，$C_w{}'$爲團粒孔隙水中之濃度，r爲徑向座標。團粒中的有效擴散係數D_{eff}可由分配係數及團粒性質估計：

$$D_{eff} = \theta'f D_w / \{\theta' + K_d(1-n)\rho_s\} \qquad (6\text{-}99)$$

其中θ'爲團粒中液體之體積分率，f爲繞曲度因子爲0.2至0.3左右，D_w爲水中的分子擴散係數，K_d爲固液分配係數，n爲團粒總孔隙比，ρ_s爲固體之眞比重。解此一多孔團粒之質傳方程式，並求其總濃度M_t與預期完全平衡之總濃度（校正後之總濃度）M_∞之比值，可以得到其解析解爲$D_{eff}t/R^2$之函數（Crank, 1975）。

$$M_t/M_\infty = \text{function of } (D_{eff}t/R^2) \qquad (6\text{-}100)$$

其中爲t時間團粒中污染物總質量，M_∞爲平衡時團粒中污染物總質量，R爲團粒之半徑。而此吸附總量的時間變化與平衡後吸附量占的比例$K_d \cdot r_{sw}$有關。r_{sw}是固體與液體的比例（g cm^{-3}）。圖6-12是不同$K_d \cdot r_{sw}$下，團粒吸附達到平衡時之比例對無因次時間（$D_{eff}t/R^2$）的變化。

　　如果將徑向擴散之團粒吸附模式於無限大的溶液體積下所得到在M_t/M_∞爲0.5的無因次時間，與一階線性吸附動力模式之半飽和時間（類似半衰期）$t_{50\%}$重合，則可以得到對應之一階線性吸附動力係數k_{sorb}（First-order linear sorption kinetic coefficient）：

$$k_{sorb}(C_w = \text{constant}) \approx \ln 2/t_{50\%} = 0.69 D_{eff}/0.03R^2 \approx 23 D^{eff}/R^2 \qquad (6\text{-}101)$$

對於不同$K_d \cdot r_{sw}$之情形，亦可得到相對應之一階線性吸附動力係數k_{sorb}：

$$k_{sorb}(K_d \cdot r_{sw}) \approx (11 \cdot (K_d \cdot r_{sw})^2 + 33 \cdot (K_d \cdot r_{sw})23)/D^{eff}/R^2 \tag{6-102}$$

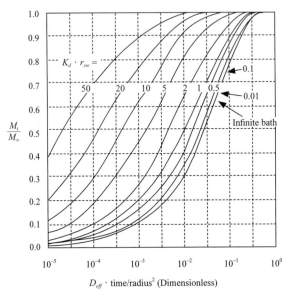

圖6-13　不同$K_d \cdot r_{sw}$下，團粒吸附總量對無因次時間（$D_{eff}t/R^2$）的變化。（Wu and Gschwend, 1988）

「Infinite Bath」表示團粒是處於極大體積的水溶液中（$K_d \cdot r_{sw}$為0），或是表示團粒表面邊界之濃度為定值（Wu and Gschwend, 1988）。

3. 更大尺度的質傳限制

實場規模的污染物貫穿濃度的時間變化曲線顯示在大尺度的地下水或土壤層中污染物傳輸，有明顯的拖尾及反彈的現象。Wang et al.（2007）曾指出這是因為土層中有短流（Channeling）及土壤質地不均質相存在的原因。進入緻密相孔隙中的污染物，僅能以分子擴散的方式脫附出來，因此如果用上述完全平衡的模式（也就是採用推算出來的遲滯係數）推算污染物自淨的速度，會大大低估所需要的時間。較正確的做法是要考慮土壤不均質相中的分子擴散所造成的質傳限制。由於受限於地質資料的密集程度，而無法輸入實際緻密相（或成為團粒）的位置與邊

界，但是可以用一個與尺度有關的緻密相數量與大小的分布函數，來模擬現場的不均質傳輸現象。應用時可參見Wang et al.（2007）兩篇論文中之做法。

四、遲滯因子

如第6章6.1.3節討論污染物在多孔介質中傳輸或擴散方程式時，6-15式中，有一遲滯因子（$R = 1 + \rho_b K_d / \theta$）（Retardation factor），描述因為多孔介質對污染物的吸附，即$K_d > 0$、$R > 1$，而使污染物移動變緩慢的比例。

控制遲滯因子的兩個參數為多孔介質的容積比重（ρ_b）與多孔介質中污染物在固相的濃度與在移動相（液相或氣相）濃度的比值，即分配係數K_d。這兩個參數在空間上都不是定值，因此遲滯因子也非空間上的定值。容積比重的定義是：在一個單位土壤或地下水層容積（如1cm³）內，固體物的乾重量，其單位是（g cm⁻³）。一般土壤的容積比重在1.25g cm⁻³至2.07g cm⁻³之間（Clark, 2014; Sevee, 2006）。

常用的容積比重的估計方法有兩種：土壤岩心直接烘乾秤重（Blake and Hartge, 1986）或用土壤真比重與空隙率來估計。真比重可以從2.54g cm⁻³至2.86g cm⁻³（Sevee, 2006），一般約為2.65g cm⁻³。容積比重、孔隙率與真比重間的關係如下：

$$n = \left(1 - \frac{\rho_b}{\rho_s}\right) \qquad (6\text{-}103)$$

其中n為總孔隙率，ρ_b為容積比重，ρ_s為土壤顆粒之真比重。

分配係數K_d受到固相成分及溶質種類之影響，所以變異很大。也會隨著土壤成分及水質背景之空間變化而變化，且未必是線性的分配關係。分配係數之推估方法詳見本章6.2.2節。

6.2.7 反應速率

在污染物傳輸與延散控制方程式中，常以一階反應來表示污染物的衰減（見6-16式）。衰減速率為：

$$\text{rate} = -\lambda [C] \qquad (6\text{-}104)$$

λ為一階反應係數（First-order reaction coefficient），$[C]$表示污染物之濃度。這方程式中的一階反應項其實包含了數種衰減機制的綜合表現。

一、化學反應

污染物化學反應之速率與污染物濃度、反應物濃度及溫度有關。當污染物濃度很低時，可以表示如下：

$$\text{rate}_{\text{chem}} = - k_{\text{chem}}[C][A_1][A_2]\cdots\cdots[A_{\text{n}}] \tag{6-105}$$

其中k_{chem}為化學反應速率常數，與溫度有關

$$k_{\text{chem}} = A \cdot e^{-Ea/RT} \tag{6-106}$$

其中A為常數，Ea為活化能（J mol^{-1}），R為氣體常數（8.314J mol^{-1} K^{-1}），T為絕對溫度（K）。$[A_1][A_2]\cdots\cdots[A_n]$為同時參與反應之化學物質的濃度，或人為加入之化學藥劑，如氧化劑及還原劑等之濃度。只有當$[A_1][A_2]\cdots\cdots[A_n]$等這些反應物，例如：水、氧氣或離子的濃度維持不變時，（6-105）才能化減為如（6-104）之一階反應速率模式。此時反應物濃度的影響就全部納入單一的反應速率常數k'_{chem}中了，如（6-107）所示。

$$\text{rate}_{\text{chem}} = - k'_{\text{chem}}[C] \tag{6-107}$$

k'_{chem}又稱為假一階化學反應速率常數（Pseudo-first-order chemical reaction rate constant）。目前從污染物特性或環境因子來預測化學反應速率常數的能力仍十分有限，因此還是必須從實驗室或模廠中，控制良好的試驗結果來推算此常數值。但是使用此常數者也必須牢牢記住：此假一階化學反應速率常數僅能用於與試驗時狀況完全相同之環境。

二、生物反應

對於一般土壤地下水中存在的微量難分解污染物，生物反應（Biological transformation reaction）是以生物為催化劑（Catalyst），加速污染物原本緩慢之化學轉化反應（Chemical transformation reaction）。因此，生物反應之首要條件是

該反應是可自發的反應，也就是說，該反應之自由能變化是負值。以土壤及地下水中微量有機污染物受到微生物（Microorganism）催化分解爲例，反應速率不但與反應物之濃度有關，也與催化劑（微生物）之濃度〔或酵素（Enzyme）活性〕有關，因此，與微生物生長有關之初級基質（Primary substrate）濃度、溫度、輔酶（Co-enzyme）濃度、微量要素濃度，甚至與酸鹼值、導電度、抑制生長之有毒物質濃度等都有關係。因此，估計微生物催化分解速率時，除了要考慮微生物濃度，同時也要考慮控制微生物活性之各種環境因子。

對於一般生物代謝或是酵素催化的反應，我們都會用Michaelis-menten kinetics來描述反應速率：

$$\text{rate}_{\text{bio}} = -\frac{V_{\max} \times [C][M][A_1][A_2][A_3]\cdots\cdots}{K_s + [C]} \qquad (6\text{-}108)$$

其中V_{max}是最大比生物反應速率（Specific biological reaction rate）（M d^{-1}），$[C]$是基質或污染物的濃度（M），K_s是半飽和濃度（Half-saturation concentration）（M），$[M]$是微生物濃度，$[A_1]$、$[A_2]$及$[A_3]$等代表參與反應的其他反應物，例如氧氣、電子接受者或電子供給者等。如果環境條件維持定常狀態（即生物濃度、其他反應物濃度、溫度、pH、光線、濕度等等），則速率僅與污染物濃度有關：

$$\text{rate}_{\text{bio}} = -\frac{V_{\max} \times [C]}{K_s + [C]} \qquad (6\text{-}109)$$

所有環境條件的影響，都併入$V_{\max}$。

當污染物濃度很低（其值遠低於K_s），或是污染物是以共代謝（Co-metabolism）方式被代謝掉，而微生物濃度、參加反應的反應物濃度及環境條件都不變時，Michaelis–menten kinetics可以簡化爲一階的反應模式：

$$\text{rate}_{\text{bio}} = -k_{\text{bio}}[C] \qquad (6\text{-}110)$$

其中k_{bio}是一個包含一切因素的生物反應係數。由於土壤及地下水環境條件非常複雜，加以現場環境的不均勻性，此生物反應係數僅在極少的單純環境下才能視爲常數。其值需由實驗室或現地模廠中嚴格控制的條件下以實驗方法求得，且僅能用在

完全相同的條件。

　　由於此種反應是利用微生物的催化能力加速反應的進行，因此反應進行的先決條件是反應（化學反應）必須是自發反應，也就是說，反應的自由能變化（Free energy change, ΔG）為負值，而非有微生物存在即可。同樣的，目前從污染物特性或環境因子來預測生物反應速率常數的能力仍十分有限，因此還是必須從實驗室或模廠中，控制良好的試驗結果來推算此常數值。

暴露情境與暴露途徑

許惠悰　吳先琪　陳怡君

　　土壤及地下水的污染會影響到人體健康，主要是透過人類生活中與不同的環境介質產生接觸，包括呼吸、攝食、皮膚吸收等，進而吸收了污染物質。因此，欲對受暴露的族群進行健康風險評估，必須了解這些受到暴露的個體之暴露情境，也就是調查他們如何與污染物質產生接觸（透過呼吸、攝食、皮膚吸收之暴露頻率），包括每次暴露的時間有多長、累積暴露的期間有多久、暴露的濃度有多高等資訊。將這些暴露的資訊結合起來，構成了暴露族群的暴露情境資料，如此方能對暴露族群的暴露進行完整的評估。圖7-1描繪污染源排放污染物質至環境後，透過各種環境介質的傳輸作用，將污染物質分布於人類可能接觸的各種環境或媒介之中，然後與暴露的個體產生接觸，並進入受暴露的個體中，經過暴露時間與暴露濃度的綜合影響下，造成人體健康風險。

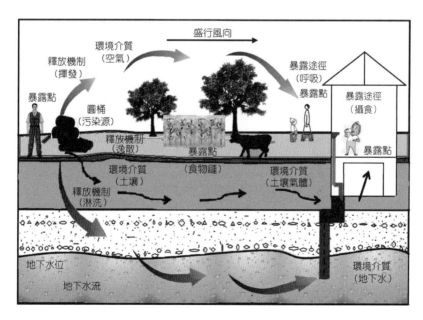

圖7-1　污染源排放污染物質經環境介質至暴露個體的概念模型（彩圖另附於本書第330頁）

　　根據美國毒性物質和疾病登錄署（Agency for Toxic Substances and Disease Registry, ATSDR）的報告（USATSDR, 2005）指出，我們在風險評估中所討論的「暴露」是由五個因子所構成，其中包括：

一、污染源：釋放或排放污染物質的源頭，此排放源包括垃圾掩埋場、填裝化學物質的鋼桶或者其他各式各樣可以釋放化學物質至周邊環境介質者。

二、環境傳輸與宿命：污染物質自污染源釋放至環境後，污染物質會在各環境介質間進行傳輸或分解變化等。

三、暴露點或區域：人體可以與含有污染物質的傳輸介質產生接觸之特定的地點。

四、暴露途徑：暴露途徑指的是人體實際與環境污染物質在暴露點產生接觸（利用呼吸、攝食、皮膚接觸等）的過程。

五、潛在的暴露族群：指的是在潛在的暴露區內居住、工作、活動的人。特別需要注意敏感性的暴露族群，包括兒童、懷孕婦女、具慢性病的人及老年人等。

　　這五個因子是特定的場址中，決定過去的暴露、現在正在發生的暴露，或者是未來可能產生之暴露的重要資訊。在進行健康風險評估的暴露評估過程中，這些資訊必須完整的取得上述五類資訊，方能對暴露做較爲完整的定量描述。本節將針對污染的土壤及地下水場址，以及常見的幾種暴露途徑的暴露量評估及誤用之情形進行說明，包括飲用污染的地下水之暴露、直接接觸污染的土壤的暴露、因土壤地下水污染而污染地面水及底泥所產生之暴露、使用污染的地下水作爲日常生活的用途之暴露、誤食污染的土壤或透過吸入揚塵之暴露、吸入從土壤及地下水揮發而來之揮發性的有機物質之暴露和攝食種植在污染土壤之作物的暴露等。

7.1 污染場址傳輸及暴露情境概念模式之建立

　　正確的暴露量評估是需要正確的污染物傳輸及宿命的預測結果，以及適當的暴露情境之設定。污染物的傳輸模式與參數已於第六章詳細介紹，本節將進一步整合環境傳輸與後續之暴露情境設定與暴露途徑評估，並檢討其方法及需注意的事項。

7.1.1 污染場址傳輸概念模式的建立程序

　　模式的功能在於用數學方程式描述或概算物理系統的現象，所以不是全然與實際的傳輸過程相同。地下水流模式和污染傳輸模式是建構在某些假設條件上，假設通常包括：水流方向、含水層結構、地層的異質性（Heterogeneity）或異向性（Anisotropy）、污染物的擴散和化學反應等。數學模擬的目的如下：一、推測地下水流方向、流速或抽水率；二、推估含水層內部的交互作用；三、了解觀測點之間的情況；四、於場址描述時辨識數據是否足夠；五、地下水源供應系統的管理；六、評估污染的潛勢；七、評估／設計整治的效果或執行效率等。

　　通常模擬者第一步需要做的就是將真實的系統概念化（Conceptualized）。如圖7-2所示，模擬者應先定義含水層種類（圖7-2a）、初始和邊界條件的種類（圖7-2b、圖7-2c）、源匯項種類（圖7-2d、圖7-2e）等，將現地資訊加以分類簡化成幾種概念模型，使其足以用數學式表示，以利於計算地下水流，這個步驟已包含了許多簡化及假設在裡頭。建立的概念模式（Conceptual model）必須盡可能保留足夠的代表性，並且能充分呈現地下水與土壤傳輸狀況。污染物溶於地下水後，其傳輸範圍主要受到地下水流流速和流向的影響，通常必須先模擬地下水流場，其次才進行污染物傳輸模擬，而模擬地下水流場的第一步就是建立水文地質概念模式。許多經驗顯示，這個階段已經足以決定最後模擬結果的好壞。

　　概念模式的建構前，首先需考量場址的水文地質特性，很多地層可能被概括總攝在一個含水層單元，且場址內可能簡化成數個不同含水層；其次需考量水流情況、附近是否有補注水體、是否有不透水的邊界等；最後判別與解釋污染源的質量與持續時間以及傳輸過程的物理、化學及生物反應等。步驟大致上可展開成：一、研判地層的垂直分布；二、研判地層的水平分布及範圍；三、建構水文地質分層；四、模式的參數化（Parameterization）；五、設定邊界條件；六、設定源匯項；七、時間的離散化（初始條件的設定、應力期設定）。近年商用模式皆已利用圖形化介面或GIS軟體進行概念模式的建構，有利於模式資料的管理、前處理和後處理。

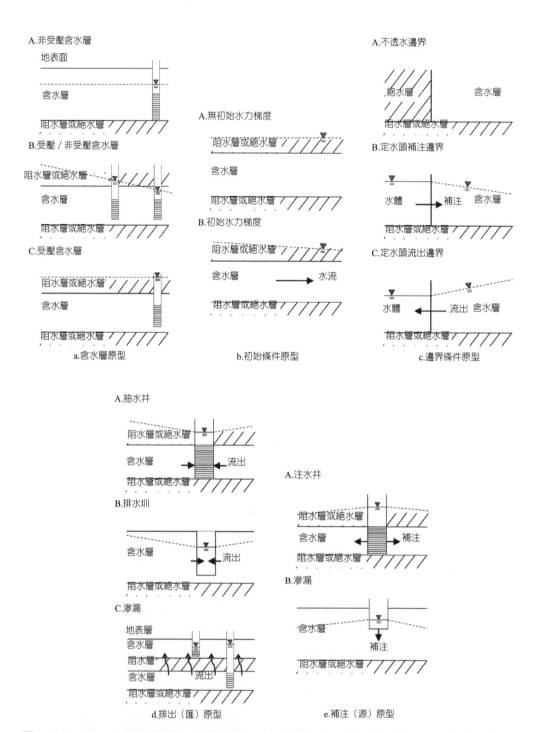

圖7-2 各種簡化假設原型：a.含水層、b.初始條件、c.邊界條件、d.排出（匯）、
e.補注（源）（彩圖另附於本書第331頁）

在土壤地下水污染整治案例中，平面範圍通常介於數十公尺至數百公尺。此局部性流場可能沒有明顯的地形起伏或是水文地質邊界，且通常缺乏長期的監測數據，因此必須經由場址調查了解場址的異質性，以確保在足夠參數和資料的情況下建構場址概念模式。異質性指的是真實地質條件在空間中變異的情況，與模擬場址的尺度有關，尺度越大變異的範圍越大。實務上現地調查的資訊可能相當有限，初步可利用適當的解析解來進行分析，這類分析結果通常僅能看出「平均」或「總體」的現象，必要時再進行補充調查；若現地調查之資訊足夠多，則可能進一步輔以數值模擬工具，幫助我們分析污染傳輸的優勢路徑或擴散分布型態。模式選擇的考量因素可歸納如表7-1所示。

■ 表7-1

| 模式選擇的考量因素（參考自Mandle，2002） ||
模式	模式選擇的考量因素
解析解模式	· 現地資料顯示地下水流或污染傳輸路徑相對簡單 · 需要初步判釋水文地質條件或篩選整治方案
數值模式	· 現地資料顯示地下水流或污染傳輸路徑相對複雜 · 考量地下水流、水文／地質條件、水或污染物之源／匯等具空間變異性或隨時間改變
一維地下水／污染傳輸模式	· 含水層異質性和異向性未知時，進行初步評估 · 水力梯度顯示受體明顯的位於污染源的下游
二維地下水／污染傳輸模式	· 問題涵蓋一個以上的地下水源／匯項（例如：抽水井、排水溝、河流等） · 場址內地下水流方向，明顯呈現為二維（例如：抽水造成的徑向流場、單一含水層內垂直方向的水力／濃度梯度相對小等） · 含水層內透水性呈現明顯的變異 · 含水層厚度小（水平範圍遠大於垂直厚度） · 污染物運移時需推估水平向或垂直向的側向延散（Transverse dispersion）
三維地下水／污染傳輸模式	· 水文地質條件掌握程度高 · 涉及多層含水層的行為 · 需評估垂直向的地下水流或污染傳輸時

　　根據場址流場及污染物特性選定了適用的解析解模式或數值模式，才能夠知道所需要（或能準備）的參數和監測數據有哪些，而工程師通常可得到兩類資料：(1)不隨時間改變的空間參數〔孔隙率、流通係數（水力傳導係數）、儲蓄係數〕；(2)隨時間改變的監測數據（水頭、採樣濃度、溫度、密度等）。這些點狀的數據，可藉由合理的內差（Interpolation）和離散化（Discretization）的技巧，假設其時空分布的情況，用以建構概念模式。數值模式通常使用離散化的技巧，將空間和時間簡化成分段連續，如圖7-3所示。將空間切割成獨立單元網格，時間尺度則可設定不同的區段，理論上只要單元網格越小，越趨近真實的連續曲線。但是雖然切割得越細密越趨近真實，電腦計算的速度也突飛猛進，但是資料和數據密度不足的情況下，通常並無實質的效益。因此，比較有效率的方法可將邊界、源匯處的附近加密（Refinement），因為邊界和源匯處附近的行為對計算的結果差異影響最大。同樣地，在時間尺度上加密早期的計算次數，也會增加計算的精確度。

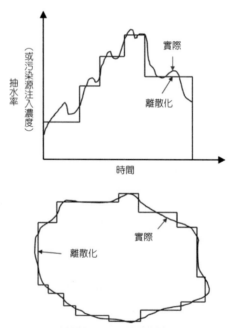

圖7-3　離散化示意圖：連續的時間域、空間域被切割成分段連續（修改自Walton，1992）（彩圖另附於本書第332頁）

　　現地含水層條件其實相當複雜，為了盡可能地呈現出真實系統的行為，或是呈

現出其代表性的特徵，必須進行參數化，目的是減少未知參數的數量或模式的自由度，以符合模式的計算限制。例如：描述現地地層的透水性，通常是經由抽水試驗推估其水力傳導係數（K）值，但由於獲得的是整體的平均值，通常是參考各種岩性、試驗和經驗值，用分區法（Zonation）的方式賦予某個區域具有相同的K值，其中各個區域皆視為均質；而為了避免過於簡化而無法表現出真實流場的情況，在無法得知地質變異的情向下，可能將含水層分割成有限個元素（Element）或節點（Node），並以內插法（Interpolation）規律地賦予每個節點不同的K值，使整體平均值落在合理範圍內；或以序率法（Stochastic）令每個節點的K值分布合乎某些統計型態或特徵。

　　邊界條件對系統的水平衡推估影響很大，要儘可能反映曲折的邊界形狀。現在許多數值模式具有圖形化的功能，便於使用者直覺化地設定參數（前處理）及模擬結果的展示（後處理）。污染場址若沒有明顯的邊界（河流、湖泊、岩盤等），可先模擬大尺度的流場，並計算出流進污染場址的平均流率，再縮小至污染場址的尺度進行模擬。以常見的MODFLOW和MT3DMS程式為例，皆採用有限差分法，由於採取的資料輸入也類似，程式代碼中定義網格為3種屬性（常數、無作用、變數），比較如表7-2。當邊界屬於第一類邊界時，其組成的網格屬性為「常數」；若屬於第二類邊界時，其組成的網格屬性為「無作用」。若邊界為河流或湖泊時，通常設定為定水頭邊界；若邊界為岩盤或斷層，因無法使地下水流通，通常設定為不透水邊界。圖7-4為一個簡單的模擬場址示意圖，注意其邊界網格的設定。

■ 表7-2

MODFLOW與MT3DMS網格屬性設定			
MODFLOW		MT3DMS	
網格屬性	程式代碼設定	網格屬性	程式代碼設定
定水頭	IBOUND < 0	定濃度	ICBOUND < 0
不透水和無效	IBOUND = 0	不透水和無效	ICBOUND = 0
變水頭（計算網格）	IBOUND > 0	變濃度（計算網格）	ICBOUND > 0

備註：IBOUND及ICBOUND為網格屬性的矩陣

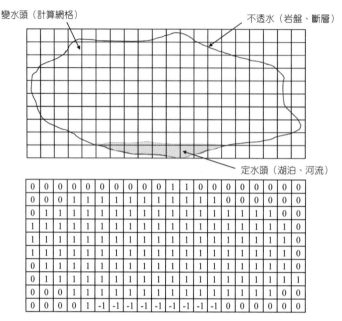

圖7-4　以IBOUND矩陣來設定網格種類及邊界（圖中的IBOUND = 0代表不透水邊界，網格IBOUND = -1代表定水頭邊界，IBOUND = 1代表為計算網格）

　　在MODFLOW和MT3DMS中對於邊界條件的設定已有許多易於辨別的名稱，亦有許多套件可用於計算不同場址特性，依所需選擇適用即可，注意有些套件需設定邊界的流通率（Conductance），反映了進出系統的流率，若缺乏實際觀測資料，通常必須自行假設。源匯項在地下水流模式中可能代表的是抽水井、排水溝渠、河流、補注池、降雨、蒸發散等。通常在計算時需要特別定義抽水率或是等效的流通率。污染傳輸模擬時，源匯項則可用來反映污染源，可設定不同時間的污染源濃度。

　　由於污染傳輸模式多假設為溶於水中，隨著水體流動和擴散，對於NAPL的純相移動常無法模擬。污染傳輸的範圍受地下水流影響較大，所以地下水流的方向是研判的主要重點。此小節則以較廣為流通的地下水模擬軟體GMS（Groundwater Modeling System）為例：首先利用地質柱狀圖建構地層分層，由於柱狀圖是來自於單點的鑽探或地球物理探測，需注意其剖面的型態，是經過內插的假設而得。製作完地層剖面圖後，藉由地下水位監測和水井試驗可以分析含水層的分層，再

建構模型的垂直分層，如圖7-5所示。為計算出各個網格的流速，利用GMS地下水流場模式MODFLOW建立污染場址的穩態流場（Steady-state flow field），由於MT3DMS程式碼的定義可直接利用MODFLOW的流速計算結果（圖7-6），以及計算各網內污染物隨時間的濃度變化。能對現地場址地質條件有相對足夠的了解，較能掌握分析的關鍵，模擬的結果為趨近真實的傳輸現象，利基於前述概念模式假設的一個情境。若判斷場址地質條件變異相對小，即地下水流況穩定，又沒有明顯的邊界影響時，選擇簡單的解析解，即可快速計算概略的結果。模擬並不一定要使用複雜的數值模擬工具，過分複雜的模擬工具，因為過多未知參數必須假設，有時候容易造成難以解釋的結果。模式本身有許多的限制，在使用模擬工具的時候必須加以詳讀使用手冊，並了解理論其建構之假設，例如：MODFLOW垂直的離散化，使單一含水層為一個柱狀體，因此無法反映單一含水層中垂直異質性的行為，且使用MT3DMS時，濃度的垂直分布也無法表現出來。

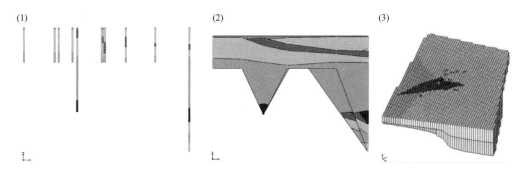

圖7-5 利用GMS建立水文地質概念模式：(1)地質柱狀圖(2)地層分層剖面(3)地質單元網格化（彩圖另附於本書第332頁）

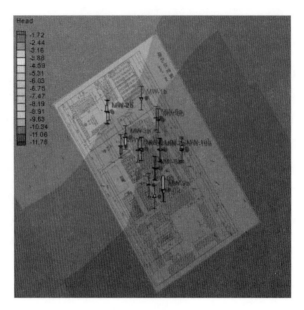

(a)水頭分布

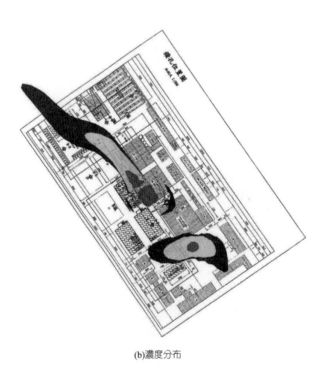

(b)濃度分布

圖7-6　利用MODFLOW模擬穩態地下水流場，再利用MT3D模擬污染傳輸範圍（彩圖另附於本書第333頁）

7.1.2 環境傳輸模式參數律定與不確定性影響

　　建構水文地質概念模式後，計算穩態地下水流場，再模擬污染傳輸行為，這個過程需要經過參數的率定，甚至適時地修正邊界條件。當模型能夠再現現場測量水頭和流量（如果污染物傳輸過程），代表模型有一定的參考性可用於預測。如果未來數據持續增加，參數的再率定以及概念模式的調整仍然是必要的步驟，讓模式得以不斷的修正。例如：當未來新增一口監測井時，其量測水頭、水井試驗、污染物濃度等資訊必須再加入率定。

　　輸入參數計算水頭和污染物的分布，稱為Forward modeling，而參數率定就是一種Inverse modeling的過程。因為實務上有許多參數無法預先獲得，必須建立概念模型，再透過參數率定，使模型與現地狀況相近，運作上其流程如圖7-7所示。

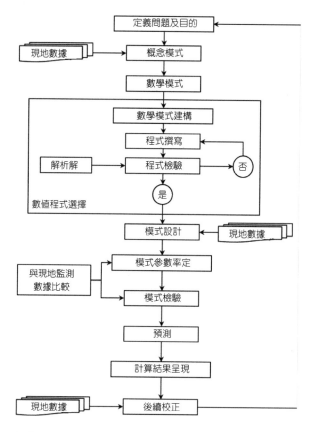

圖7-7　地下水流問題模擬流程圖（修改自Ritchey and Rumbaugh，1996）

推估未知參數通常須利用已知的參數及監測值，例如：

$$A \cdot x^2(t) - B \cdot x(t) = C \cdot y(x, t) \tag{7-1}$$

已知參數B和監測值$y(x, t)$，但仍有A和C兩個未知參數時，通常利用Trial and error逆推或Optimization的技巧求唯一解（或是最佳解）。Optimization演算法自動求解，可能是利用計算均方根偏差（Root Mean Square Deviation, RMSD）最小作為目標，約制條件為參數的合理範圍（例如：$10^{-3} \le A \le 10$、$10^{-5} \le C \le 10^{-2}$），不斷疊代（Iteration）不同之$A$和$C$，以使$y$收斂至符合所需的程度（例如：RMSD $\le$ 0.5），此時之參數組合A和C則視為最佳解。當未知參數越多，自由度也就越大，可能會產生多種參數組合，或是遇到無法收斂的情況，這時候必須人為加以判釋參數的合理性，並予以適當地調整。

地下水流是影響污染物（溶質）的傳輸範圍最重要的驅動力，所以地下水流參數率設定常常是最關鍵的步驟。環境參數通常很有限，例如：水力傳導係數（K值）、儲留係數（S值）、遲滯係數R（K_d）值等，可能是從少量的現地試驗或實驗室中試驗取得，場址參數則常使用地質統計的方法做推估，取得一假設之參數分布；必要時應該進行補充調查，以取得有效的水文地質調查資料，然後再做一次參數率定，一般來說參數必須經由不斷率定，才能使模式更能代表現地流場傳輸行為。

土壤與地下水污染場址環境傳輸模擬過程，必須考慮場址獨特性（Site-specific）狀況、多介質（Multimedia）以及機率分布（Stochastic）等概念。執行場址專一性時必須借重環境多介質模式進行傳輸模擬，因此必須考量引用參數變異性（Variability），以及導致風險評估結果的不確定性（Uncertainty）。場址獨特性評估相較於一般性（Generic）評估，乃是依據當地實際的環境參數去進行的。多介質評估相較於傳統單介質（Single-medium）評估，是根據污染物從污染源釋放後進入暴露受體時，不僅只考慮污染物於單一環境介質內的傳輸，而是更詳加考慮污染物經由於地下水、地表水、土壤、大氣與食物鏈等多個不同環境介質之間關係。另外，機率性風險評估相較於傳統的決定性（Deterministic）風險評估，以一個場址周圍環境異質性參數設定分布（如Normal、Log-normal、Gamma、Weibull、Beta、Triangular等）計算機率性的風險，以更真實地表達實際情況（Ma, 2002）。

　　圖7-8為污染整治場址風險管理決策時參數率定與評估方法的流程，評估者若需依照健康風險評估結果來建立整治目標，可以藉由參數敏感度的分析，分析模式承受參數變動的影響大小。敏感度較高的參數，就是當模式參數承受某一幅度之調整時，該參數對模式演算結果具有較大的影響。蒙地卡羅方法已可結合環境多介質模式進行不確定性分析，為目前污染場址常用的評析方法。尤其各參數敏感度需於整治專案中不斷被檢視與修正，並進而估算風險之不確定性所造成的場址整治成本之增減（Khadam and Kaluarachchi, 2003; Scholz and Schnabel, 2006; Chen and Ma, 2006; 2007）。

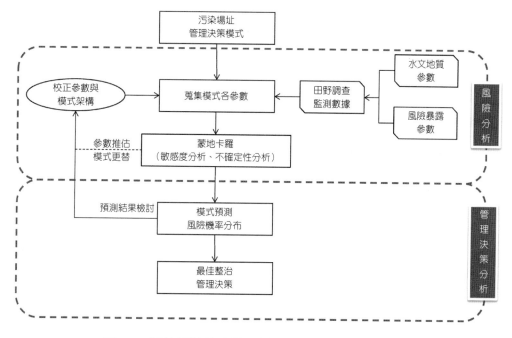

圖7-8　污染場址建立風險管理之環境參數設定程序

　　基於上一小節場址概念模式敘述，環境傳輸模式需假設初始與邊界條件及場址環境參數資料。由於每一污染場址因為地質、水文、氣象……等特性不同，各參數的選擇具有其獨特性，並不是任何多介質傳輸模式都切合該實際場址狀況，因此評估者若使用商業模式時，必須依據場址現況選擇適當的介質傳輸模式，並仔細考量各傳輸模式之限制條件與敏感性的參數，評估時應特別說明各項敏感參數率定條

件，提供風險評估審核者參考（陳怡君，2006）。以下依據不同傳輸模擬列舉說明敏感參數：

一、土壤至周界空氣

估計污染物（揮發性物質）由「表土」揮發至空氣中的速度，常用模式為 Jury-Finite Source/1D Analytical，適用於已知範圍之油品污染，其污染物分布與質傳部分僅在吸收相、溶解相與蒸汽相間。敏感參數包含：土體容積密度（Soil bulk density）、空氣與水擴散係數（Diffusion coefficient in air and diffusion coefficient in water）、有機碳含量（Organic carbon content）、污染物亨利常數（Henry's law constant）、污染物有機碳—水分配係數（Carbon-water partition coefficient）、污染物土水吸收係數（Soil-water sorption coefficient）、空氣混和層高度（Height of ambient air mixing zone）、污染源範圍內之濃度（Source area concentration）、土壤污染所在之深度（Depth to soil contamination）、土壤水分條件（Soil moisture condition）。

二、土壤至室內空氣

估計污染物由「裡土」揮發至空氣中的速度時，假設污染物在土中濃度為定值，且濃度與深度不會隨時間變化，僅為一維垂直向擴散，且沒有水平擴散，常用模式為 Farmer & Modified /1D Analytical。敏感參數包含：污染源範圍內之濃度、有機碳含量、亨利常數、污染物有機碳-水分配係數、污染物土水吸收係數、土壤孔隙率、土體容積密度、氣體黏滯度、封閉空間的基礎或地板的厚度（Thickness of the foundation or floor of the enclosed space or building）、室內氣體交換率（Enclosed space air exchange rate）、土壤污染所在之深度。

三、土壤至地下水

計算污染物由土壤滲入地下水因子（Leaching factor），通常使用於第一層次（Tier 1）計算，常用模式為 Farmer & Modified /1D Analytical。預測地下水濃度或是估計地下水在一定時間內的質量負荷量（Mass loading），傳輸模擬必須包括水力模組（Hydrologic module）、污染物傳輸模組（Pollutant transport module）、底泥／土壤風化模組（Sediment erosion module）等。考慮之輸入參數包含毛細現

象、擴散現象、滲透現象、雨水補注、吸附作用與分解作用……等，常用模式為SESOIL/1D Vertical Transport Model for Unsaturated Zone。敏感參數包含：受影響土壤層厚度（Thickness of affected soil zone）、土體容積密度、土壤酸鹼值（Soil pH）、孔隙水體積（Volumetric water content）、污染物土水吸附係數、亨利常數、達西速度（Darcy groundwater velocity）、混和層厚度（Mixing zone depth）、土壤孔隙率（Total soil porosity）、污染源範圍內濃度、污染物有機碳水分配係數、有機碳含量、污染物土水吸附係數、有效溶解度（Effective solubility）、污染物遲滯因子（Retardation factor）、未飽和層水力傳導係數（Unsaturated hydraulic conductivity）、一階降解速率常數（First order decay rate constant）、延散係數（Dispersivities）、生物降解速率係數（Biodegradation rate coefficient）。

四、地下水至周界空氣

估計污染物（揮發性物質）揮發至空氣中的速度，常用模式為Farmer/1D Analytical。敏感參數包含：污染源範圍內濃度、有機碳含量、亨利常數、污染地下水厚度（Thickness of groundwater contamination）、污染物土水吸附係數、未飽和層空氣體積（Volumetric air content in vadose zone soil）、密閉室內通風量（Ventilation rate for the enclosed space）。

五、地下水傳輸

模擬地下水污染範圍的變化情形，目前有多種市售模式可以模擬特定位置的地下水污染物濃度。假設污染物團沿著中線移動，而移動的過程中污染物會因擴散的作用而被稀釋。若有足夠的數據，亦可考慮生物分解對污染團所造成的影響，包含一維至三維污染擴散情形。常用模式為AT123D/3D Hybrid Analytical Numerical、Domenico/3D Analytical（1D Flow, 3D Transport）、BIOSCREEN/2D Analytical（1D Flow, 2D Transport）、MODFLOW/2D or 3D Numerical或MT3D/3D Numerical……等。敏感參數包含：土體容積密度、各軸向延散係數（Dispersivities in x, y, and z directions）、一階降解速率常數、水力梯度（Hydraulic gradient）、下游受體距離（Downgradient distance to nearest receptor）、污染物有機碳-水分配係數、污染物土水吸附係數、有機碳含量、污染源範圍內濃度、污染源寬度（Source width）、

污染源深度（Source depth）、地下水位面下深度（Depth below water table）、距離污染團中心線水平距離（Lateral distance from center line of plume）、單位面積流量（Specific discharge）、孔隙率（Porosity）、飽和層厚度（Saturated thickness）、流通係數（Transmissivity）、飽和層儲留係數（Storativity, storage coefficient）、飽和層水力傳導係數（Saturated hydraulic conductivity）、補注量（Recharge）。

7.2 飲用污染地下水之暴露量的評估

　　飲用受污染的地下水是污染的土壤及地下水需要關注的暴露途徑之一，特別是未有自來水的區域。雖然國內大多數的縣市的自來水接管率達九成以上，但是包括花蓮縣、台東縣、新竹縣、苗栗縣、南投縣、嘉義縣和屏東縣的接管率則未達九成，甚至屏東縣的自來水接管率更僅有45.18%而已（康健雜誌，2012）。換言之，地下水的使用所產生的環境暴露是應該注意的重點。

　　評估飲用受污染的地下水，需先確認地下水中污染物質的濃度。而污染物質可以區分為有機物與無機物兩種，主要是考慮自污染物經土壤滲入地下水中，造成地下水的污染。若為有機物質，污染的地下水濃度之評估為（ASTM, 1995）：

$$C_{water} = C_{soil} \times \frac{\rho_s}{[\theta_{ws} + f_{oc} \times K_{oc} \times \rho_s + H \times \theta_{as}] \times \left(1 + \dfrac{U_{gw} \times \delta_{gw}}{I \times W}\right)} \qquad (7\text{-}2)$$

其中

C_{water}：地下水中特定有機污染物的濃度（mg L^{-1}）

C_{soil}：土壤中特定有機物染物質的濃度（mg kg^{-1}）

ρ_s：土壤的容積密度（g cm^{-3}）

θ_{ws}：單位體積土壤中水分含量（cm^3-water cm^{-3}-soil）

f_{oc}：土壤中有機碳含量（g-carbon g^{-1}-soil）

K_{oc}：有機碳-水分配係數（cm^3-water g^{-1}-carbon）

H：亨利常數（cm^3-water cm^{-3}-air）

θ_{as}：單位體積土壤中空氣含量（cm^3-air cm^{-3}-soil）

U_{gw}：地下水流速（cm y^{-1}）

δ_{gw}：地下水混合高度（cm）

I：入滲率（cm y^{-1}）

W：污染源與地下水流平行之最大寬度（cm）

有關地下水混合高度（δ_{gw}），可以利用下列的公式加以評估。

$$\delta_{gw} = \sqrt{2d_z W} + b\left[1 - \exp\left(\frac{-I_f W}{V_d b}\right)\right]$$ （7-3）

其中

d_z：地下水垂直彌散性（cm），$d_z = 0.0056W$

b：地下水飽和含水層厚度（cm）

I_f：淨入滲速率（cm y^{-1}）

V_d：地下水達西速率（cm y^{-1}）

而污染源與地下水平行之最大寬度（W）是指污染源影響之土壤的最大寬度。

若污染物質為無機物，則評估土壤污染滲入地下水形成地下水污染濃度的評估如下（ASTM, 1995）：

$$C_{water} = C_{soil} \times \frac{1}{K_d} \times \frac{1}{\left(1 + \dfrac{U_{gw} \times \delta_{gw}}{I \times W}\right)}$$ （7-4）

其中

C_{water}：地下水中特定無機污染物的濃度（mg L^{-1}）

C_{soil}：土壤中特定無機物染物質的濃度（mg kg^{-1}）

U_{gw}：地下水流速（cm y^{-1}）

δ_{gw}：地下水混合高度（cm）

I：入滲率（cm y^{-1}）

W：污染源與地下水流平行之最大寬度（cm）

K_d：土壤地下水分配係數（L-water kg^{-1}-soil）

台灣行政院環保署在公告的「土壤及地下水污染場址健康風險評估方法」

（行政院環境保護署，2014）中，即將不同特性的土壤之相關的參數加以整理，如表7-3所示。但是使用者在引用參數時，最好還是根據場址土壤樣本化驗所得的數據爲主。表中有關土壤有機碳含量（f_{oc}），ASTM的建議值0～0.5ft深的土壤爲0.006g-carbon g^{-1}-soil，0.5ft以上的深度則採用0.002g-carbon g^{-1}-soil加以評估（ASTM, 1995）。

■ 表7-3

不同特性土壤之相關參數彙整					
相關參數	參數符號	單位	砂石質土壤與石礫	坋質黏土或砂質黏土	坋質土或黏土
土壤容積密度	ρ_s	g cm^{-3}	1.4	1.6	1.8
土粒密度	p	g cm^{-3}	2.65	2.65	2.65
孔隙度	θ_T	cm^3-void cm^{-3}-soil	0.43	0.43	0.43
單位體積土壤中水分含量	θ_{ws}	cm^3-water cm^{-3}-soil	0.12	0.15	0.25
土壤中有機碳含量	f_{oc}	g-carbon g^{-1}-soil	0.002	0.0025	0.003
毛細邊緣深度	h_{cap}	cm	5	5	5
水力傳導係數	K	cm s^{-1}	5.83×10^{-3}	4.17×10^{-5}	1.67×10^{-5}
入滲量	I	cm y^{-1}	31.75	20.32	6.35

根據行政院環境保護署之「土壤及地下水污染場址健康風險評估評析方法及撰寫指引」（行政院環境保護署，2006），評估自土壤滲入地下水之污染物的濃度，若引用前述的公式所估算出來之濃度值超過該物質之水的溶解度，則應以溶解度代表地下水之濃度值。反之，估算所得之濃度值小於水的溶解度，則以估算所得之濃度代表地下水之濃度值。

飲用受污染的地下水經由口服吸收之暴露劑量的評估，如下式所示：

$$Intake_{oral\text{-}water} = \frac{C_{water} \times IR_{oral\text{-}water} \times EF \times ED}{BW \times AT}$$ 　　　　（7-5）

$Intake_{oral\text{-}water}$：飲水暴露污染物質之暴露劑量（$mg\,kg^{-1}\,d^{-1}$）

C_{water}：地下水中污染物質的濃度（$mg\,L^{-1}$）

$IR_{oral\text{-}water}$：飲水量（$L\,d^{-1}$）

EF：暴露頻率，一年中暴露的天數（$d\,y^{-1}$）

ED：暴露期間，暴露的總年數（y）

BW：體重（kg）

AT：暴露之平均時間（d）

　　關於評估暴露劑量中之人體的相關暴露參數，可參考行政院衛生福利部於2008年出版之「台灣一般民眾暴露參數彙編」（2008）。表7-4為評估飲水暴露污染物質之暴露劑量所使用之暴露參數的整理。行政院環保署之「土壤及地下水污染場址健康風險評估方法」（2014）中則建議成人的預設值為3L d^{-1}，與「台灣一般民眾暴露參數彙編」（2008）中的成人平均值比較，其飲水量的數據為1.43L d^{-1}（如表7-4所示），顯示環保署所提供之飲水量資料較為保守。

■ 表7-4

飲水暴露污染物質之暴露劑量中的參數資料				
參數	代號	單位	平均值±標準差	備註
飲水量	$IR_{oral\text{-}water}$	$mL\,d^{-1}$	1431.9 ± 872.1	年齡層：20～60
體重	BW	kg	64.56 ± 41.99	年齡層：19～64
平均暴露時間	AT	d	76.6y×365d y^{-1} = 27959 d	男性：73.5歲 女性：79.7歲

7.3 直接接觸（皮膚暴露）污染土壤之暴露量的評估

　　評估透過皮膚接觸污染土壤之暴露劑量的公式為（USEPA, 2004）：

$$Intake_{dermal\text{-}soil} = \frac{DA_{event} \times EF \times ED \times EV \times SA}{BW \times AT} \tag{7-6}$$

其中

$Intake_{dermal\text{-}soil}$：皮膚接觸污染土壤之吸收劑量（$mg\ kg^{-1}\ d^{-1}$）

DA_{event}：每次暴露之吸收劑量（$mg\ cm^{-2}\text{-}event$）

EF：暴露頻率，一年中暴露的天數（$d\ y^{-1}$）

ED：暴露期間，暴露的總年數（y）

EV：一天中發生事件的頻率（$events\ d^{-1}$）

SA：皮膚接觸土壤的表面積（cm^2）

BW：體重（kg）

AT：暴露之平均時間（d）

前述公式中，DA_{event}代表每個皮膚暴露污染土壤的事件中，人體經由皮膚吸收污染物質的量。其估算的方法如下所述：

$$DA_{event} = C_{soil} \times CF \times AF \times ABS_d \qquad (7\text{-}7)$$

其中

DA_{event}：每次暴露之吸收劑量（$mg\ cm^{-2}\text{-}event$）

C_{soil}：土壤中污染物質的濃度（$mg\ kg^{-1}$）

CF：單位轉換係數（$10^{-6}\ kg\ mg^{-1}$）

AF：土壤對皮膚的黏著係數（$mg\ cm^{-2}\text{-}event$）

ABS_d：皮膚吸收分率（unitless）

表7-5為美國環保署所公告之不同年齡層之特定活動的土壤對皮膚的黏著係數的彙整（USEPA, 2004）。從表中可以發現，從事不一樣的活動，所得到之土壤對皮膚的黏著係數各不相同。以住宅區的成人為例，可以取高土壤接觸的活動來反應高暴露的情境，且以中位數（第50百分位數）之值來合理反應中間的趨勢值。因此USEPA對AF之建議值為園丁的幾何平均值$0.07mg\ cm^{-2}\text{-}event$。同樣的原則應用在兒童，USEPA的建議值主要參考在濕土上玩耍的兒童之幾何平均值$0.2mg\ cm^{-2}\text{-}event$（USEPA, 2004）。

■ 表7-5

暴露情境	年齡層	AF (mg cm^{-2}-event)	
		幾何平均值	第95百分位數
兒童			
室內活動	1~13	0.01	0.06
托兒所的兒童	1~6.5	0.04	0.3
玩耍中的兒童（乾土）	8~12	0.04	0.4
玩耍中的兒童（濕土）	8~12	0.2	3.3
泥漿中玩耍的兒童	9~14	21	231
住宅區的成人			
場地管理員	>18	0.01	0.06
園藝師／造景人員	>18	0.04	0.2
園丁	>16	0.07	0.3
商業區／工業區的成人			
場地管理員	>18	0.02	0.1
園藝師／造景人員	>18	0.04	0.2
管線埋設人員（乾土）	>15	0.07	0.2
灌溉人員	>18	0.08	0.3
園丁	>16	0.1	0.5
建築工人	>18	0.1	0.3
重型機械操作人員	>18	0.2	0.7
公用事業工人	>18	0.2	0.9
管線埋設人員（濕土）	>15	0.6	13
其他各種活動			
足球選手（潮濕土壤）	13~15	0.04	0.3
農夫	>20	0.1	0.4
橄欖球選手	>21	0.1	0.6
考古學家	>19	0.3	0.5
蘆葦採集人員	>22	0.3	27
足球選手	>18	0.01	0.08

不同年齡層之特定活動的土壤對皮膚的黏著係數的彙整

　　另外，有關於皮膚吸收分率（ABS$_d$）值，USEPA（2004）列出了利用超級基金的基本暴露假設所得之相關的污染物質的皮膚吸收分率值，如表7-6所示。表中

的皮膚吸收分率值僅能反應目前經過實驗所得之化學物質的皮膚吸收分率值。對於尚未進行研究的揮發性有機物質和金屬，目前並未有預設值可供參考使用（US EPA, 2004）。

■ 表7-6

皮膚吸收分率之建議值		
污染物質	皮膚吸收分率（ABS_d）	參考文獻
砷（Arsenic）	0.03	Wester et al., 1993a
鎘（Cadmium）	0.001	Wester et al., 1992a USEPA, 1992
氯丹（Chlordane）	0.04	Wester et al., 1992b
2,4-D(2, 4-Dichlorophenoxyacetic Acid)	0.05	Wester et al., 1996
DDT	0.03	Wester et al., 1990
TCDD及其他戴奧辛 - 若土壤的有機含量 > 10%	0.03 0.001	USEPA, 1992
靈丹（Lindane）	0.04	Duff and Kissel, 1996
苯[a]芘及其他多環芳香烴（Benzo[a]pyrene and other PAHs）	0.13	Wester et al., 1990
氯化二苯及其他多氯聯苯（Aroclors 1254/1242 and other PCBs）	0.14	Wester et al., 1993b
五氯苯酚（Pentachlorophenol）	0.25	Wester et al., 1993c
半揮發性有機物質	0.1	USEPA, 2004
其他揮發性有機物質	0.1	USEPA, 2004

另外，暴露劑量的公式中需要輸入皮膚表面積的數據資料。USEPA（2004）中有從USEPA於2011年出版的暴露參數手冊《Exposure Factors Handbook》（US EPA, 2011）整理之身體各部位的表面積的數值，如表7-7所示。台灣的「台灣一般民眾暴露參數彙編」（行政院衛生福利部，2008）中有關表面積的資料係為1993年勞工委員會勞工安全研究所進行的人體計測資料調查中獲得。

■ 表7-7

身體特定部位之表面積彙整				
身體部位（cm²）	男性	女性	整體平均	暴露參數彙編
總表面積	19400	16900	18150	14218 ± 1487
臉部	433	370	402	1238 ± 93（頭部）
前臂	1310	1035	1173	2652 ± 344（上肢）
手部	990	817	904	
小腿	2560	2180	2370	4199 ± 447（下肢）
腳部	1310	1140	1225	

　　行政院環境保護署的「土壤及地下水污染場址健康風險評估方法」（2014）中則建議成人的身體表面積爲17300cm²，而兒童的表面積則爲11400cm²。上述的人體體表面積的值與「台灣一般民眾暴露參數彙編」（行政院衛生福利部，2008）所公告之國人的身體表面積的數值顯然有某種程度的落差，兩者的差異達18%左右。在「台灣一般民眾暴露參數彙編」中的第20頁中，同時整理出勞工安全衛生研究所於1993年所進行之人體計測資料調查的數據，男性的體表面積爲15078cm²，而女性的體表面積爲13393cm²，兩者的平均值約爲14236cm²。此數值乃透過人體體重及身高資料，並利用國人的資料加以求得，其公式如下所示：

$$SA = 0.012 \times H^{0.60} \times W^{0.45} \qquad (7\text{-}8)$$

其中

　　SA：人體體表面積（cm²）

　　H：身高（cm）

　　W：體重（kg）

　　而表7-7中的14218cm²之值則是透過人體掃描估算而得。顯然與公式求得之值非常接近，與行政院環保署所採用的值17300cm²差異較大。因此，對於暴露的表面積，建議採用「台灣一般民眾暴露參數彙編」之14218cm²較爲合理。

7.4 使用污染地下水作為日常生活用途之暴露量評估

使用污染的地下水作為日常生活用途之暴露，基本上可以涵蓋三個暴露途徑。第一個是使用地下水的過程中，揮發性的污染物質自水中揮發至室內外，然後透過呼吸的暴露途徑，將污染物質以吸入的方式傳送至人體內。另外一個暴露途徑則是使用污染的地下水作為洗澡或者是日常的清洗，經過皮膚接觸的方式傳輸至人體內。第三個暴露途徑則是使用地下水進行澆灌，導致累積在作物，然後透過攝食暴露途徑，屬於攝食農作物之暴露。

根據行政院環保署之「土壤及地下水污染場址健康風險評估方法」（2014）中所列之評估方法，有關揮發性的污染物質自水中揮發至室內外，然後透過呼吸的暴露途徑之暴露情境有三種模式。第一種模式為洗澡的過程，在浴室中使用地下水淋浴，然後污染物質自地下水汽化至浴室內的暴露；第二種模式則為在室內中，利用地下水作為清洗用途，污染物質自地下水汽化後至室內空氣中，然後暴露者經由呼吸途徑吸入污染物質；第三種則是使用地下水作為室外的澆灌作業，污染物質自地下水揮發至空氣相，然後經由呼吸途徑吸入污染物質。以下針對此三種模式的評估方式加以說明。

淋浴過程中及淋浴後浴室之空氣中污染物質的濃度分別為C_{a1}和C_{a2}，其濃度值由下列公式求得：

$$C_{a1} = \frac{1}{2} \times \frac{C_{water} \times f \times F_w \times t_1}{V_a} \times CF \qquad (7\text{-}9)$$

$$C_{a2} = \frac{C_{water} \times f \times F_w \times t_2}{V_a} \times CF \qquad (7\text{-}10)$$

其中

C_{a1}：淋浴時空氣中污染物質的濃度（mg m^{-3}）

C_{a2}：淋浴後空氣中污染物質的濃度（mg m^{-3}）

C_{water}：地下水中污染物質的濃度（mg L^{-1}）

f：蒸散分率（unitless）

F_w：淋浴時水流速率（L hr^{-1}）

t_1：淋浴的時間（hr）

t_2：淋浴後仍然待在浴室的時間（hr）

V_a：浴室的體積（L）

CF：單位轉換因子（$L\,m^{-3}$）

表7-8為行政院環保署之「土壤及地下水污染場址健康風險評估評析方法及撰寫指引」（2015）中所列之上述公式中相關參數的預設值。表7-8中有關淋浴的時間及淋浴後在浴室的時間，事實上亦有過於保守及與國人的習性有落差。根據江舟峰等人（2008）發表於中台灣醫學科學雜誌之論文，特別針對青少年（7～18歲）及成人（19～64歲）進行問卷調查。結果顯示兩個族群的平均淋浴時間分別為11.6分鐘（0.19hr）和13.4分鐘（0.22hr），兩個年齡層的平均淋浴時間為12.8分鐘（0.21hr）。換言之，12.8分鐘的淋浴時間與環保署所引用之淋浴時間（0.5hr）比較，少了大約57%的時間。也就是說包括淋浴的時間（t_1）和淋浴後在浴室的時間（t_2）的使用，預設值有較為保守的情形，因此建議使用者宜在評估的過程中採用現地的調查數據。

■ 表7-8

評估使用地下水作為淋浴用途並透過呼吸途徑之暴露濃度所使用的參數預設值

參數名稱	符號	單位	預設值
蒸散分率	f	unitless	0.75
淋浴時水流速率	F_w	$L\,hr^{-1}$	300
淋浴的時間	t_1	hr	0.5
淋浴後在浴室的時間	t_2	hr	0.2
浴室的體積	V_a	L	3000
單位轉換係數	CF	$L\,m^{-3}$	1000

求得淋浴過程中的污染物質濃度（C_{a1}）與淋浴後浴室的空氣中污染物質的濃度（C_{a2}），即可將兩個濃度值代入下式中，評估污染物汽化後經吸入之暴露劑量。

$$Intake_{inh\text{-}water(shower)}=\frac{[(C_{a1}\times IR_{inh(shower)}\times t_1)+(C_{a2}\times IR_{inh(shower)}\times t_2)]\times EV_{shower}\times EF\times ED}{BW\times AT}$$

$$（7\text{-}11）$$

其中

$Intake_{inh\text{-}water\,(shower)}$：淋浴過程中經由吸入的暴露劑量（$mg\,kg^{-1}\,d^{-1}$）

$IR_{inh\,(shower)}$：成人的呼吸速率（$m^3\,hr^{-1}$）

EV_{shower}：淋浴事件的發生頻率（d^{-1}）

　　有關淋浴過程之呼吸速率參數的資料，在行政院環保署之「土壤及地下水污染場址健康風險評估評析方法及撰寫指引」（2015）中，其預設值爲$1.0m^3\,hr^{-1}$。淋浴事件的發生頻率則設定爲每天1次。

　　第二種模式則爲在室內中，利用地下水作爲清洗用途，其污染物質自地下水汽化後至室內空氣中，然後暴露者經由呼吸途徑吸入污染物質。其中，從水中估算室內空氣中污染物質的濃度，可以利用下式評估之。

$$C_{air(indoor)}=\frac{WHF\times C_{water}\times f}{HV\times ER\times MC}\times CF \qquad（7\text{-}12）$$

其中

$C_{air\,(indoor)}$：污染物質自地下水汽化後至室內空氣中的濃度（$mg\,m^{-3}$）

WHF：每天的用水量（$L\,d^{-1}$）

C_{water}：污染物質在地下水中的濃度（$mg\,L^{-1}$）

f：蒸散分率（unitless）

HV：室內容積（L）

ER：室內換氣率（air change d^{-1}）

MC：空氣混合係數（unitless）

CF：單位轉換係數（$L\,m^{-3}$）

　　表7-9爲行政院環保署之「土壤及地下水污染場址健康風險評估方法」（2014）中所列之上述公式中相關參數的預設值。

■ 表7-9

評估使用地下水作為室內清洗用途並透過呼吸途徑之暴露濃度所使用的參數預設值

參數名稱	符號	單位	預設值
蒸散分率	f	unitless	0.75
每天的用水量	WHF	L	1000
室內體積	HV	L	3×10^5
室內換氣率	ER	air change d^{-1}	21.6
空氣混合係數	MC	unitless	0.15
單位轉換係數	CF	L m^{-3}	1000

根據評估而得之室內空氣濃度值,即可代入暴露劑量公式中,估算使用地下水作為日常清洗用途,水中污染物質汽化後經吸入之暴露劑量。

$$Intake_{inh\text{-}water(wash)} = \frac{C_{air(indoor)} \times IR_{inh} \times EF \times ED}{BW \times AT} \tag{7-13}$$

其中

$Intake_{inh\text{-}water(wash)}$:使用地下水作為日常清洗用途,水中污染物質汽化後經吸入之暴露劑量($mg\,kg^{-1}\,d^{-1}$)

IR_{inh}:呼吸速率($m^3\,d^{-1}$)

有關呼吸速率的暴露參數值,行政院環保署之「土壤及地下水污染場址健康風險評估方法」(2014)中所建議使用的預設值為17.14 $m^3\,d^{-1}$。

第三種是使用地下水作為室外的澆灌作業,污染物質自地下水揮發至空氣相,然後經由呼吸途徑吸入污染物質。其評估之公式如下所示:

$$C_{air(watering)} = \frac{f \times Q \times Time_{pu} \times C_{water}}{V_{pu}} \tag{7-14}$$

其中

$C_{air(watering)}$:在室外使用污染的地下水,因蒸散作用成為室外空氣中的濃度($mg\,m^{-3}$)

f：蒸散分率（unitless）

Q：使用水源之水流速率（L min^{-1}）

$Time_{pu}$：使用的時間（s）

V_{pu}：使用時受體周邊流動的空氣體積（m^3）

在行政院環保署之「土壤及地下水污染場址健康風險評估評析方法及撰寫指引」（2015）中，包括 f、Q、$Time_{pu}$ 等在模擬中所採用之預設值整理如表7-10。

■ 表7-10

模擬室外使用污染的地下水，因蒸散作用成為室外空氣中的濃度所使用的參數預設值

參數名稱	符號	單位	預設值
蒸散分率	f	unitless	0.75
使用水源之水流速率	Q	L min^{-1}	30
使用的時間	$Time_{pu}$	s	7200

另外，使用時受體周邊流動的空氣的體積大小（V_{pu}），則根據下式估算之：

$$V_{pu} = U_{air} \times W_{pu} \times Time_{pu} \times \delta_{air} \times CF \qquad (7\text{-}15)$$

其中

U_{air}：使用時空氣流動之風速（cm s^{-1}）

W_{pu}：使用面積之寬度（cm）

δ_{air}：受體呼吸高度（cm）

CF：單位轉換因子（m^3 cm^{-3}）

根據行政院環保署之「土壤及地下水污染場址健康風險評估方法」（2014），前述的預設值分別為 U_{air} 為200cm s^{-1}、W_{pu} 為400cm、δ_{air} 為150cm、CF 為 10^{-6}m^3 cm^{-3}，因此，根據這些預設的參數所求得之使用時受體周邊流動的空氣體積（V_{pu}）為86400m^3。

透過此暴露途徑，污染物質之暴露劑量為：

$$Intake_{inh\text{-}water(watering)} = \frac{C_{air(watering)} \times IR_{inh} \times EF \times ED}{BW \times AT}$$ （7-16）

最後，因為使用地下水作為日常生活的用途中，因而暴露污染物質的暴露途徑為皮膚的暴露。此部分的暴露，根據行政院環保署之「土壤及地下水污染場址健康風險評估方法」（2014），需考慮污染物質為有機物或者是無機物。當污染物質為有機物質時，其暴露劑量的評估方法需考慮皮膚接觸的時間（t_{event}）與達成穩定態所需要的時間（t^*）：

若$t_{event} \leq t^*$，則：

$$DA_{event} = 2 \times FA \times K_p \times C_{water} \times CF \times \sqrt{\frac{6 \times \tau_{event} \times t_{event}}{\pi}}$$ （7-17）

相反的，若$t_{event} > t^*$，則：

$$DA_{event} = FA \times K_p \times C_{water} \times \left[\frac{t_{event}}{1+B} + 2 \times \tau_{event} \times \left(\frac{1 + 3 \times B + 3 \times B^2}{(1+B)^2} \right) \right] \times CF$$ （7-18）

其中

　　FA：吸收分率（unitless）

　　K_p：皮膚滲透係數（cm hr^{-1}）

　　τ_{event}：污染物質每次對皮膚吸收的延遲時間（hr）

　　B：關切化學物質在角質層及表皮層的相對滲透係數（unitless）

　　CF：單位轉換係數（L cm^{-3}），數值為10^{-3}

關切化學物質在角質層及表皮層的相對滲透係數（unitless）（B）的數值，根據USEPA（2004），可以採用下式估算之：

$$B \approx K_p \times \frac{\sqrt{MW}}{2.6}$$ （7-19）

其中

K_p：皮膚滲透係數（cm hr^{-1}）

MW：化學物質的分子量（g mol^{-1}）

另外，一般而言，達成穩定態所需要的時間（t^*），約可以用下式表示之：

$$t^* = 2.4 \times \tau_{event} \qquad (7\text{-}20)$$

USEPA（2004）建議，τ_{event}可以用下列的經驗公式加以評估之。

$$\tau_{event} = 0.105 \times 10^{(0.0056 \times MW)} \qquad (7\text{-}21)$$

其中

MW：暴露化學物質的分子量（g mol^{-1}）

表7-11為常見之有機污染物質的FA、和K_p值的整理（USEPA, 2004）。

■ 表7-11

常見之有機污染物質的FA、和K_p值			
化學物質	CAS No.	K_p（cm hr^{-1}）	FA
Acetaldehyde	75070	6.3E-04	1.0
Acrolein	107028	6.5E-04	1.0
Acrylamide	79061	2.2E-04	1.0
Acrylonitrile	107131	1.2E-03	1.0
Aniline	62533	1.9E-03	1.0
Benzene	71432	1.5E-02	1.0
Benzo(a)pyrene	50328	7.0E-01	1.0
Bromodichloromethane	75274	4.6E-03	1.0
Bromoform	75252	2.2E-03	1.0
1,3-Butadiene	106990	1.6E-02	1.0
N-Butanol	71363	2.3E-03	1.0
Carbon tetrachloride	56235	1.6E-02	1.0
Chlordane	57749	3.8E-02	0.7
Chlorodibromomethane	124481	3.2E-03	1.0

■ 表7-11

	常見之有機污染物質的FA、和K_p值（續）		
化學物質	CAS No.	K_p（cm hr^{-1}）	FA
Chloroform	67663	6.8E-03	1.0
DDT	50293	2.7E-01	0.7
1,2-Dichloroethane	107062	4.2E-03	1.0
Dimethyl phthalate	131113	1.4E-03	1.0
Ethyl acrylate	140885	3.2E-03	1.0
Ethylbenzene	100414	4.9E-02	1.0
Ethylene oxide	75218	5.6E-04	1.0
Formaldehyde	50000	1.8E-03	1.0
Heptachlor	76448	8.6E-03	0.8
N-Heptanol	111706	1.9E-02	1.0
N-Hexanol	111273	9.3E-03	1.0
Lindane	58899	1.1E-02	0.9
Methanol	67561	3.2E-04	1.0
Methyl ethyl ketone	78933	9.6E-04	1.0
Methylene chloride	75092	3.5E-03	1.0
Naphthalene	91203	4.7E-02	1.0
Pentachlorophenol	87865	3.9E-01	0.9
Phenol	108952	4.3E-03	1.0
N-Propanol	71238	1.1E-03	1.0
Propylene oxide	75569	7.7E-04	1.0
Styrene	100425	3.7E-02	1.0
TCDD	1746016	8.1E-01	0.5
Tetrachloroethylene	127184	3.3E-02	1.0
Toluene	108883	3.1E-02	1.0
Trichloroethylene	79016	1.2E-02	1.0
Vinyl chloride	75014	5.6E-03	1.0
Xylene	108383	5.3E-02	1.0

若污染物質為無機物，則暴露劑量的評估則採用下式為之：

$$DA_{event} = K_p \times C_{water} \times t_{event} \times CF \qquad (7\text{-}22)$$

　　根據USEPA（2004）所設定的預設值，t_{event}為0.25hr event^{-1}。表7-12為無機物質的皮膚滲透係數（K_p）的彙整（USEPA, 2004）。

■ 表7-12

無機污染物的皮膚滲透係數彙整	
化學物質	皮膚滲透係數（K_p）（cm hr^{-1}）
鎘（Cadmium）	1×10^{-3}
六價鉻（Chromium +6）	2×10^{-3}
三價鉻（Chromium +3）	1×10^{-3}
鈷（Cobalt）	4×10^{-4}
鉛（Lead）	1×10^{-4}
汞離子（Mercury +2）	1×10^{-3}
甲基汞（Methyl mercury）	1×10^{-3}
汞蒸氣（Mercury vapor）	0.24
鎳（Nickel）	2×10^{-4}
鉀（Potassium）	2×10^{-3}
銀（Silver）	6×10^{-4}
鋅（Zinc）	6×10^{-4}
其他無機物質	1×10^{-3}

　　估算出皮膚的暴露劑量後，長期的暴露劑量為：

$$Intake_{dermal\text{-}water} = DA_{event} \times \frac{SA \times EV \times ED \times EF}{BW \times AT}$$　　　　（7-23）

其中

　　EV：日常清洗事件之發生頻率（d^{-1}），預設值為1。

7.5 誤食污染土壤或透過吸入揚塵之暴露及暴露量評估

　　再來一種暴露情境，主要與暴露污染的土壤有關。基本上，其暴露的途徑包括

■ 表7-11

誤食污染的土壤和吸入土壤揚塵兩種。

　　誤食污染的土壤，其暴露劑量的評估，採用下式評估之：

$$Intake_{oral\text{-}soil} = \frac{C_{soil} \times IR_{soil} \times ED \times EF}{BW \times AT}$$（7-24）

其中

　　C_{soil}：污染物質在土壤中的濃度（mg kg^{-1}）

　　IR_{soil}：每日誤食污染土壤的量（mg d^{-1}）

　　行政院環保署「土壤及地下水污染場址健康風險評估評析方法及撰寫指引」（2006）中有關土壤的攝食量資料，成人為100mg d^{-1}、兒童則為200mg d^{-1}。根據USEPA的暴露參數手冊《Exposure Factors Handbook》（2011），有關誤食土壤事實上包含兩項內容，分別為誤食土壤（Soil）和誤食落塵（Dust），手冊中依年齡層土壤和落塵的建議值分別為，0.5～1歲為30和30mg d^{-1}，1～6歲50和60mg d^{-1}，6～21歲50和60mg d^{-1}，成人則為20和30mg d^{-1}。行政院環保署「土壤及地下水污染場址健康風險評估評析方法及撰寫指引」（2006）中所建議的攝食量似乎亦為保守的建議值。

　　另外一個與污染土壤的暴露有關的則是受污染土壤揚塵逸散至空氣中，並經由吸入之暴露途徑，估算此途徑的暴露劑量需先評估空氣中的濃度。參考行政院環保署「土壤及地下水污染場址健康風險評估評析方法及撰寫指引」（2006）的建議為：

$$C_{air(dust)} = C_{soil} \times \frac{P_e \times W}{U_{air} \times \delta_{air}} \times CF$$（7-25）

其中

　　P_e：揚塵的逸散速率（g cm^2 s^{-1}）

　　W：污染源與風向平行之最大寬度（cm）

　　U_{air}：污染源上方的風速（cm s^{-1}）

　　δ_{air}：污染源上方空氣混合區高度（cm）

　　CF：單位轉換係數（cm^3 kg m^{-3} g^{-1}）

表7-13為行政院環保署「土壤及地下水污染場址健康風險評估評析方法及撰寫指引」（2006）對於前式所建議使用的參數值。

■ 表7-13

估算土壤揚塵空氣中污染物質濃度使用之參數值			
參數名稱	符號	單位	預設值
揚塵的逸散速率	P_e	$g\ cm^2\ s^{-1}$	6.9×10^{-14}
污染源與風向平行之最大寬度	W	cm	1500
污染源上方的風速	U_{air}	$cm\ s^{-1}$	200
污染源上方空氣混合區高度	δ_{air}	cm	200
單位轉換係數	CF	$cm^3\ kg\ m^{-3}\ g^{-1}$	1000

然後，將土壤揚塵中空氣中污染物質的濃度代入暴露劑量公式，評估吸入的暴露劑量，如下：

$$Intake_{inh\text{-}soil} = \frac{C_{air(dust)} \times IR_{inh} \times ED \times EF}{BW \times AT} \qquad （7\text{-}26）$$

7.6 吸入從土壤及地下水揮發而來之揮發性有機物質的暴露量評估

吸入從土壤及地下水揮發而來之揮發性的有機物質，根據行政院環保署「土壤及地下水污染場址健康風險評估評析方法及撰寫指引」（2006），有三個暴露情境。第一個是深度在1公尺內，表層的土壤中之污染物質汽化成蒸氣，經由吸入的途徑進入人體；第二個暴露情境則是深度大於1公尺的土壤，裡層的土壤中之污染物質汽化成蒸氣，經由吸入的途徑進入人體；第三個則是受污染的地下水中污染物質汽化蒸散至室外的空氣中，並經由吸入之途徑進入人體。以下將針對此三個暴露情境的評估方法加以說明。

為了評估自表層土壤中揮發之氣體的濃度，行政院環保署「土壤及地下水污染

場址健康風險評估評析方法及撰寫指引」（2006）中建議，需分別以兩個公式評估 $C_{air(upper1)}$ 和 $C_{air(upper2)}$，然後比較兩者所估算而得之濃度值，取數值較低者為 $C_{air(upper)}$ 進行後續之暴露劑量評估。此兩個公式分別為：

$$C_{air(upper1)} = C_{soil} \times \frac{2 \times W \times \rho_s}{U_{air} \times \delta_{air}} \times \sqrt{\frac{\left(\frac{D_{air} \times \theta_{as}^{3.33} + \frac{D_{water} \times \theta_{ws}^{3.33}}{H \times \theta_T^2}}{\theta_T^2}\right) \times H}{\pi \times (\theta_{ws} + f_{oc} \times K_{oc} \times \rho_s + H \times \theta_{as}) \times \tau}} \times CF \qquad （7\text{-}27）$$

$$C_{air(upper2)} = C_{soil} \times \frac{W \times \rho_s \times d}{U_{air} \times \delta_{air} \times \tau} \times CF \qquad （7\text{-}28）$$

其中

　　W：污染源與風向平行之最大寬度（cm）

　　ρ_s：土壤容積密度（g cm^{-3}）

　　U_{air}：污染源上方的風速（cm s^{-1}）

　　δ_{air}：污染源上方空氣混合區高度（cm）

　　D_{air}：污染物質在空氣中的擴散係數（cm^2 s^{-1}）

　　D_{water}：污染物質在水中的擴散係數（cm^2 s^{-1}）

　　θ_T：土壤的孔隙度（cm^3 cm^{-3}-soil）

　　θ_{ws}：土壤中水的含量（cm^3-water cm^{-3}-soil）

　　θ_{as}：土壤中空氣的含量（cm^3-air cm^{-3}-soil）

　　H：污染物質的亨利常數（cm^3-water cm^{-3}-soil）

　　f_{oc}：土壤中有機碳含量（g-carbon g^{-1}-soil）

　　K_{oc}：有機碳-水分配係數（cm^3-water g^{-1}-carbon）

　　τ：平均蒸氣流時間（s）

　　CF：單位轉換係數（cm^3 kg m^{-3} g^{-1}）

　　這些參數的預設值，τ（平均蒸氣流時間）為 7.88×10^8 s、CF（單位轉換係數）為 1000cm^3 kg m^{-3} g^{-1}，其餘的參數則可參考表7-1和7-11。另外，化學物質的空氣中擴散係數（D_{air}）及水中擴散係數（D_{water}）、亨利常數（H）、碳水吸收係數（K_{oc}）可至美國能源局環境管理辦公室所（US Department of Energy, DOE）所架設的風險評估資訊系統（The Risk Assessment Information System, RAIS）進行查

詢。

然後，取濃度較低者成爲$C_{air\,(upper)}$，代入暴露劑量評估公式，估算此部分的暴露劑量如下：

$$Intake_{inh\text{-}soil(upper)} = \frac{C_{air(upper)} \times IR_{inh} \times ED \times EF}{BW \times AT} \qquad （7\text{-}29）$$

在檢測的土壤樣本中，超過土壤管制標準的樣本是在深度超過1公尺以上的土壤中而得，則爲裡層土壤。而自裡層的土壤中之污染物質汽化成蒸氣，並經由吸入的途徑進入人體的空氣濃度之估算爲：

$$C_{air(inner)} = C_{soil} \times \cfrac{H \times \rho_s}{[\theta_{ws} + f_{oc} \times K_{oc} \times \rho_s + H \times \theta_{as}] \times \left[1 + \cfrac{U_{air} \times \delta_{air} \times L_s}{\left(\cfrac{D_{air} \times \theta_{as}^{3.33}}{\theta_T^2} + \cfrac{D_{water} \times \theta_{ws}^{3.33}}{H \times \theta_T^2}\right) \times W}\right]} \times CF$$

$$（7\text{-}30）$$

其中

L_s：土壤污染源頂端深度（cm），視場址狀況而定

CF：單位轉換係數（$cm^3\,kg\,m^{-3}\,g^{-1}$），數值爲1000

受污染裡層（深度大於1公尺）土壤中之污染物質汽化成蒸氣，並經由吸入之暴露劑量的計算，如下：

$$Intake_{inh\text{-}soil(inner)} = \frac{C_{air(inner)} \times IR_{inh} \times ED \times EF}{BW \times AT} \qquad （7\text{-}31）$$

第三種情境則是受污染之地下水汽化蒸散至室外的空氣中，再經由吸入而進入人體。此部分的空氣中的濃度估算，以下式爲之：

$$C_{air(water)} = C_{water} \times \cfrac{H}{\left[1 + \cfrac{U_{air} \times \delta_{air} \times L_w \times \left(\cfrac{h_{cap}}{\cfrac{D_{air} \times \theta_{acap}^{3.33}}{\theta_T^2} + \cfrac{D_{water} \times \theta_{wcap}^{3.33}}{H \times \theta_T^2}} + \cfrac{h_v}{\cfrac{D_{air} \times \theta_{as}^{3.33}}{\theta_T^2} + \cfrac{D_{water} \times \theta_{ws}^{3.33}}{H \times \theta_T^2}}\right)}{(h_{cap} + h_v) \times W}\right]} \times CF$$

$$（7\text{-}32）$$

其中

L_w：地下水污染源深度（cm）

θ_{acap}：毛細管邊緣空氣含量（cm^3-air cm^{-3}-soil）

θ_{wcap}：毛細管邊緣水分含量（cm^3-water cm^{-3}-soil）

h_{cap}：毛細管邊緣高度（cm）

h_v：通氣層厚度（cm）

CF：單位轉換係數（L m^{-3}），數值為1000

表7-14為L_w、θ_{acap}、θ_{wcap}、h_{cap}、h_v等參數在行政院環保署「土壤及地下水污染場址健康風險評估評析方法及撰寫指引」（2006）中所採用的預設值之彙整。

■ 表7-14

L_w、θ_{acap}、θ_{wcap}、h_{cap}、h_v等參數的預設值			
參數名稱	符號	單位	預設值
地下水污染源深度	L_w	cm	300（或視場址而定）
毛細管邊緣空氣含量	θ_{acap}	cm^3-air cm^{-3}-soil	$\theta_T - \theta_{wcap}$
毛細管邊緣水分含量	θ_{wcap}	cm^3-water cm^{-3}-soil	$0.9 \times \theta_T$
毛細管邊緣高度	h_{cap}	cm	5
通氣層厚度	h_v	cm	$L_s - h_{cap}$

受污染之地下水汽化蒸散至室外的空氣中，經由吸入而進入人體之暴露劑量為：

$$Intake_{inh\text{-}water} = \frac{C_{air(water)} \times IR_{inh} \times ED \times EF}{BW \times AT} \qquad (7\text{-}33)$$

7.7 估計攝食農產品所得到的暴露量

污染場址中之受體因攝食農漁牧產品而造成之污染物暴露量，通常以下面之方式估計：

$$Intake_{food} = \sum_i [Conc_i \times CR_i] \times ED \times EF/(BW \times AT) \tag{7-34}$$

其中$Intake_{food}$是從食物中攝取之污染物總量（mg kg^{-1} d^{-1}），$Conc_i$是i農產品中污染物濃度（mg kg^{-1}），CR_i是受體之攝取i農產品之量（kg d^{-1}），BW是受體之體重（kg）。

7.7.1 由土壤中濃度預測污染場址上作物中污染物濃度

食物鏈部分主要分成農作物以及畜產物二大部分。農作物又分成地下作物、地上作物（地面蔬菜、有皮蔬果、穀類、青貯飼料、飼料作物）兩大類，農作物分類已涵蓋我國農業生產與日常攝食相關的所有農產品；畜產物又分為牛肉、乳製品、豬肉、雞肉、蛋等五大類。

一、地下作物濃度計算

地下作物污染物來源主要來自於土壤根部吸收，與土壤濃度（C_{soil}）有關，也必須考量可食用部分所占的比例，以及洗滌、剝皮、蒸煮過程所導致的損失。表7-15為地下作物濃度（C_{bg}）計算之相關參數表，將考量的參數納入後，地下作物之污染物濃度計算公式如下：

$$C_{bg} = Pr_{bg} = \frac{C_{soil} \times RCF \times VG_{bg}}{Kd_s} \tag{7-35}$$

■ 表7-15

地下作物之污染物濃度計算之相關參數

參數	單位	定義
C_{bg}	mg kg^{-1}	地下作物污染物濃度（Total concentration of belowground vegetable）
Pr_{bg}	mg kg^{-1}	地下作物由根部攝取的污染物濃度（Concentration in belowground vegetable due to root uptake）
C_{soil}	mg kg^{-1}	土壤污染濃度（Soil concentration）
RCF	mL g^{-1}	在根部內污染中濃度與土壤毛細孔水份中污染物濃度的比例（Root concentration factor）
VG_{bg}	unitless	地下作物的修正因子（Empirical correction factor for root crops）
Kd_s	mL g^{-1}	土壤水分分配係數（Soil-water partition coefficient）

二、地上作物濃度計算

地上作物污染物來源主要來自於土壤根部吸收。表7-16為地上作物濃度（C_{ag}）計算之相關參數表，地下作物之污染物濃度計算公式如下所示：

$$C_{ag} = C_{soil} \times Br \tag{7-36}$$

■ 表7-16

地上作物之污染物濃度計算之相關參數

參數	單位	定義
C_{ag}	mg kg^{-1}	地上作物污染物濃度（Total concentration of aboveground vegetable）
C_{soil}	mg kg^{-1}	土壤污染濃度（Soil concentration）
Br	mg g^{-1}	地上作物土壤生物濃縮因子（Plant-soil bioconcentration factor for aboveground vegetable）

三、畜產動物濃度計算

畜產動物內污染物濃度來源主要來自於攝食，包含飼料以及誤食土壤兩大部

分。此畜產物包含牛肉、乳製品、豬肉、雞肉、蛋等五大類，畜產物之污染物濃度（C_{animal}）需先計算各動物原先的污染物攝取量，再考量污染物轉移至畜產物（如蛋、肉、乳製品）的生物傳輸因子（Ba_{animal}），最後求得畜產物內污染物濃度。因此動物的攝食特性，如不同飼料種類之攝食量（Qp_i）及誤食土壤量（Q_{soil}）將影響畜產物濃度（C_{animal}），表7-17為畜產物濃度中污染物濃度計算之相關參數。畜產物中污染物濃度（C_{animal}）計算公式如下：

$$C_{animal} = (\sum_i F_i \times Qp_i \times Pr_i + Q_{soil} \times C_{soil} \times Bs)_{animal} \times Ba_{animal} \tag{7-37}$$

■ 表7-17

畜產物濃度中污染物濃度計算之相關參數		
參數	單位	定義
C_{animal}	mg kg^{-1}	畜產動物內的污染物濃度（Concentration of animal tissue）
F_i	unitless	被攝食植物的污染比例（Fraction of plant grown on contaminated soil and eaten by the animal）
Qp_i	kg d^{-1}	動物之農作物攝取量（Quantity of plant type i ingested by the animal）
Pr_i	mg kg^{-1}	動物攝食作物由根部攝取的污染物濃度（Concentration of the plant type i due to root uptake）
Q_{soil}	kg-soil d^{-1}	每天動物所食的土壤量（Quantity soil eaten by the animal）
Bs	unitless	土壤生物可利用性因子（Soil bioavailability factor）
C_{soil}	mg kg^{-1}	土壤污染濃度（Soil concentration）
Ba_{animal}	d kg^{-1}	畜產動物的生物傳輸因子（Biotransfer factor for animal）

7.7.2 估計農產品的攝食率

受體攝食受到污染的農產品的量，直接影響污染物的暴露量，及所產生的風險。一般評估者會直接引用「國家攝食資料庫」中攝食量之統計資料中之攝食量為預設值。例如：資料庫中會將食品分為五穀雜糧、油脂、家禽、家畜、水產、蛋、乳品、水果、蔬菜及糖果零食等其他類別等大類，而19歲至65歲之中華民國國

民平均攝食之蔬菜類這個大類之生重量爲每天335g。如果關心的是某一類蔬菜，則可以再細分的小類攝食量資料找到例如：小葉菜類每天122g，或包葉菜類66.7g等攝食量。細項攝食量中還會細分小葉菜類爲新鮮小葉菜類及小葉菜類加工製品兩類，分別爲119g及3g（財團法人國家衛生研究院網頁，2014）。

以上述的攝食量乘上有污染之農產品中污染物質的濃度，當做是攝食農產品的暴露劑量，將會產生相當大的誤差，其原因分述如下：

一、攝食污染場址生產之農產品的比例會因人而異

最有可能食用污染場址生產之農產品的人是耕作者自己以及其家人，其次爲鄰居。至於大量生產之果菜類或經濟作物，例如：稻米等，則經過不同之處理（例如烘乾廠及碾米廠）及市場運銷系統，以不同之方式分配至消費者並被攝食。何姿慧（2010）曾統計台北市關渡地區受砷污染農地之耕作者，其食用當地蔬菜之頻率，發現32%的耕作農民一星期食用頻率少於7餐，54%介於每週8至14餐，14%每週食用超過15餐。如果以每週21餐來計算，則假設暴露者每天食用「國家攝食資料庫」中該類農產品的攝食量，則會高估攝食量很多。

何姿慧（2010）之調查資料亦顯示每年收成時，礙於無大型糧倉烘乾及儲存，故採收後由碾米廠收購，農民頂多買回部分自用，並沒有全年都食用自產之稻米。若假設暴露者每天食用「國家攝食資料庫」中該類米的攝食量，則會高估米的攝食量很多。

至於產地消費者食用污染場址生產之農產品的比例，與市場運銷系統之形態及消費者之購買習慣有關，所以很難預測。加以運銷系統中同種農產品之來源甚多，對於該污染之農產品有稀釋之效應，故消費者能接觸到該污染農產品之機率更低。

二、個人習慣會影響攝食某一類農產品的比例

個人飲食偏好會影響攝食某一類農產品的數量。例如：何姿慧（2010）訪問台北市關渡地區受砷污染農地之耕作者，發現20位受訪者中，6位最常吃高麗菜，5位最常吃地瓜葉，3位最常吃豆類，2位最常吃絲瓜。若以「國家攝食資料庫」中小類攝食量資料估計攝食某一污染場址上某一種農產品之攝食量，則因爲消費者可能因爲個人偏好，而不攝食污染場址上該類農產品，因此可能會高估攝食量。

三、場址中產生某一類農產品的產量比例會隨季節或市場因素而變化

亞熱帶地區農地一年多作，種植作物等亦隨季節或市場之需求而變化，例如：春夏兩作種稻米，冬天種蔬菜等，因此受污染之農產品種類亦因時而異。若以「國家攝食資料庫」中小類攝食量資料估計全年某一種污染農產品之攝食量，則可能會高估攝食量。

四、攝食者之攝食行為會受到對污染狀況之認知情形而改變

消費者之消費行為會因為對於農產品受到污染事實之認知而改變。即以耕作者為例，何姿慧（2010）調查發現：若證實受砷污染之土壤種出之蔬菜中砷含量對人體健康會造成危害，則86%之耕種者不再會與家人與鄰居分享該農產品。推測若一般消費者認知此情形，亦不會購買該污染場址生產之農作物。在此情形下，該污染場址生產之農作物將被出售至消費市場中，被分散各地不知情之消費者購買。若受污染場址之農漁產品之污染情形能被緊密追蹤、標示及通告周知，則被攝食之情形將會大幅降低。若此時仍以「國家攝食資料庫」中小類攝食量資料估計全年某一種污染農產品之攝食量，則可能會高估攝食量。

五、如何考慮農產品攝食率之差異

由以上小節之敘述可知，在評估污染土壤造成食物鏈末端消費者之暴露量時，不宜直接引用「國家攝食資料庫」統計資料之攝食量為預設值。較準確的方法是做實地調查，但是實地調查受體的攝食習慣，也只能以問卷或訪談為之。由這些問卷資料，再配合現地之土壤含量及農作物與水產養殖生物之污染濃度調查，便可估計每一受體之暴露劑量。

六、由受體暴露劑量之機率分布去求取健康風險分布之迷失

根據上述之方法，包括實地訪問與問卷，可以得到暴露劑量的機率分布。甚至加上其他暴露途徑之資料，就可以得到受體健康風險之機率分布，例如：平均致癌機率，95%致癌機率等。但是這些平均值或分布並無法反映實際細節，未免造成風險管理方向的誤導，應需審慎將暴露族群、暴露情境等分類呈現，同時考慮受體對於污染情況之認知以及風險溝通與教育的實施所產生的暴露變化。此外，風險評估

及風險管理者最需要的正確觀念是了解暴露評估以及風險評估最大的功用，並不是得到一個數字（平均值也好，分布也好）去判斷一個場址在法定程序上是否爲整治場址，而是經由評估的過程，找出較爲容易受害的受體族群，並找出暴露量較大的途徑；而經由此資訊找出最急切需要幫助的族群，與找出最快或是最有效降低風險的方法。

風險管理的挑戰

江舟峰　施秀靜　馬鴻文　陳必晟　陳怡君

8.1 不確定性分析

　　不確定性（Uncertainty）代表著對事件或訊息的無法肯定、缺乏正確或完整的知識（Lack of knowledge）來佐證，或是錯誤的統計造成的偏差（Bias）（USEPA, 2011; Begg et al., 2014）。而在風險評估當中，無論是所用參數的不正確或參數本身內在的變異性、模式簡化過程中產生的誤差、模式不適當的選擇以及模擬時不同的情境設計所產生的不確定性等，風險評估的每個步驟都可能造成評估者與風險管理者在進行風險評估時的困擾（陳彥全，2007）。雖然有些研究將變異性（Variability）視為不確定性的特例或一部分，多數的研究仍建議將不確定性和變異性區分開來（NRC, 1994; USEPA, 1995; USEPA, 2011; Kelly and Campbell, 2000; Begg et al., 2014）。

一、變異性與不確定性

　　在資料和模型當中，變異性意指資料本身的異質性與差異性，往往可以利用統計方法內變異性、標準差與分位數等量化數據的範圍與分布，以了解資料的變異程度，但無法改變所存在的變異狀況。因此變異性是無法被降低的，僅能透過取得數據並利用統計方法加以呈現與闡釋出來。數據的質越佳與量越多，越能描繪出變異性的分布情形。數據不足或評估不完整，則會產生描述變異性的不確定性（USEPA, 2014），透過取得更好的資訊或使用更好的推論方法就可以降低該類不確定性（Hattis and Burmaster 1994; USEPA, 2005）。

　　變異性來自時間、空間上以及人口中自然存在的個體之間的差異，可區分為以下四種類型（USEPA, 2011）：

　　1. 空間性變異：數據因地而異。例如：距離污染源較近的地方，污染物濃度

較高；或是污染物於下風處累積濃度可能比上風處累積濃度高等。

2. 時間性變異：數據因時間變化而有所差異，也可能受到長時間或短時間的影響；例如：因為季節變動而導致累積濃度與位置的差異。

3. 個體內變異：因個人生理（如體重）或行為特性（飲食或活動特徵）而異；個人每天的飲食變化或生活習慣皆可能造成差異。個體內變異也可能隨著空間與時間而變異，如個體飲食可能反映當地盛產作物或是各地有各地的飲食文化等；時間的變異則往往反映在因季節變化的生活習慣。

4. 個體間變異：個體間變異則因不同的個體有不同的特徵、行為。其中性別、年紀、種族、身高、體重或是病理狀況等皆屬於個體特徵。活動行為或飲食量等則可界定為個體行為。而具有特別的特徵或行為可歸類為某一敏感族群。

不確定性的分類方法有很多（Morgan and Henrion, 1990; Finkel, 1990; USEPA, 1992; Cullen and Frey, 1999; USEPA, 2011），大致可區分為以下四大類：

1. 決策規則的不確定性：主要來自風險管理者主觀決策的不同，對整個風險評估的架構會有很大的影響，以致於成為風險評估之不確定性的重要來源；然而這種不確定性，卻是難以分析量化的（Finkel, 1990）。Hertwich等人（2000）提出在評估人體毒性的潛在劑量時，可能造成決策規則之不確定性的原因有以下幾點，一是使用什麼指標方法來評價特定的衝擊；二是呈現模式結果之方式所造成的不確定性，包括如何處理不合理的結果、如何呈現資料不足所造成的不確定性、決定什麼樣的系統邊界等；三是如何將不確定性的結果納入決策之中，例如：要使用點估計量、平均暴露量或是累積機率95%之暴露量？要以整個暴露受體的結果為主，或是以最大的個體暴露量為決策對象等，都會因為決策規則的不同而產生不確定性。

2. 情境的不確定性：是指因遺漏或缺乏完整的資訊，而未能完全地清楚說明暴露與劑量評估結果；這類不確定性，主要來自人為疏失與主觀差異所造成的。其來源包括描述性錯誤、總和統計錯誤、專業判斷錯誤、不完整分析等。其中描述性錯誤是指對於評估問題提供不正確或不完整的資訊，導致產生情境描述上的錯誤。總和統計錯誤主要來自假設污染物於空間上與時間上具有近似值與均一值。專業判斷錯誤主要為不當的模式與評估方法。不完整分析表示情境的假設有誤，以致於排除了特定暴露情境所產生

的誤差，其中包含暴露途徑、暴露族群等（USEPA, 1992; 2011）。

3. 模式的不確定性：因為科學理論上的缺陷，導致必須以因果推論為基礎的模式預測產生不確定性。其來源包括模式的模擬錯誤與關係錯誤（USEPA, 1992），其中模式的模擬錯誤來自真實世界以簡化呈現時，模式的模擬必與真實世界有所差異；而關係錯誤則是因為模式所用變數之間的關係存在錯誤。

所有風險評估中運用到的各個模式，包括從動物實驗模式來研究人體健康效應、劑量反應模式來外推低濃度時的健康效應、預測環境介質濃度的多介質環境傳輸模式以及推估人體暴露劑量的多途徑暴露模式等，都有可能是模式不確定性的來源：

(1)模式簡化：因為模式在描述真實世界的簡化過程中，可能排除或忽略相關因子所造成的不確定性（Finkel, 1990），例如：未考慮所有的暴露途徑、沒有考慮控制技術的效率、未考慮污染物之間的交互影響、未模擬中間產物、未考慮化學轉換機制等（Hertwich et al., 2000）。

(2)模式限制：因為模式本身的限制，無法適當呈現真實現象所產生的不確定性（Finkel, 1990）。任何模式都有時間、空間、污染物種、傳輸暴露途徑等條件上的限制；需要根據暴露情境選擇適用的模式，例如：適於模擬一般有機性污染物的模式，若不適合模擬其他化合物，如金屬、界面活性劑、親水性化合物、半衰期極短的化學物種等，便可能因為模式本身的限制而產生不確定性（Hertwich et al., 2000）。

(3)模式假設：類似於模式簡化的不確定性，模式為了易於應用在政策擬定、數值上的計算，常簡化時間與空間上的解析度。模式設計中包括環境介質中均質混和、單一受體暴露與穩態狀況等假設，都可能造成不確定性（Hertwich et al., 2000）。

4. 參數的不確定性：參數之不確定性的來源，其一是當模式中方程式所需的參數資料，因為技術或儀器的限制，所以無法精確與準確地量測而產生的量測誤差、採樣誤差等。其二是參數的變異性，來自環境與暴露參數中原本就具有的季節性變異、空間性變異以及不同個體、年紀、性別所造成的變異；複雜的時間以及空間上的差異，造成有限的資料無法充分描述其變異性。其三是由於缺乏數據或無法直接取得數據，必須推測、假設或使用

替代資料而產生誤差（USEPA, 1992）。

　　不確定性分析應該清楚地敘述健康風險評估中的每一個面向，包含危害物鑑定、劑量反應評估和暴露評估等；同時不確定性分析不能只討論評估結果的精準性和正確性，也應該包含資料特性和模式所造成的評估誤差（USEPA, 2000）。

二、風險評估中的不確定性

　　整個風險評估過程是一複雜的程序，需要整合不同階段的評估，而每一階段均可能存在各類的不確定性，例如：一、污染物釋放至環境的機制和過程、污染物在各種不同環境中的宿命和傳輸機制，可能過於複雜而難以準確量化；二、對真實的機制了解有限；三、污染物對人體健康的潛在影響，多以動物實驗推估而來；四、人體暴露產生健康危害的機率，和年齡、活動類別和生活型態相關（USEPA, 2005）。

1. 危害物鑑定的不確定性：危害物鑑定在於判別污染物是否對健康有危害性，此步驟提供二分法的結果，即對人體健康有危害或沒有危害，因此其中的不確定性來自：

   (1)危害分類是否正確，意即錯誤的分類（如具有危害性但卻認為無危害）將導致評估結果完全不同。

   (2)鑑定方式的可信度也是造成不確定的原因之一，若檢驗方法的可靠度不高，則其危害性判別的結果將可能造成分類的誤差。

   (3)多數的危害物鑑定是以動物實驗的結果外推到人體的反應劑量，因此在估算的過程中就已存在毒理模式推估的不確定性，並可能造成後續不同的分類結果。

2. 劑量反應評估的不確定性：劑量反應評估在於釐清在不同暴露劑量下，對人體健康所產生的不良反應，所依據的是毒理、生理等模式的估算，因此其中的不確定性來自：

   (1)毒理的數學模型可能無法完整反映出人體健康危害的實際反應，也不易考量不同的生理特性而有的差異。

   (2)在動物實驗的過程中，通常是以高暴露劑量來進行。在外推到低暴露劑量所產生的反應時，取決於所採用的數學模式，因此可能造成估算上的偏誤。

(3)另一個重要的不確定性來源則是物種間的差異。由於劑量反應的推估多由動物實驗結果來推估人體可能的反應劑量，因此人體與動物間的生理差異造成了不確定性。而相同物種的參數變異性也會造成不確定性。

3. 暴露評估的不確定性：暴露評估在於找出重要的暴露途徑，其中可能需要用到各種環境傳輸模式來預測污染物擴散或流布的情況，並配合相關的暴露參數來估算人體可能的暴露劑量，因此其中的不確定性來自：

(1)各種環境傳輸模式是否能反映出污染物實際的傳輸行為，其具有相當程度的不確定性。

(2)為了估算暴露劑量，需要用到的各種暴露參數與環境參數，這些參數均具有變異性，因此若選取特定數值來估算，並無法反映出全貌。

4. 風險特性描述的不確定性：風險特性描述的階段在於將所有的評估結果進行整合性的描述，因此會涵蓋先前所有執行步驟的不確定性；在此階段需要執行不確定分析並清楚的描述各種不確定性，包括其來源、種類與不確定性的影響程度。至少要清楚的陳述各個輸入參數的不確定性與變異性，並呈現這些變異性對結果的總體影響；進而進行敏感度分析，評估模式預測的可靠度和資料的準確度，並找出關鍵的影響因子。

有效的闡釋與量化健康風險的變異性與不確定性是必要的，僅呈現平均值不夠作為決策的依據。透過變異性與不確定性的分析，可量化最大風險（或累積機率95%之風險），顯示較保守狀況時的風險；另一方面，揭露健康風險的非均質性，可提供決策者更完整多元的資訊，也藉此增加資訊的可靠度與透明度，同時提升研究者、決策者與民眾的溝通。而且透過分析參數的變異與風險評估內的不確定性（包含決策、情境、模型與參數）可提升評估品質，以達降低評估過程中的不確定性（NRC, 2008）。因此如何平衡不確定性分析與過程中的透明與即時性需要很大的努力（USEPA, 2011）。

由於參數的不確定性具有容易量化分析的特質，所以參數的不確定性之研究方法較為成熟；參數的不確定性量化主要透過設定一量級參數範圍（如每日喝水0.1至10公升）以及透過數據分析或專家判別設定參數的分布與範圍。在機率型健康風險評估中，不確定性的評估方法以蒙地卡羅（Monte Carlo）模擬分析最為常見。此方法廣泛建置成為應用軟體，如Crystal Ball、@Risk、RISKMAN與SimLab等（USEPA, 2011）軟體常應用於計算風險評估的不確定性。

　　伴隨健康風險評估的不確定性分析可以提高評估的可靠度，同時也可能造成決策結果的差異。除了參數的不確定性外，每個步驟所造成的不確定性皆應有效的闡釋，如：系統邊界設定步驟的評估範疇之不確定性；劑量反應之效應評估中個體暴露與族群暴露、劑量反應模式與實際反應的關係以及藥物動力學等不確定性；暴露評估時的污染物累積暴露（如多重／多樣污染源與多種污染物等）、環境中傳輸與宿命模擬，以及除了目前已知的暴露途徑外，未來可能發生新的暴露途徑（常見於土地再利用時可能發生）（NRC, 2008）。需要清楚分析及闡釋各步驟之不確定性，並有效與決策者以及民眾溝通，以通過較完整的評估結果做出決策。

8.2 風險特性描述

　　健康風險評估依照「Red book」之風險架構，循序完成危害物鑑定、劑量反應評估、暴露評估之後，最後需要整合這些資訊，以形成風險特性描述並成為風險管理的依據。首先，透過危害物鑑定與劑量反應評估來確定污染源與污染物特性，並初擬可能之敏感受體；全面性鑑別可以量化污染源，並探討各污染源之重要釋放污染物，如毒化物、重金屬等。接著經由暴露評估確定需評估之敏感受體，並量化污染源與受體的關係，可能暴露的族群可略分為工作人員、鄰近居民或是較特殊之族群如：農夫、漁夫等。為連結污染源與受體，將環境傳輸模式（空氣傳輸與土壤地下水傳輸等）與多介質多暴露模式分別估算，並將污染物濃度隨時間變動之空間擴散結果納入評估中，以強化評估之精確性。地域參數（氣象、高層、地質與水文等）與污染物特性參數是評估中重要的因子，也影響了污染物於環境各介質中的傳輸。其次個體透過食入、吸入、皮膚接觸的方式接觸污染物，累積並吸收了某種程度的暴露量，其估算過程中可以經由暴露量與暴露頻率等來表現個體的行為特性之差異。暴露量可以每日每單位體重所能承受的污染物之致癌發生機率，以估算受體個別的致癌風險。最後透過風險特徵描述整合危害物鑑定、暴露評估與劑量反應評估，以描述特定族群所受風險的性質與大小以及評估過程的不確定性。以下說明風險特性描述這個最後的整合步驟常用的風險特性描述方法，以及如何以空間資訊系統呈現風險特性。

8.2.1 風險特性描述方法

　　美國國家科學院的風險特性描述被定義爲「在暴露評估中所描述的各種人體暴露狀況之下，估計健康效應的發生率之過程。藉著結合暴露評估及劑量反應評估來進行，而先前步驟之不確定性的綜合效應，需在此步驟中加以說明」。風險特性描述整合上述之危害物鑑定、劑量反應評估及此風險評估之暴露情境、環境傳輸及暴露途徑，提供一個可靠且有用的定量值給決策單位，並作爲政策的依據，且可提供完整的資訊與民眾及利害關係人交流。風險特性描述除了美國提出之致癌與非致癌風險外，部分研究爲總和不同受體所承受的危害而應用族群風險（Spadaro and Rabl, 2004; Bennett et al., 2004）；另一方面，歐洲則以環境風險商數（Environmental risk quotient）描述可能造成的危害程度。

一、個別致癌與非致癌風險

　　美國國家科學院提出之風險推估量的表現方式主要分爲致癌與非致癌風險兩者。在致癌風險計算中以致癌斜率因子CSF（Cancer slope factor）計算風險值。美國環保署使用數學的外插來計算CSF，最常用的是線性多階段模式，其單位爲$(mg\ kg^{-1}\ d^{-1})^{-1}$。在人類流行病學的資料可得的情況下，以模式參數的中間值（Central estimates）計算可以產生CSF。而只有動物資料的情況下，CSF是可以從動物資料組成的最大可能性的直線斜率中取得（高於95%的信賴區間下）。致癌風險的計算式如下：

$$Risk = ADD \times CSF$$

　　在非致癌風險計算上，以RfD〔Reference oral dose $(mg\ kg^{-1}\ d^{-1})$〕與RfC〔Reference concentration in air $(mg\ m^{-3})$〕來計算風險值。慢性的RfD與RfC可由長期暴露於特定化學物質而求得，而亞慢性（Subchronic）的RfD亦可設計較短期的暴露而求得。非致癌危害商數計算如下：

$$HQ = ADD/RfD$$
$$HQ = ADD/RfC$$

其中

　　ADD：平均平日暴露劑量

　　不同化學物質、不同暴露途徑估算所得HQ相加則爲HI（Hazard Index），當總和的HI小於1時，非致癌性的風險是可以忽略的。然而當HI大於1時，表示有危害性，需個別檢驗其化學物質的HQ以確定何者較有潛在危險性。最後以量化後得到個別致癌影響和非致癌影響的大小，判斷該評估標的造成致癌危害和非致癌危害的可能性。

二、族群風險

　　上述致癌與非致癌主要以估算各敏感受體之個別風險；而爲總和不同受體所承受的危害，族群風險則估算各敏感受體之個別風險後，假設個別受體爲相似受體。意即若有n位受體暴露於相同污染危害的機率爲p，則pn即爲總危害之人數，pn爲族群風險（Population risk）（Brown, 1985）。此概念亦應用於生命週期思考中，以估計各類污染源所影響之總危害人數。在族群風險中，需要仔細辨識單位空間中受到多重污染源暴露的族群及其暴露時間。

三、環境風險商數

　　另一方面，歐洲則根據活性藥物成分（Active Pharmaceutical Ingredient, API）評估環境風險商數。此風險商數爲一比率，介於API水體環境之預測環境濃度（Predicted Environmental Concentration, PEC）與預測無影響濃度（Predicted No Effect Concentration, PNEC）之間。

　　此量化方式於歐洲各國，多以最壞狀況（Worst-case）之最高人均使用的風險商數爲PEC估算情境。若預測環境濃度低於無影響濃度（即PEC/PNEC小於1），則可視爲較低環境衝擊或可忽略；反之，預測環境濃度高於無影響濃度（即PEC/PNEC大於1），對環境則有潛在風險。環境風險商數則可細分爲下列四種程度：

　　PEC/PNEC ≤ 0.1：意即該物質造成不重要的環境風險；

　　0.1 < PEC/PNEC ≤ 1：意即該物質造成低度的環境風險；

　　1 < PEC/PNEC ≤ 10：意即該物質造成中度的環境風險；

　　PEC/PNEC > 10：意即該物質造成高度的環境風險。

8.2.2 整合空間資訊之風險特性描述

　　以上說明風險評估中不確定性分析之必要性與方法，該分析主要用在土壤及地下水污染場址之第三層次風險評估，可讓評估者有選擇場址專一性參數的彈性，可更貼近目標場址造成風險的真實程度。然而參數取得方式會決定樣本代表性與可靠度，因此第三層次風險評估需依據更強而有力的統計理論，並針對場址專一性參數進行敏感度分析，進而了解哪些場址專一性參數造成評估結果的差異，而透過更詳細的參數蒐集，呈現較能真實代表場址狀況之致癌風險與非致癌風險的商數（環保署，2010）。

　　針對污染區域或影響範圍較大之場址，因其範圍較大，所以評估範圍內之污染介質濃度、受體接觸污染物之形態、暴露途徑、暴露參數、環境參數等皆有較大之變異性，故倘僅以單一風險值代表場址風險，可能在評估範圍內顧此失彼，顯然對於風險管理決策有不足之處。繪製風險地圖可以打破以往單點風險評估之資訊侷限，以風險評估科學為基礎，並結合地理資訊系統，依所在位置之空間環境與暴露屬性計算風險，再用地圖形式把評估範圍內之風險的空間變化完整呈現出來。透過風險地圖，決策者可依據場址內不同區域之風險，採取不同程度的整治；再者，風險地圖亦可作為場址內不同區域的土地利用規劃之基礎，以利土地可利用價值之最大化。表8-1彙整風險地圖與各層次風險評估使用條件與管理決策方法（陳怡君，2013）。

　　要提高污染場址之風險管理與決策的價值，其風險評估除了透過第三層次機率風險值呈現，污染場址風險管理應突破原本僅依據點估計風險值的作法，所做之場址整治決策，更應考量污染場址濃度之空間差異以及所在地受體的暴露活動之特性。對於大型場址而言，公告場址面積與污染影響範圍區域其實相當大，若整體整治目標僅依據保守預防之單一風險值，作為後續整治規劃依據，則後續整治成本或風險管理決策將無法因地置宜，並找出最佳的整治成本效益之整治規劃。近年污染場址的再開發與利用逐漸受到關注。針對整治場址而言，主要希冀移除污染物並讓土地活絡，進而恢復其土地真實的利用價值，因此於整治計畫中需要進行再利用情境之健康風險評估，反映現今以及未來污染區域土地利用之潛在風險，以整體區域風險地圖呈現各再利用情境中風險之空間分布差異。美國環保署（USEPA, 2003）

尤其分別針對工業、住宅、農牧、休閒區域，並依照不同的土地利用形態給予不同之可接受風險標準，據以建立整治目標，因此污染場址部分區塊之整治經費得以降低，土地再利用之成本效益亦得以提高，並根據整治後之風險對於未來的土地利用加以保護限制。

■ 表8-1

風險管理	風險地圖	第一層次 （Tier 1）	第二層次 （Tier 2）	第三層次 （Tier 3）
使用條件	·污染濃度分布 ·受體風險問卷 ·現地參數調查	·污染最高濃度 ·無傳輸模擬 ·保守暴露參數	·污染最高濃度 ·簡易傳輸模擬 ·現地參數調查	·污染濃度分布 ·複雜傳輸模擬 ·現地參數調查
風險呈現	·機率風險值 ·專一性風險值 ·風險地圖分布	·點估計風險 ·保守性風險值	·點估計風險 ·專一性風險值	·機率風險值 ·專一性風險值
管理決策	·不確定性分析 ·風險分布管理 ·管理彈性	·保守性風險 ·通則性管理 ·管理無彈性	·點估計風險 ·專一性管理 ·管理無彈性	·不確定性分析 ·專一性管理 ·管理決策困難

風險地圖與層次性風險評估的條件限制與決策方法

　　若將風險評估作為後續場址風險管理之溝通基礎，以及未來土地管理與開發風險控制的根據，風險地圖無疑是提供給決策者判斷後續處置方案之良好規劃工具。美國3MRA模式設計一套風險地圖的評析方式，其架構示意圖如圖8-1所示，其中所整合之地理資訊包含受體端、土地利用規劃端、污染物傳輸途徑分析端、環境敏感區位判定、場址污染之承受風險概況圖等，將以上各區塊評估結果整合於GIS，並建立地理分析應用工具，以繪製不同場址的整治方案之風險地圖，作為決策者比較判斷之依據。建立風險地圖流程如圖8-2所示（環保署，2010）。風險地圖各整合資訊端之定義與執行內容，茲分述如下：

　　一、受體端：確認場址後續土地再利用規劃之人口成長容量，以及不同土地再利用之用途，並疊合承受風險的受體位置（人口密度分布圖），再於所建置之GIS模式系統中，判定受體端之位置與風險暴露途徑的關係。

二、土地利用端：確認場址後續土地再利用之用途後，即可判定各區域之場址
　　環境與暴露參數，依據不同土地的利用狀況，如：生態區、休閒區、住宅
　　區及工商混和區等不同用途，分別釐清污染物之主要暴露介質與暴露途
　　徑。

三、污染物傳輸途徑：依據情境模擬狀況，分析該場址之氣象、水文及地質資
　　料（如：地下水與表面水水位、水力傳導係數、地表高程資料、地質化學
　　參數資料等），再結合GIS系統確認污染物的流布情況，以分析該場址之
　　污染物傳輸途徑。

四、環境敏感區位：調查場址附近水體的分布狀況，以確認是否屬於環境敏感
　　區位。

五、場址污染之風險地圖：GIS系統結合上述資料，推估污染物所造成的風險
　　承受值，並藉由風險值之等高線或不同深淺顏色，來區分場址內之風險高
　　低分布，以視覺化呈現該區域之風險地圖。

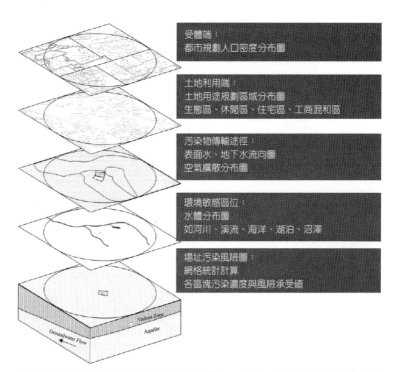

圖8-1　污染物場址之風險圖套疊圖資的架構示意圖（彩圖另附於本書第334頁）

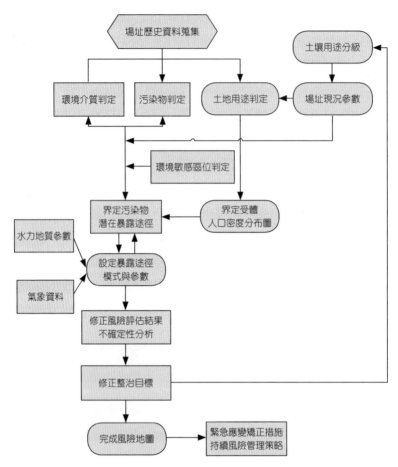

圖8-2　污染物場址之風險地圖建立流程

　　利用地理資訊系統（GIS）來進行相關資料的彙整、處理、分析及應用，期能透過地理資訊系統來整合空間及屬性資訊，並建立視覺化的污染場址風險地圖，以輔助相關決策的制定。Chen and Ma（2013）開發「健康風險地圖計算模組」，ArcGIS for Risk Assessment Management，簡稱ArcRAM（圖8-3），結合「介質濃度資料庫」、「環境參數資料庫」、「風險問卷資料庫」等參數數據蒐集，並匯入地理資訊系統，將風險評估四大步驟整合於地理資訊系統的應用當中，共同考量污染濃度的高低、各介質傳輸的難易與受體暴露之行為差異，呈現特定污染場址的風險地圖。當使用者完成此模組資料庫的輸入並經由模式進行運算後，可透過「風險地圖產製模組」產出不同污染物、受體、暴露途徑之風險地圖。

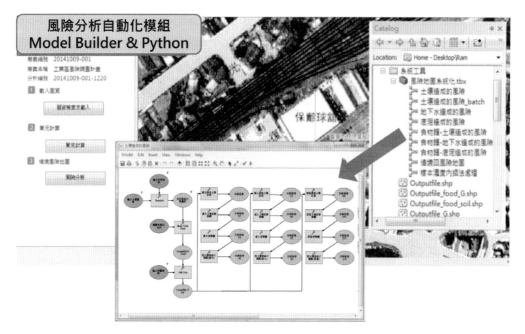

圖8-3　健康風險地圖的計算模組（彩圖另附於本書第334頁）

所開發之風險地圖的地理資訊系統之分析流程說明如下：

1. 污染場址的資料取得與資料庫建置

污染場址之風險評估所需的資料，依資料內容可分成污染場址的基本資料、環境背景資料、敏感區位資料、土地利用資料、健康風險評估資料、族群暴露評估資料、檢驗分析數據、公開於利害關係人資訊等。資料建置時利用地理資訊系統所提供的多項圖形及屬性轉換工具，並匯入至空間地理資料庫（Geodatabase）中，透過其屬性及空間驗證機制來確保儲存資料之品質。

2. 資料處理

資料處理的工作重點即針對分析展示的需求，進行圖資整合工作，並依風險評估所需之參數進行相關檢測數據、風險結果之統計資料的預處理工作。目前於多介質環境傳輸模式中污染物在介質間的轉換模式大約可分為六大類，包括土壤至地下水、土壤至周界空氣、土壤至室內空氣、地下水至周界空氣、地下水至室內空氣、地下水傳輸等（ASTM, 2000）。透過關切化學物質於各介質傳遞之情境模

擬與受體的暴露情況，選定各污染場址適用的模擬程式，以結合場址相關之環境參數，並釐清受體之暴露情境與場址污染的範圍之相關性。ArcRAM利用ESRI開發ArcHydro軟體，整合各項地下水傳輸模式（圖8-4），透過地理資訊系統提供空間關聯分析，使圖資之間的整合更密切。舉例來說：採樣點與水文地質之間、採樣點與檢測數據之間、風險結果與土地利用之間，以及風險結果與人口暴露之間等進行關聯分析，皆可於軟體中進行評析。

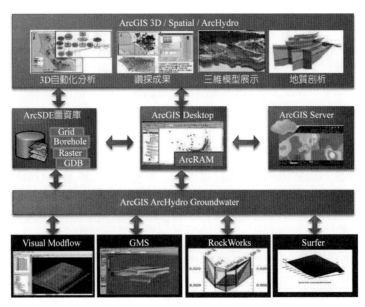

圖8-4　健康風險地圖（ArcRAM）利用ArcHydro整合地下水傳輸模式示意圖（彩圖另附於本書第335頁）

3. 資料分析

　　資料分析工作係依風險評估模式之參數需求，進行運算、輸出風險空間分布、利用地理資訊系統圖控式建模工具進行統計模擬（圖8-5）快速運算等。

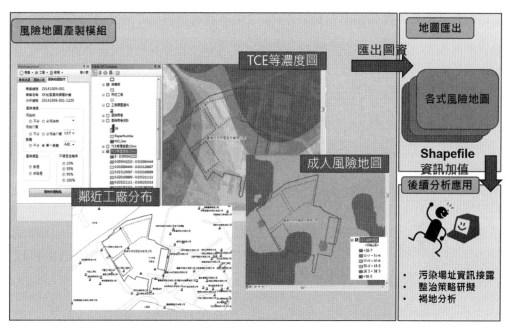

圖8-5 風險地圖產製結果示意圖（彩圖另附於本書第335頁）

4. 資訊應用

有了以地理資訊系統建構之污染場址風險資料庫，即可透過空間查詢快速查找相關資訊。甚至可將場址周遭所調查的工廠資訊與地下水使用資訊進行比對，了解場址污染的特徵與風險地圖呈現之結果。亦可透過風險問卷的調查結果，表現污染場址風險空間分布隨濃度與暴露受體位置與空間分布的不同而有顯著變化。因此結合風險評估之概念，透過土地利用與受體暴露問卷結果的整合，顯示場址在不同土地利用之風險地圖（Chen and Ma, 2013）。

以風險地圖圖8-6為案例來說明分析結果的應用。該場址的風險值等級分布大致可分為6等級，風險最高等級為大於10^{-4}，風險最低等級者為小於10^{-6}。從土地利用說明可知農業用地因種有各項作物（包含稻米、蔬果），所以該區域居民食用當地作物的比例比起其他村里較高，導致暴露受體經食物鏈攝入之風險較大，因此高風險區域應盡量避免敏感途徑之土地利用（如農業用地與水源保護區等），可改為其他土地利用，以減少受體接觸高風險區域之機會或頻率。相較之下，部分土地利用為交通用地及住宅用地，受體接觸土壤及誤食土壤之機率相對較低，故整體之風

險相對較低，但其風險仍略高於10^{-6}，風險管理者可以透過軟性的風險溝通方式來誘導其避免風險暴露。該場址的污染範圍廣闊，若以工程方法或生化處理之方法整治，其成本未必符合經濟效益，因此風險管理者可嘗試宣導並建議農戶改變作物形態，或由政府變更土地用途，亦或針對高風險區域進行整治，並根據整治後的風險，於不同區域之暴露量在可接受範圍下，重新劃定土地利用形態，使土地可做適合之利用，且不會產生人體健康風險的疑慮。

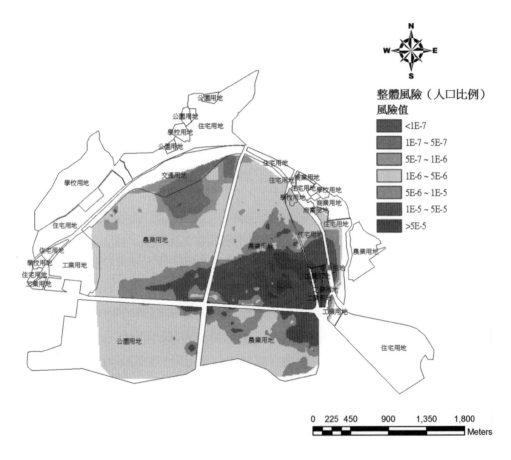

圖8-6　結合土地利用評估之風險地圖（彩圖另附於本書第336頁）

8.3 風險溝通與管理的挑戰

　　健康風險事件（Risk event）可分爲二類：環評開發行爲（Proposed action）、流病或災難（Outbreak/Disaster），前者屬於開發前的預測評估，大多爲慢性評估，例如：台灣中部科學園區的開發、褐地開發；後者則針對已發生的事件，予以回溯性的評估，可以是急性或慢性評估，例如：六輕化災事件屬於急性評估，桃園RCA土壤地下水污染事件屬於慢性評估，而中國毒奶粉三聚氰胺事件及農藥殘留總膳食調查（Total diet study）屬於慢性評估。

　　健康風險評估係根基於法規毒理學（Regulatory toxicology），考量污染物的危害性及受評族群的暴露程度，以確定性（Deterministic）或機率性（Probabilistic）暴露模型，評估族群的健康風險，並能根據一地區之法理民情，闡述評估結果之風險特徵與不確定性（Risk characteristics and uncertainties）。而風險管理是根據科學性的風險評估結果，並綜合考量其他因素，如：社會性、經濟性、技術性、法規性等，達成管理的目的，可用於公部門諸多複雜的決策，如：褐地復育開發、環境影響評估、食品安全評估等。風險溝通（Risk communication）是指能將評估結果、決策過程與利害相關的團體，進行適時及有效的多向風險溝通，是政府能否順利推動該政策的關鍵（NRC, 1983; 2009）。

　　近年來食品安全及環境風險事件頻傳，目前台灣三大母法──環境、食品、職安法，均相繼納入風險評估與管理的思維。本節針對風險管理與溝通，說明以下三個重點：一、介紹風險評估的基本學理與挑戰；二、評析風險評估相關法規；三、探討本土風險感知與溝通研究成果。

8.3.1 風險分析的基本學理與挑戰

　　以下參考美國文獻，闡述過去30年漸次形成的風險分析（Risk analysis）之基本學理與挑戰。風險分析一詞包括風險評估（Risk assessment）與風險管理（Risk management）兩個領域。風險一詞的定義在學術或法理並無爭議，以國際間著名的Society for Risk Analysis（SRA）之定義爲例：「The potential for realization of unwanted, adverse consequences to human life, health, property or the environment」，略譯爲「引起生命、健康、財產或環境之不必要且危害後果的可能性」，該定義

除了考量危害之嚴重度（Severity）外，風險一詞必須考量暴露，即沒有暴露的風險僅能稱為危害（Hazard），概念方程式可寫為「負面後果×發生機率」，負面後果即為危害性，而發生機率即為暴露度，該乘積於統計學上稱為期望值（Expected value）。但是一般民眾直覺上忽略暴露這個變量，將危害視為風險，導致與專家有風險感知（Risk perception）的落差。美國環保署曾經執行一項環境風險與管理問題，並針對31項環境風險議題進行排序，結果顯示風險感知最高者，專家認為是Global climate change，而民眾卻認為Active hazardous waste site。專家認為全球氣候變遷的暴露尺度，遠大於危害廢棄物場址，但一般民眾卻忽略暴露尺度，將危害場址的危害性視為風險。

美國政府早期為了因應各種風險事件，各聯邦部會採行的評估與管理方式並不一致。在美國國家研究委員會（NRC, 1983）的紅皮書中，闡明當時三個須釐清的主要議題：(1)是否應將風險評估工作獨立於決策之外？(2)是否應設置單獨的風險評估部門？(3)是否應發展一致性的風險評估指引？研究結果如下：(1)建議風險評估工作應獨立於風險管理決策之外，方能聚焦於科學的證據事實；(2)各部門的法源基礎不同，因此不建議設立單獨的風險評估機構，交由各部門自行辦理；(3)建議各政府部門制定一致性的風險評估技術指引。該紅皮書也建議了目前廣為各國接受的風險評估典範（Paradigm）：風險辨識（Risk identification）、劑量反應評估（Dose-response assessment）、暴露評估（Exposure assessment）、風險特性描述（Risk characterization），而風險管理包括：成本效益分析（Cost benefit analysis）、風險溝通（Risk communication）。

目前風險管理的挑戰，主要導因於風險評估係根基於法規毒理學，其學理仍有諸多不完備之處：

一、如何將高劑量亞慢性（Subchronic）動物試驗評估所得的毒理參數，推估至低劑量慢性的人類暴露情境？一般均除以10倍的種間不確定係數（Interspecies uncertainty factor）。同時，動物試驗的毒性作用機轉（Mode of action）可能不全然適用於人類。

二、如何將適用一般族群的毒理參數推估到易感族群？一般也是除以10倍的種內不確定係數（Intraspecies uncertainty factor）。

三、對於高包封度之危害物，如何正確評估污染物進入血液的生物有效性（Bioavailability）（江舟峰等，2006）？

四、不同危害物的風險如何加總爲累積風險（Cumulative risk）？不同暴露途徑的風險如何加總爲聚集風險（Aggregate risk）？再分別與風險基準值比較並做出判斷。

五、空污擴散或多介質傳輸模式推估之增量暴露濃度是否可信賴？特別是模式所需之諸多物化及傳輸參數的選用是否可信賴？

六、如何正確推估各種危害物的長期平均排放量，作爲慢性暴露之增量模擬的污染源輸入參數？長期的污染排放量可能有相當大的變異，是否也可能會導致急性暴露的風險？

七、如何考量民眾關切的區域背景或既存風險（Existing risk）以推估開發行爲之總量風險？

八、如何將法規毒理學之風險評估結果與流行病學的風險指標相互比較或印證？雖然流病的風險指標較動物試驗的結果可靠，但該風險並非全然可歸責於開發行爲之增量風險，且若未能排除干擾因子（Confounding factor），如：個體之疾病史、抽煙、喝酒等，則流病的評估不易達到因果關係之推論。

自1983年發行紅皮書後，NRC約每十年發布新的研究報告，分別於1994及2009針對當時科學評估與決策的落差，進行有系統的分析與檢討，本文闡述2009年提出之7項重要建議，其內容略爲：

一、改善風險評估架構的設計：要求評估前與決策者充分溝通、規劃及界定問題，以利將評估結果回應利害相關團體（Stakeholders）的需求。

二、闡明評估結果之不確定性（Uncertainty）與變異性（Variability）：不確定性導因於資訊不足，而變異性則導因於族群中個體的差異，特別是易感性（Susceptibility），以由粗至精確的階層（Tiers）方法評估。

三、建立統合的劑量反應評估方法：將目前非致癌的參考劑量（Reference dose）評估方法改爲致癌的機率評估法，據此，參考劑量可以定義爲於劑量反應曲線上，高出X軸背景值5～10%盛行率的Y軸對應劑量。

四、釐清慣用值（Defaults）的選用：慣用值的選用常引起爭議，也無專書論述其選用邏輯或合宜的替代值。

五、強化累積及聚集風險評估技術：應區別不同的效應終點，並納入非化學性、非健康危害因子，如生態與社會行爲因子，也應考量既存風險。

六、鼓勵利害相關團體的參與：應重視公眾參與並將其參與程序法制化，特別
　　是受影響的鄰近社區。
七、提升公部門執行能量：EPA應檢討目前的組織結構及預算，是否有能力執
　　行這些應改革之建議。

8.3.2 風險評估相關規範評析

　　2011年，為了因應中部科學園區第三期環評的需要，環保署訂定「健康風險評
估技術規範」，將健康風險評估方法予以法制化，當開發行為之營運涉及該規範所
稱之危害物，則需實施健康風險評估。但是將健康風險評估方法法制化並非先進國
家常見的作法。美國環保署迄今訂有多種技術規範，針對各種危害效應，包括致
癌、神經毒性、胚胎發育、小孩族群等予以規範，但僅為建議性而非法規。台灣
環保署於2006年4月出版之「土壤及地下水污染場址健康風險評估評析方法及撰寫
指引」，為建議性指引而非法規，是較合宜的作法。此規範已於2014年7月修改為
「土壤及地下水污染場址健康風險評估方法。」

　　該規範共有21條，表8-2列出其中6條較重要的內容及本文之評析，若與上述法
規毒理學討論之比較，可看出兩者有相似的爭點，特別是累積或綜合風險之估算及
增量與既存風險之釐清，此外，也未清楚規範暴露之情境（Exposure scenario），
如：短期之急性或慢性暴露、一級或二級暴露（Primary or secondary exposure）、
一般族群或易感族群、平均暴露或高暴露、全體族群或僅攝食者（Consumer
only）或法定情境等（NCEA, 2004）。

　　以下論述2010年2月公告之「土壤及地下水污染整治法」中有關風險評估的條
文。第12條第10款說明，對於污染來源明確之土壤與地下水之管制場址與整治場
址，主管機關得對環境影響與健康風險、技術及經濟效益等進行評估，認為具整治
必要性及可行性者，於擬訂計畫報中央主管機關核定後為之。第24條第2款說明，
如因地質條件、污染物特性或污染整治技術等因素，無法整治至污染濃度低於土
壤、地下水標準者，得依環境影響與健康風險評估結果，提出整治目標。但是目前
僅有高雄大坪頂污染場址以第24條第2款提出申請，但未獲核准，故目前國內仍以
管制標準值為整治目標，且尚未有任何案例，以健康風險評估訂定較寬鬆的整治目
標。

■ 表8-2

序號	條次	重要內容	評析
1	2	針對辦理環境影響評估作業之開發行為所產生之增量風險	環保團體及民眾期盼總量風險之評估，即增量加既存風險，唯總量風險並無可判斷之基準值，建議將既存濃度與「固定空氣污染源排放許可」之周界標準比較
2	3	針對台灣及國際公約規範之危害物	不易於開發前，周詳盤查營運時可能產生之危害物及排放量
3	4	評估範圍10km×10km	過大的評估範圍或擴散範圍較小者，可能低估各受體點之95%值
4	5	評估前應先召開公開之範疇界定說明會	開發行為人為了爭取時間，通常於第一階段即進行健康風險評估
5	7.4	致癌風險基準值10^{-6}、非致癌危害指標基準值1，並以95%上限評估值判定基準值。若總致癌風險超過基準值，開發單位應提出最佳風險管理策略	致癌風險基準值為10^{-6}，係指與各種癌症發生率之$10 \sim 100 \times 10^{-5}$比較，該基準為微小可忽略，實務上，USEPA仍可採用10^{-4}為基準值，可能因開發規模越大，累加的風險可能越大。目前各危害物風險之累積風險或各暴露途徑之聚集風險，均採用直接加總法，未能考量各效應終點（Endpoint）之差異，也未定義受評族群，未闡明如何求取95%值或進行參數敏感度分析，再據此進行蒙地卡羅模擬（Monte Carlo simulation）。
6	10	既存風險——癌症及疾病歷年發生率、死亡率人口學數據（性別、年齡、種族、職業、教育程度、經濟收入、社會行為等7種參數）	環保團體或民眾期望以增量風險方式，而非描述式流行病學數據，評估既存風險

台灣健康風險評估技術規範之重要條次內容

　　江舟峰等（2006）對於污染物封度高（Encapsulation）的土壤建議以一階段胃相體外試驗（In-vitro study），評估相對生物有效性（Relative Bioavailability Factor, RBF），以降低風險評估的不確定性。所謂RBF是指經由食入具有包封度的土壤污

染物，其進入血液的污染物濃度比例。在評估RfD時，一般都以高溶解度的危害物進行動物試驗，所以RBF接近100%；但在受污場址的實際暴露情境中，污染物大多爲土壤包封，若以全量濃度評估健康風險均太保守，建議以體外試驗模擬腸胃吸收環境，以RBF修正此一不確定性。圖8-7中數據點爲文獻值，RBF介於10～50%，當全濃度（C_T）爲1mg gm^{-1}且RBF爲50%時，預期終生致癌風險（Excess Lifetime Cancer Risk, ELCR）爲13×10^4，當RBF降爲10%時，ELCR降至3×10^4。美國環保署第八區採用此一方法，建立多個土壤復育的案例，因此值得參考。另外一個挑戰爲各個污染場址通常有其特定的物化參數，如滲透係數、土壤視密度、吸附係數等，必須採用本土化參數，且通常並爲空間分布函數，建議環保署專案建立一套系統化方法，評估場址設定的系統參數值。

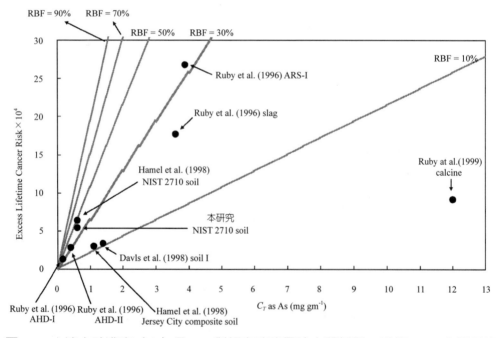

圖8-7 土壤中砷濃度（C_T）及RBF對終身致癌風險之關係圖，計算ELCR之慣用值 OCR = 1.5(mg kg^{-1} d^{-1})$^{-1}$，IR = 0.1gm d^{-1}，EF = 350d y^{-1}，ED = 24y，BW = 70kg，AT = 24y

　　針對上述這些風險評估學理與見解的爭議，中國醫藥大學風險分析中心開發一套可持續擴充的雲端系統，稱爲「健康風險評估決策支援系統」（江舟峰及蔡清讚，2013），可以提供透明開放的平台，以利專家代表驗證評估結果的可信性，該系統結合：資料倉儲、資料分析、風險指標、圖層展示等4個功能層。v3版根據各項決策命題需求，開發7種空污分析模擬模組：周界及空品濃度趨勢分析、重點管道排放分析、風花圖分析、ISCST3空污擴散模擬、MEPAS多介質傳輸模擬、五等級風險地圖與風險溝通表單。該系統之特色爲參考歐盟經驗，藉由ArcGIS風險地圖的呈現，並結合風險特徵描述及溝通表單的製作（江舟峰等，2008），提升風險溝通的品質，圖8-8爲本系統之功能單元架構圖。本系統針對中部科學園區、臺中港特定區、臺中工業區、六輕離島工業區，已有多種決策支援的應用，如：背景值分析、監測點設計、超標與趨勢分析、環評查核、加嚴標準、管道盤查等。

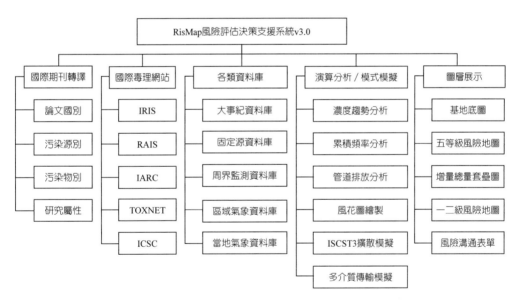

圖8-8　中國醫藥大學風險分析中心開發之健康風險評估決策支援系統RisMap® v3版之系統功能單元架構圖

8.3.3 風險感知與風險溝通

　　就學術之概念定義而言，事件具高發生率且發生後有高嚴重度者為高風險；反之，具低發生率且低嚴重度者為低風險，但一般人的主觀認知顯然不如此明確的遵循此一客觀風險感知二元論（Objective-perceived risk dichotomy），其差異可歸諸於個人如何定義及判斷風險。專家嚴謹地遵循學理定義，但一般人受到信仰、態度、判斷、感覺、社會及文化價值等影響，此一多元及主觀特性為各國風險管理者的重大挑戰。心理學家Fischhoff et al.（1978）及Slovic et al.（1980）發展的風險感知心理量測典範（Psychometric paradigm）已廣泛為各國接受，藉由問卷調查各種關切風險的議題，施以主成分分析法（Principal component analysis），可以探究各種影響風險感知的因子（Attribute）。一般而言，先以「懼怕」（Dread）及「不熟悉」（Unknown）之二主成分予以分析解釋，次之，以第三個較不重要的成分──「暴露」（Exposure）予以解釋。「懼怕」與無法控制、死亡潛勢、致死、巨大災變、對後代影響、非自願暴露等有高度相關；而「不熟悉」與未察覺效應、不熟悉其暴露、延遲效應、新型風險、未知科學等有高度相關。

　　中國醫藥大學風險分析中心於2008年執行教育部專題計畫，於全國各區域以分層抽樣的問卷方式，針對台灣26項重要的環境衛生議題（如有毒廢棄物、食品污染、電磁波、交通事故、二手煙、奈米產品等）探討大專學生（n = 1184）的死亡風險感知（Young et al., 2015）；為解釋這些議題的得分（Score）與排序（Ranking），針對13種原因變量中，請受測者圈選對各個變量所感受的等級強度，1為最弱，5為最強，並以多變項主成分分析法，將解釋變量簡約至3～4種，再與專家（n = 35）分析結果比對，以探討我國大專生對環境衛生議題之死亡風險感知（Risk perception）是否與專家相同。結果顯示兩者間確有差異，且不同議題差異程度不同，女學生的感知強度高於男性。分析學13種可解釋因素，顯示最具解釋度的前3項：「懼怕」、「不熟悉」、「暴露」等，與歐美過去的研究相同。再進一步以二元因素（懼怕×不熟悉）分析大專生對各議題的二元座標，如圖8-9所示，發現影響學生與專家風險感知的主因均為懼怕度，但專家的風險感知較為多元，亦深受暴露、不可控制性（Uncontrollable nature）、新型危害（Newness of hazard）的影響，而學生卻輕忽高暴露議題，但若受到媒體渲染，以致於提高熟悉

度，則會提高其風險感知，而專家對不熟悉的新議題，亦有較高的風險感知。

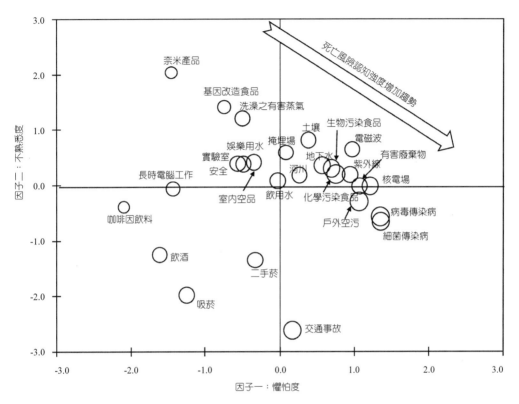

圖8-9　本研究大專生26項環衛議題的因素分析結果，顯示懼怕度愈高、熟悉度愈
　　　　高，死亡風險感知有愈高（圖中圓圈較大者）的趨勢，但對於日常熟知之
　　　　高暴露者，反而低估其風險（Young et al., 2015）

　　在戶外空氣污染方面，學生的高風險感知係由於其高懼怕度與稍高的熟悉
度；而在交通事故上的高風險感知上，學生對該議題有稍高的懼怕度與高的熟悉
度。而對新興議題（奈米產品與基因改良食品），學生因不熟悉，而忽略其潛在風
險；對於常被媒體渲染的議題，如：病毒性傳染病（SARS與流感）、核電意外與
有害廢棄物等，透過煤體渲染，且增加熟悉度會提高其風險感知；但是對於日常議
題，如：交通事故、抽煙與二手煙等，儘管學生對議題有高熟悉度，卻輕忽其長期
高暴露的嚴重性。若以本研究結果解讀美國牛肉進口議題，民眾或許不理解Prion
變性蛋白是什麼，但對其急性之致死性產生高懼怕，且受到媒體高度渲染，以致降

低不熟悉度，而提高風險感知，但專家感知的風險極其微小。學生對於來路不明的散裝食品感到日常且熟悉，卻輕忽其慢性風險，此一研究結果，說明食品包裝標示的重要性。

著名學術期刊——《科學》（Science）於1990年刊登一項有趣的調查，要求美國民眾依其感知，以風險高低來排序各項環境議題，結果發現有害廢棄場址高居第一位，核電廠意外事故排第七，溫室效應落到第19名；令人驚訝的是，若由環保專家評估，則全球氣候變遷的風險高居第一位；而美國科學指導委員會（Science Advisory Board, SAB）卻認為核污染屬於低風險。對專家而言，溫室效應的暴露尺度是全球的，且時間是長遠的；而對廢棄物場址的暴露尺度是區域的。雖然這項研究至今已有20年，但其中的迷思仍值得我們進一步解讀。弔詭的是，公眾風險感知與專家評估有極大落差，民眾對風險的感知容易以感覺為依歸，例如：對於地域的風險感受遠大於國際議題、對於不符合社會公平正義的事件產生憤怒、對於重大傷亡的歷史事件產生悲情，再加上媒體的推波助瀾，導致與專家的風險感知產生落差，不利於公共政策的推動。我們可運用哈伯瑪斯（Jürgen Habermas）的溝通行動理論與貝克（Ulrich Beck）所提出的風險社會理論中的一些概念，前者提出「理性溝通」來建立公眾合理參與公共事務的規範，後者提出了現代風險社會的特性與處理風險的原則，來論證如何在現代社會系統內的公共風險事務上，達成有效的理性溝通與成果。

哈伯瑪斯認為現代（西方）資本主義社會的發展（先進資本主義），已非馬克思所預測的少數資本階級壓榨廣大勞動階級，而是產生了大量的中產階級。國家機器本身亦非如馬克思所認為的宛如資產階級代言人配合資本階級的利益，而是主動透過技術官僚與科技來操控、干預經濟與社會，並且來補救市場機制的缺失。所導致的結果即為彷彿每個人都成為社會裡的零件，且被國家機器（越過人與人之間的溝通與理解）制定的規則與市場機制左右（官僚主義與拜金主義），亦形同生活在被政治系統與經濟系統殖民的世界（Colonization of the life world）。

哈伯瑪斯認為可以透過「理性溝通」原則的建立，使人類社會透過理性溝通的行動，以脫離當下資本主義社會中「生活世界的被殖民」，哈伯瑪斯強調在一個無權力壓迫、參與機會平等的環境中，由大眾與決策者共同透過自由、真誠討論來表達論點、情感與需要，並經由反覆辯論，共同界定並實踐公共利益（洪鎌德，2001a，2001b）。換言之，在面對社會上眾多價值觀的選擇時，僅能透過社

會討論來排列優先順序。也就是說，無法用特定的經驗資料來判定何謂「最佳的價值觀」。例如：「環保與經濟何者重要？」這一論題並不能單純以「要錢不要命」、「要命不要錢」兩種不同價值觀的對立並訴諸投票（可能雙方分別以人均收入、GDP、人均壽命、致癌率等數字將之量化作為訴求依據）。如此的溝通與討論方式，只是在現行的社會系統規則下比較事實與數據，而導致排除了「循環經濟」、「零成長經濟」、「生態經濟」、「生態中心主義」、「環境正義」、「世代正義」、「地球限度」等各種新思維加入論證。

　　哈伯瑪斯以科學為例，表示科學理論的進步，並非由於某些科學家利用權威、暴力、教條或利誘、動用人脈、血緣及感情關係的方式要求其他科學家服從限定的觀念或理論而達成。科學的進步是由於科學社群之內，透過互相的公平辯論、問難、檢視、誠實對話、實踐，從而不斷的精進、修改、甚至拋棄原本的理論與觀念，方能越來越趨近於真理。將這個溝通模式（哈伯瑪斯命名為：理想的言說情境）應用到社會系統，則意味著對於公共利益、價值觀的認定、判準與社會規範、習俗等，必須是通過社會大眾理性溝通並互相辯證討論，方有正當性與合理性可言（例如：隨著現代社會的溝通與進化，男尊女卑被認為是不合理的習俗而逐漸被拋棄）。

　　具體而言，除了理想的言說情境，理性溝通的準則建立於哈伯瑪斯提出之語言的有效性主張（Validity claim）：即為要求溝通者誠實地解釋其訴求的意義、真實性與正當性。例如：甲方認為開發某區位的土地有助於公共利益的提升，並認為強制拆除民宅具有必要性以及百萬分之一致癌率為可接受之健康風險，而乙方可能要求先定義何謂「公共利益」、「可接受風險」以及何謂「拆除民宅之必要性」？據此，雙方先對「公共利益」的意義討論得到共識之後，還需要拿出真實證據來論證「開發此區土地是否有助於公共利益的提升？」、「何種形式的開發最符合公共利益？」以及「何謂拆除民宅的必要性與正當性？」。在這整個真誠、理性的溝通過程之中，透過資訊的交流與辯證，甲乙兩方原本的世界觀、價值觀、法律觀可能因此而修改、進化；從而改變政治系統與經濟系統的規則（例如：2015年一月，法國議會要求政府應研擬GDP以外的社會福祉衡量指標），來滿足生活世界的公共利益。以土地徵收為例，由美國政府過去的司法判例來看，其狹義的定義為土地需做公共目的使用（Public purpose）；廣義的定義則認為能帶來公共益處（Public benefit）即可。這兩大類定義又可再各自細分。兩種定義的爭議更由19世紀持續至

今，且互相循環占據上風，許多的個案甚至纏訟至最高法院（施正鋒、吳珮瑛，2013；陳志民，2013）。

　　儘管民眾對公共政策的風險感知有落差，卻可以補足以客觀導向之專家決策的盲點。在民主社會的歷史進程中，可清楚看到民眾主觀的風險感知，在每一個公共決策階段中，扮演著越來越重要的角色。所以政府更應善盡與民眾的風險溝通之責，並強化學者專家與媒體的社會責任。哈伯瑪斯指出自由主義中傳統的議會政治本質與市場競爭相同，政治行動者透過競爭、策略來獲取選票（而未必使用理性溝通原則）；而審議式政治接近於共和主義觀點，藉由大眾在公共領域的辯論來形塑共識。審議政治並非是要揚棄傳統的選舉制度與議會功能，而是作為一種補充來形成雙軌制審議政治（Two-track deliberative politics）（黃瑞祺、陳閔翔，2010）。亦即法律的制定基礎在於溝通與民意，而非在國家的指示下，以未經公共檢證與認同的技術數據充當法律與政策生成的泉源。哈伯瑪斯指出，法律與道德一旦分開，即未經過「溝通理性」程序的立法，雖然合法，卻將喪失道德的正當性，從而影響政府本身的正當性（顏厥安，1997；Habermas，2003）。以此，結合審議民主程序的立法，不同於傳統民主投票與議會決議的民主過程，而是透過理性溝通、公共辯論以取得共識的生活模式。換言之，透過雙軌制審議政治可協助資本主義社會的形式，將民主政治系統進化為實質民主政治系統。

　　在風險管理方面，根據風險社會理論創始者之一——貝克的理論（2004，2009），隨著工業社會的進展，人類創造了與傳統天災風險不同的風險性質。亦即人造的巨型風險（如：核災、核戰、海洋垃圾、基改作物等）已經反過來影響生態系統，並反饋到人類社會的經濟、政治制度。風險社會的挑戰與特色可歸納為：一、不可知性：未知影響的物質被普遍的使用；二、誰有資格判定什麼是合理的風險標準？三、延展性與不可回復性；四、難以究責；五、對於巨大風險後果的不可計算性與不確定性；六、現代風險決策基本上是技術與經濟的決策所造成的（顧忠華，1994；周桂田，1998，2005）。

　　與哈伯瑪斯的理性溝通相比、貝克認為風險甚至可能存在於人類的「理性思維」之外（Unknown of unknown）。例如：在工業社會早期，人類根本沒有意識到有全球暖化之可能性，自然也無從「理性溝通」關於全球暖化之問題。等到意識到問題以後，往往需要花費巨大之社會成本與時間來調整既有之系統規則，甚至無法彌補已經造成之後果（例如：福島核災、北極冰帽融化、山坡地與集水區開發導致

水資源不足等）。以此，「預防原則」成為風險社會理論的核心要素，即為事先排除可能造成的巨型風險之行動。其次，貝克認為風險也可能是來自於「理性思考」，例如：用高度理性、精密設計核電廠與核子武器，但其結果反而是造成更多巨型風險（核武擴散、核戰、核災等）的弔詭。

在風險社會的時代，進行風險的定義、評估與溝通，其實即為形塑社會對於公共利益的共識過程。然而，公共利益的定義，應隨著大眾觀念的轉變與理解而與時變遷，即社會大眾需透過溝通、討論、發展來主觀意識到該風險存在而影響公共利益（如全球暖化），否則也無法啟動後續的管理程序。若是硬性定義或僅參考量化的技術數據，將很可能成為極權主義的立論基礎（江明修，2003）。MacRae（1976）亦指出如果僅讓科學知識的服務組織來定義價值，形同鼓勵了菁英統治和反民主（Antidemocratic）的傾向，而可能成為替特定利益團體背書的工具（例如：台灣山坡地的濫行開發與農業區違章工廠的就地合法）。

貝克認為，傳統議會政治已無法處理風險社會之問題（例如：政府官員、專家學者與議會代表可能因為不食人間煙火而忽略大眾之意見），貝克因此提出了次政治（Subpolitik）的概念，且提倡直接民主，並加以法制化，使人民得以直接決定自己的命運。在風險意識、評估與溝通的法律層次，將需要納入前述風險社會學特色的主觀意識（如：預防原則、不可回復性等），方能有助於建構社會的風險意識並協助達成正確的風險決策。例如：就技術而言，假設有兩個完全一模一樣的核電廠，但位在不同的地理位置，其周遭的生態環境、地質特性、人口數量、人口密度、生活型態、習慣等等之差異，將導致兩核電廠造成的社會風險與風險意識不同。

教育可導正民眾對議題的理性感知與建構社會風險的認知，但青年族群容易受到媒體渲染，而產生對議題的錯誤認知，例如：對於高暴露且習以為常的空氣污染或食安議題，輕忽其帶來的健康危害，所以必須施予持續且正確地資訊宣導，更重要的是，為政者必須展現高度的同理心，才能體察普羅大眾懼怕死亡的感性訴求，適時輔以配套措施或調整溝通方式。

據此，至少需要嚴謹的行政程序，讓利害關係人得以在資訊公開、公平參與的原則下參與討論，由下而上的協調、解決風險問題，並以成文法加以明文規定。使討論的過程與結果具有法律約束力。關於台灣現行之環評程序內的風險溝通，杜文苓（2010）之田野調查指出：

　　　　現行環評審查制度中所提供公開說明會與環評專案小組審查列席等有
限之公民參與管道，對於釐清環境問題，促進風險溝通，成效不彰。事實
上，中科三期環境問題的釐清，皆在環評有條件通過後的後續會議論辯交
鋒中形成。〔……〕2010年最高行政法院針對此案的判決更提醒環評之行
政裁量，須立足於資訊充分之事實基礎，並保障實踐公民參與原則。

　　其中指出中科三期的聽證經驗，顯示了透過良好的制度與程序設計，有助於各
方釐清爭點，並給予各方專業社群一個溝通的平台。可惜台灣現行的環評制度並未
納入聽證程序，導致後續的會議雖使風險抗辯越辯越明，卻都僅具參考價值，並無
法律上的約束力。

　　整治計畫中，與公眾溝通以制定與實行整治方案乃是最有挑戰性的議題之
一。某些法規架構要求當地社群主動參與制定與實行，某些法規則無此規定。與公
共的互動可透過郵件通知當地的不動產所有人、主動在當地社區召開公聽會。每種
做法各有其優缺點，有時候必須結合不同的做法，以達到有效溝通，並確定相關人
士收到資訊。即使有適當計畫，尤其是傳達風險評估的結果時，由於風險本身的概
念可能難以傳達給無技術知識的大眾，因此設計並建立有效率的公眾溝通系統至少
需要與溝通專家密切合作。通常科學家、毒理專家等並未受過與公眾溝通科技資訊
的訓練。此外，風險管理者亟需判定在某一社區最普遍之資訊傳遞的管道。在某些
國家中，報紙與印刷品已經不再是人們取得資訊的主要管道。電視、廣播、網路以
及行動裝置如智慧型手機、平板電腦在許多國家已經成為較受歡迎的取得資訊之管
道。也許有效溝通最重要的部分在於徹底的通知當地社群，通過不同手段，並追蹤
以確保資訊被接收到。然而，有效溝通並不保證公眾會接受所提出的整治方案或風
險管理方案。因此，風險管理者花時間與當地社群建立關係為一重要步驟，並且要
能掌握風險評估的調查結果與其意涵。

　　由以上之論證與案例，建議政府對於風險管理議題，應徹底執行資訊透明
化、民眾參與合理化，並以成文法加以明文規範。使各方參與人有所遵循，並發揚
溝通理性，以迅速釐清爭點、減少弊端，節省環境成本與社會成本。

8.4 風險管理目標的建立

風險評估基於科學的方法，結合流行病學、毒理學、環境科學、統計學等跨領域的技術，可以提供許多資訊供風險相關的管理決策做參考，如圖8-10。風險評估的方式和結果應具有科學研究的客觀性，不應為了支持特定的政策目的所預期結果，而調整其評估方法與結果解釋。

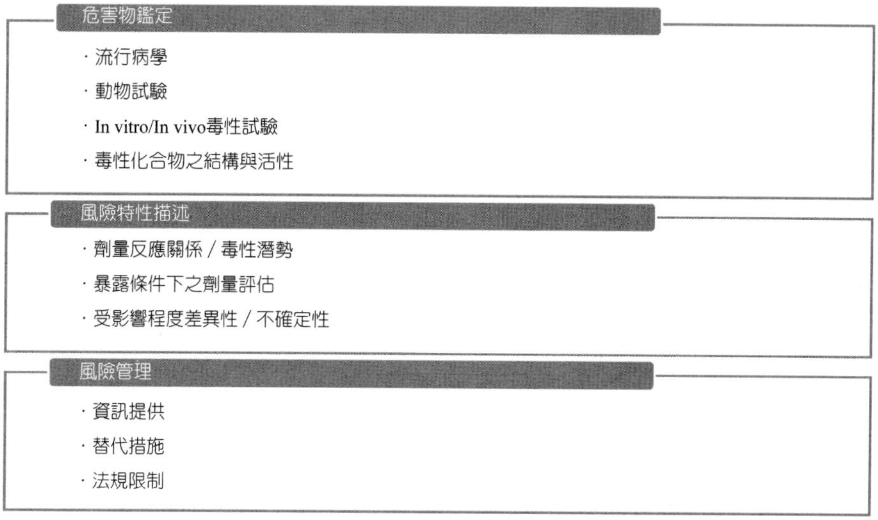

危害物鑑定
- 流行病學
- 動物試驗
- In vitro/In vivo毒性試驗
- 毒性化合物之結構與活性

風險特性描述
- 劑量反應關係／毒性潛勢
- 暴露條件下之劑量評估
- 受影響程度差異性／不確定性

風險管理
- 資訊提供
- 替代措施
- 法規限制

圖8-10 風險評估資訊對於法規決策支援的層面（Calkins et al., 1980）

風險評估的科學估計風險之可能性或機率，管理政策的目的則常包括要決定什麼程度的風險是可接受的，進而根據可接受的風險來決定管制或管理的作為。然而，基於風險值的決策（風險管理）於設定濃度標準或整治目標時可能遭遇到挑戰。這是因為一方面風險評估需要盡量使用最佳的科學方法，另一方面風險管理並不只考慮風險評估所得的科學結果，而是包含了其他因素的考量，例如：費用、法規限制、利害關係人（公眾）的價值觀等（見圖8-11）。因此風險管理並非純科學程序，而必須試圖與其他各個面向取得平衡。風險管理者必須評估各種資訊以進行決策，並設定管理手段之目標或環境保護之標準。本節將探討風險評估如何作為目標設定之基礎，風險評估有其科學方法上的限制，勢必影響其在決策制定中的角色比重。

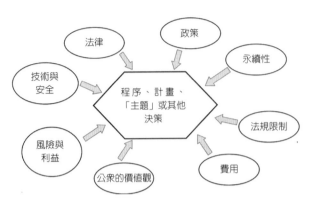

圖8-11　政府或產業風險管理常見之考慮因素

　　以污染場址風險管理之法規來看（圖8-12），風險評估可以評估目前污染物質對於人體健康之效應，並初步判斷管理手段的需要性，然而決策之制定，仍需決定風險之可接受的程度。風險可接受的程度並非單純風險評估可以決定的，需反映當代政治、文化與受影響團體的立場（Robson and Toscano, 2007）。其他需考慮之因素可能還有法規變動之經濟層面的影響，整治的成本或控管成本與可執行程度常為經濟層面考量。對於法規之執行，行政單位也需要釐清誰為新政策下之受益與受到衝擊之團體對象，方能建立具體的風險溝通與政策修正模式。最後，風險評估可以當作策略成效之評估工具，透過風險評估之模式，預估不同管理方案可能削減健康風險之程度，並可結合公共衛生就醫紀錄等資訊來換算其間接之健康效益。

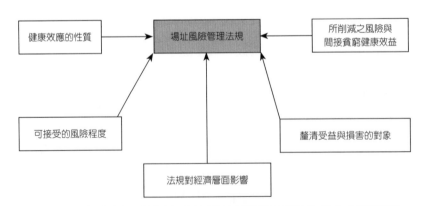

圖8-12　參考風險所制定之法規政策可能需要參考之相關資訊

8.4.1 環境風險管理之各種原則與目標設定

檢視不同國家的做法，環境風險管理有幾個原則，其原則會決定目標設定與決策的應用方式，依不同原則說明如下：

原則一：限制危害性化學物質，並公布清單進行分類管制

本原則係由政府提供危害性化學物質之清單，目標是要求特定的產品、工作環境或自來水等媒介不得出現清單中的化學物質，要求不能有暴露於這些化學物質之風險。這些化學物質係經過流行病學或毒理學實驗證實，確實具危害性或很可能有危害性，而列入管制清單。例如：美國加州環保署的Proposition 65清單，在Safe Drinking Water and Toxic Enforcement Act中法律明定州政府負有公告責任，且現已管制五百多種可能致癌、新生兒缺陷或其他生殖毒性之化學物質。

原則二：確保無不良效益

最早使用這原則做風險管理的是美國食品藥物管理局（Food and Drug Administration, FDA）。乃基於毒理學研究，以找出一個不會產生不良健康效應之安全劑量為目標，確保風險管理能將暴露控制在這安全劑量之下。若人類毒理證據不足，便使用動物或其他生物研究所觀察到的數值會除以一個安全因子或不確定因子來下修安全劑量，以增加安全範圍的可信度。美國環保署亦運用相同的原則來建立有害物質之參考劑量與環境暴露介質中之參考濃度。本原則所建立的標準是依據一個閾值，而非發生之機率風險。

原則三：參考風險機率分布之上限

對於有些危害效應（尤其是致癌性危害），其劑量反應關係為發生機率隨著暴露劑量而增加，機率性的風險評估會因暴露情境的不確定性與變異性，讓實際風險和估算值有一個正負偏差範圍。本原則以保守為前提，以風險機率上界（Upper-bound）來做風險管理的參考值，美國環保署最先公布這一套完整的機率風險評估方法，現在已廣泛用在多種環境評估的案例中，包括美國的空氣污染管制、水污染管制及有害廢棄物場址之評估，都有使用機率性之風險評估。受到污染的場址，也多以此原則來評估風險機率與不確定性，並作為整治目標之參考。

原則四：同時參考成本效益之風險決策

有一些政策的擬定會希望綜合評估所有的成本效益，以選出成本效益最佳的風

險管理方案。在評估中會把所有正面與負面的影響換算爲貨幣化的價值以加總比較，美國法規〔Federal Insectiade, Fungrcide, and Rodenticide Act (FIFRA)〕標準即使用此原則，以具有成本效益評估之風險評估作爲決策參考。然而此原則令人詬病的問題包括：一、忽視環境道德標準；二、有許多環境的價值無法客觀地以貨幣化計算；三、無法平衡處理有些人得到效益的同時，其他人卻增加成本的情況，亦即成本效益分配不均的問題。在設定污染場址整治應達到之目標後，再評估是否進行整治？用何種方式整治？或是不整治而限制場址之利用，常常是基於成本效益考量與風險評估的結果來做決定。

　　關於污染場址的管理，本書第二章討論了一些有關全國性整治計畫的法規。透過案例解釋了這些計畫如何產生、發展或失敗。回顧這些計畫時，我們注意到有些全國性計畫是基於風險考量，有些則不是。即使是基於風險考量的計畫，有些在實際執行時也並非完全依據風險評估的結果。隨著計畫進行，在執行過程中建立起監測值（Screening value）、管制值（Standard）與整治目標（Goal），以供評估與整治污染場址。管理機關通常會制定標準值與目標以符合全國性計畫的一致性。然而符合此一致性之設定，可能忽略實際上局部位置的危害風險較高的可能性，因污染場址的環境條件在空間上並非均一，污染物的種類或其受影響介質中濃度都有空間分布差異性。管制值與目標通常反映了時代背景的政策發展，爲了提供在一定期限內有達成可能性之目標。管制值通常暗示了，若超過此環境標準值或未能達成整治目標，主管機關可對污染責任者採取法律行動。監測值與管制值或管理目標不同，監測值定義爲低於此值則無需採取風險管理措施（ITRC, 2005）。監測值可基於風險並幫助風險管理者評估環境數據，以判定污染物在某特定介質中是否需進行風險評估。監測值、管制值、目標的類別有許多種，包括：規範性目標（Narrative goals）、管制值（Bright line standards）、目標值與介入值（Target and intervention values）、主要整治目標、場址特定整治目標。此外可能還有其他衍生的類別，但並不在此處詳細討論。前述主要爲環境風險管理目標之名詞有其特定意涵，並於此敘明，以免誤用、誤解。

一、規範性目標（Narrative Goals）

　　規範目標通常沒有實際數字，常見於全國性環境計畫的前言或導論，多具有理

想性而非實際值。例如：美國清潔水法案（Clean Water Act）的前言裡，設定全國目標爲「使全國的水域皆可游泳與釣魚」，從中看不出其確實的意義，以及需要哪些資源以達成此目標。此等用語不只出現於美國的立法機構，亦可發現於歐洲、亞洲、大洋洲等地區的國家型計畫。

有時規範性目標會暗示或明示採取特定的措施以處理污染。理論上，採取這些措施可達成規範性目標，而實際的爭議在於如何才算達成規範性目標，因此通常沒有提供風險評估者與管理者實際的指引。有時甚至在某些整治計畫當中，只要採取了所規範的特定風險管理措施，就可認爲已「達成」目標。

二、管制值（Bright Line Standards）

管制值乃一事先決定的標準，限制污染物在一介質中不應超過此標準。管制標準不一定基於風險評估。多數情況顯示主管機關傾向不使用基於風險值在整治計畫的決策。在整治中使用管制值，意味著用於計算風險所蒐集的場址之特定性數據的資訊價值被忽略了。這可能導致採取了過度花費以及不必要的整治措施。但使用管制值的優點在於不需要高度訓練的人員，並提供整治工程人員明確的整治目標。另一個優點在於面對多個小面積的污染場址時，相較於去蒐集每個場址的特定資訊，直接整治到管制值可能更有效率以及節省成本。有時管制值剛好等於環境背景值，因此將污染降低到背景值即可。環境背景值通常定義爲：自然狀態下某物質在特定地理環境下的介質中的濃度（USEPA, 2002）。然而試圖定義某特定場址的自然背景值對風險評估者與管理者而言相當具挑戰性。環境背景值具有時間與空間的不確定性，例如：受到採樣的時間和地點的影響，而當分析樣品的方法無法提供最先進的技術時，將使實際的背景值更難以得知。例如：甲基汞於過去十年內，在環境介質中測量此物質的方法有了巨大的改變。在某些案例中，自然事件（火山爆發）可能改變區域中的物質濃度，如果採樣發生於自然事件之前，並與現在的介質相比較，實難以得知污染是來自人爲活動或自然事件（UK Environmental Agency, 2009; CIEH, 2008; Nriagu and Becker, 2003）。

三、目標值與介入值（Target and Intervention Values）

如名稱所示，目標值爲希望達到的目標，並不一定基於風險考量。介入值通

常為污染物在介質中於自然狀態下的值，一旦超過此值，則建議採取整治（介入），以確保減少人類與生態受體的暴露。此類數值最知名的即為荷蘭的「荷蘭介入值」（Dutch Intervention Value, DIV）與荷蘭目標值（Dutch Target Value, DTV）（Lijzen et al., 2001; Pronk, 2000; RIVM, 2000）。根據1994年荷蘭的土壤保護法（Dutch Soil Protection Act），「荷蘭介入值」用來評估荷蘭的土壤、底泥與地下水，也用來評估人體與生態受體在介質中的潛在暴露，並有時作為介質中的監測值。

四、初步整治目標（Preliminary Remediation Goal, PRG）

PRG不一定基於風險，通常在污染場址調查前或剛開始調查時，由主管機關提供給風險評估者與管理者。PRG具有介質特定性，大多數情況下應用於土壤、底泥、地下水的整治。PRG與類似美國環保署超級基金計畫的法定計畫之管制值不同，僅是風險管理決策的其中一個面向。此外PRG不同於基於風險的監測值，而監測值亦非用來制定整治目標或標準（雖然常常被誤用）。PRG的目的是設計成保守的，其思維是一旦將土壤、底泥或其他介質整治到PRG，則無需對場址採取任何其他措施。PRG通常應用於小場址或大場址內的小塊區域，因為比起進行大規模調查，直接將這些介質整治到PRG將更有效率。同時PRG可用來篩選整治方案，並捨棄無法達成PRG的方案，以利儘快進行下一步動作（USEPA, 1991）。

五、場址特定整治目標（Site Specific Remedial Goals）

場址特定整治目標，如其名稱所示，乃針對特定單一場址或地理區域的危害與暴露所制定（Zhang et al., 2014）。場址特定整治目標為蒐集場址特定資訊（暴露、危害物濃度），並運用這些數據進行風險評估，以判定人體與生態受體是否受到不可接受的風險。對於較大型與複雜的場址，透過基於風險來制定場址特定整治目標，可了解潛在的有害暴露途徑，並以此設計整治方案。制定場址特定整治目標將決定可能需要多少經費、人力與施工材料設備。這些類型的整治目標將於第九章的案例二（土壤整治）與案例三（Newport超級基金場址）做介紹。根據定義，場址特定整治目標僅適用於單一場址，即使污染物的種類與程度相同，由於風險不同，所以不一定適用於其他場址。此點可能引起公平性之爭議，尤其當整治者花費

大量時間與金錢所設定之目標值，可能無法被法規允許適用於其他相似的場址或情況。

8.4.2 設定風險管理目標之挑戰

以健康風險評估之結果來建立定管理目標常會受到挑戰，主要受到質疑之處在於：一、風險評估無法告訴決策者何爲可接受之風險；二、風險評估的結果可能因選用之模式與資料可能具有高度不確定性；三、決策者可能無法從風險評估的結果得知其與污染活動之間的絕對關係，以下分別說明之。

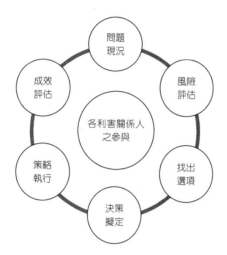

圖8-13　風險管理決策不同階段皆需要利害關係人之參與

目前污染場址可接受的風險常引用國外常用的參考值，卻忽略了受到暴露影響的族群可接受的風險程度，除了會受到族群文化所影響，也需考慮當地環境的條件與既有風險。過去爲環境影響評估所做的風險評估，被質疑所評估的風險係某特定污染源所增加的風險，未考慮到當地的風險可能早已超過可接受之程度。然而風險評估要明確鑑定所有既有的人爲風險和自然環境之背景濃度所造成的風險，在目前的調查資料與評估方法上，仍有相當高的難度。通常低於10^{-6}致癌風險只用來探討單一有毒物質或只討論單一污染活動的影響，對於一個有受到多種有毒物質污染與周邊有多種污染活動的場址，因爲問題的複雜度高，所以在討論可接受風險時，

除了需要釐清更多其他風險源與其影響程度，可接受風險的決策過程需要許多溝通，並且讓利害關係人能夠參與，而非單純仰賴專家的經驗與數據來做判斷；經過溝通後，可能會發現需要修正風險評估的範疇或方式，甚至需要進行更詳細的實地調查。

其次，風險評估的結果常具有高度不確定性，導致結果受到質疑，例如：

一、模式缺少實地參數而使用預設值。

二、模式未考慮到評估範圍內的變異性。

三、部分化學物質缺少毒性參數導致低估。

四、模式的簡化與假設在估計環境傳輸與現實狀況上有誤差。

五、模式可能忽略到當地特定的敏感性族群，如：老人與幼兒。

六、因污染活動之調查不足，所估算之風險可能低估，例如：漏掉「偷排污染物」的事件。

七、多種物質從多途徑被人體吸收的累加效應未必是線性關係。

由於上述之不確定性與誤差，會影響以風險評估為基礎之決策的接受度。在實地資料的需求上，國內的指引已建議使用三個層次的評估，第一層次為快速篩檢該場址是否有風險的疑慮，可以保守評估的預設參數來計算風險；第二層次與第三層次分別需要再投入更多的調查，找出對實地情況具代表性的參數，並降低結果的不確定性；使用更細緻的模式，描述風險的空間變異性。對於無法降低之不確定性，決策者將會需要分析者清楚交待其中的假設與不確定性，有時也需要第三方專家審查其評估方法與結果，以確保其中的模式假設不會導致結果明顯的偏差。即便如此，仍可能因資訊不足，有無法掌握之不確定性，最後可能導致決策使用較保守的預警原則（Precautionary principle）來決定管理方案，例如：禁止對當地產生污染的活動或禁止族群在受污染場址從事任何有暴露疑慮的活動。

再者，決策者在設定管理目標時，可能需要知道哪些污染行為是管理的對象；另一方面，決定者設定整治目標時，也需考慮到有哪些技術可以達到所謂的「可接受風險」。有時風險評估者把風險評估的結果整合為單一數值，只呈現結果，會讓決策者忽略了其中許多影響風險相關的細節，忽視整個導致風險的系統複雜性；例如：未能清楚顯示不確定性來源，包括多種暴露的差異、累積效應、特別敏感的暴露族群、毒理研究仍不夠清楚的健康影響，都有可能隱藏在風險評估的結果數值之後；然而這些隱藏的資訊可能提供決策者找出風險管理方案的線索。因

此決策者除了需要估計風險後果（Fore-casting）的資訊，更需要一些反映因果關係（Back-casting）的資訊，好讓決策者在期待風險改善的同時，能夠辨別各種污染活動、控制行動、限制策略對於減輕健康風險的效應。

Chapter 9

污染場址風險評估案例

吳先琪　陳尊賢　Ralph G. Stahl, Jr.

9.1 台灣彰化和美重金屬污染場址之風險評估案例

本案例中風險評估之目的，在於利用重金屬污染區域於植生復育前後之土壤重金屬濃度差異及相關參數，以判斷植生復育對於降低人體受重金屬毒害之成效（陳尊賢等人，2006）。評估方法乃援用美國環保署（U. S. Environmental Protection Agency, U. S. EPA）於1986年所提出之人體健康風險評估架構為主（USEPA, 2000），分為危害物鑑定（Hazard identification）、暴露評估（Exposure assessment）、劑量效應評估（Dose-response assessment）及風險特性描述（Risk characterization）等四步驟。

9.1.1 台灣彰化和美地區重金屬濃度空間分布調查

一、污染場址調查原則與方法

本案例選擇彰化地區控制場址之地號分別為彰化縣和美鎮大嘉段1492、1493、1494及1496號（圖9-1），面積分別為2673、3806、3273及3163m²，因此試驗之總面積約為1.3公頃。

一般對污染區之土壤布點採樣方法大約有六種方法，包括：

1. 主觀判斷抽樣（Judgmental sampling）。
2. 簡單隨機抽樣（Simple random sampling）。
3. 分層抽樣（Stratified sampling）。
4. 系統及網格抽樣（Systematic and grid sampling）。
5. 調整叢集抽樣（Adaptive cluster sampling）。
6. 混合抽樣（Composite sampling）。

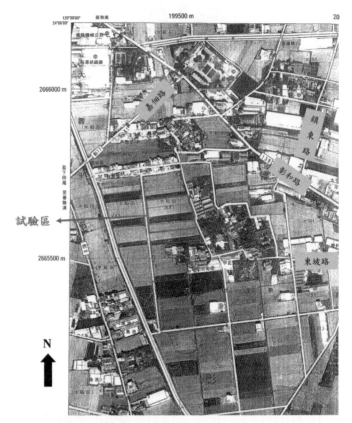

圖9-1　彰化地區控制場址之地號分別為彰化縣和美鎮大嘉段1492、1493、1494及1496號（彩圖另附於本書第337頁）

　　由於污染調查結果要能了解污染原因及假說之驗證，要對不同污染源之不同影響地區作危害性評估，採樣方法就必須考量是否可達到此方面之研究目的。

　　配合地理統計法（Geostatistics）之運算與評估濃度分布之需要，採樣之布點採網格法進行，並在網格法距離的三分之一距離內之不同方向布置採樣點，由於試驗區東側靠近灌溉水入口，因此試驗區東側之採樣點分布較密集（圖9-2），四塊試驗區合計採集67個樣點，採集之土壤深度包含表土（0～15cm）及底土（15～30cm），因此試驗區重金屬空間分布調查之土壤樣品數共計134個。

　　土壤採樣以手動式土鑽進行，為避免採樣工具殘留土壤造成土壤樣品之交互污染，因此於每一土壤樣品採樣之前，需以自來水清洗土鑽、移除土鑽上殘留之土壤，並於新採樣點附近以土鑽先進行試挖，移除土鑽中試挖之土壤後，再進行土壤

採樣。

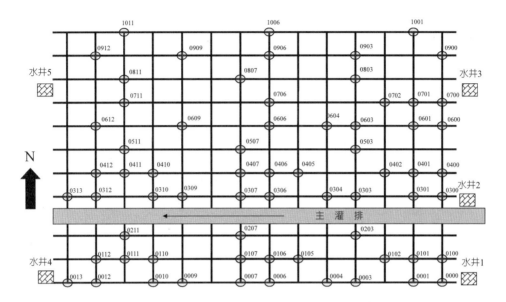

圖9-2　彰化植生復育試驗區重金屬濃度空間分布調查採樣點之分布圖（彩圖另附於本書第338頁）

　　土壤樣品經清點無誤之後帶回實驗室進行風乾、磨碎、過篩（10mesh）後，裝於材質為高密度聚乙烯（HDPE）的樣品瓶中備用。進行重金屬全量分析之土壤則再經磨碎及過篩（100mesh）後，以王水法進行分析。

　　土壤重金屬空間分布調查所分析之重金屬種類包含砷（As）、銅（Cu）、鎘（Cd）、鉻（Cr）、汞（Hg）、鎳（Ni）、鉛（Pb）及鋅（Zn），爾後之重金屬分析項目則依實際存在於試驗區之重金屬種類而定。

　　試驗區土壤重金屬鎘與砷污染濃度之空間分布調查之結果如圖9-3至圖9-4所示。試驗區土壤重金屬全量濃度之空間分布情形與預期相同，靠近試驗區東側重金屬之全量濃度較高，而西側濃度則較低，四塊試驗區中又以地號1492與1493之重金屬全量濃度較高。

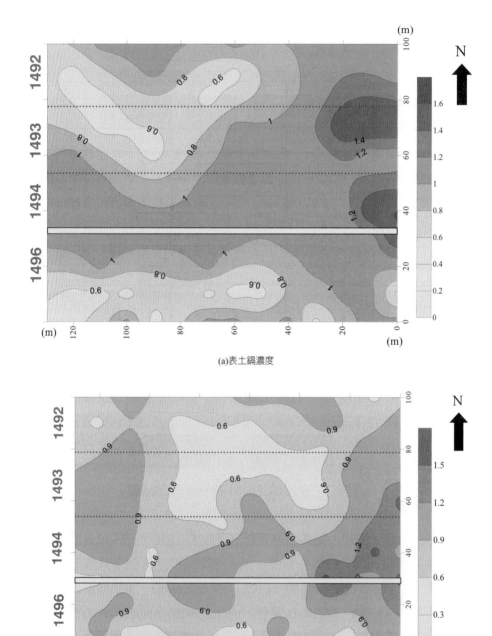

(a)表土鎘濃度

(b)底土鎘濃度

圖9-3　試驗區(a)表土（0～15cm）及(b)底土（15～30cm）土壤Cd全量濃度空間分
　　　布圖（食用作物農地土壤管制標準與監測基準 = 5.0與2.5mg kg⁻¹）（彩圖
　　　另附於本書第339頁）

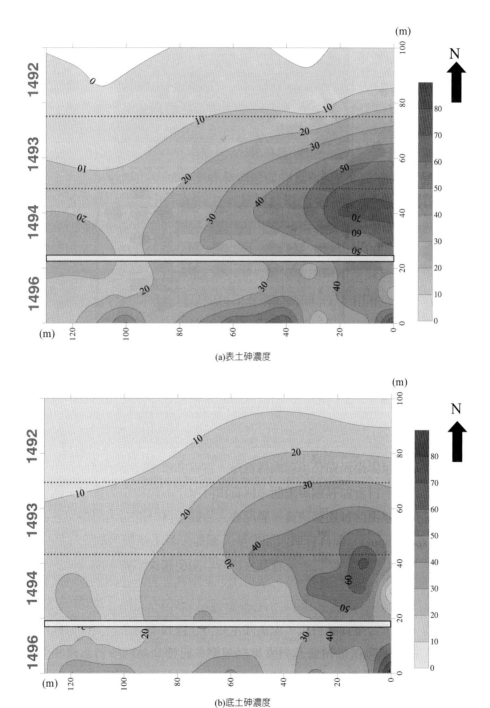

(a)表土砷濃度

(b)底土砷濃度

圖9-4　試驗區(a)表土（0～15cm）及(b)底土（15～30cm）土壤As全量濃度空間分布圖
（土壤管制標準與監測基準 = 60與30mg kg^{-1}）（彩圖另附於本書第340頁）

二、場址污染物分布

　　表土及底土8種重金屬之全量濃度範圍如表9-1所示，部分採樣點As、Cu、Cr、Ni及Zn之全量濃度已超過食用作物農地土壤污染監測基準或土壤污染監測基準，其中部分採樣點As、Cr、Ni及Zn之全量濃度已超過食用作物農地土壤污染管制標準或土壤污染管制標準，而Hg、Cd及Pb之全量濃度則低於食用作物農地土壤污染監測基準。

■ 表9-1

彰化植生復育試驗區表土及底土重金屬全量濃度之範圍

重金屬種類	重金屬濃度（mg kg^{-1}）			
	食用作物農地土壤管制標準	食用作物農地土壤監測基準	表土（0~15cm）	底土（15~30cm）
Cd	5	2.5	0.55~1.64	0.55~1.64
Cu	200	120	23.3~152	26.4~153
Pb	500	300	8.55~42.7	25.6~42.7
Zn	600	260	202~958	139~722
Ni	200*	130*	103~523	47.7~422
Cr	250*	175*	46.3~463	38.0~236
Hg	5	2	0.17~0.79	0.18~0.57
As	60*	30*	ND~87.4	ND~89.9

*土壤污染管制標準

三、土壤基本性質分析結果

　　試驗區0～30cm土壤之有機碳為2.52%，CEC為13.2 cmol$_{(+)}$kg^{-1}，水分含量為2.98%，質地為坋質黏土（Sand 8.8%、Silt 50.9%、Clay 40.3%）。試驗區土壤pH值空間分布分析結果顯示，本試驗區土壤之pH值屬於中酸性至中性，表土（0～15cm）之土壤pH值範圍為5.6～7.2，底土（15～30cm）之土壤pH值範圍則為5.9～7.2。

9.1.2 暴露評估

暴露評估在於探討標的化學物質藉由各種途徑進入人體且被人體吸收之劑量，一般以人體每日每公斤體重吸收之化學物質毫克數（mg kg^{-1} d^{-1}）爲基準。

在進行暴露計算時，本研究分別以12個試驗區中，表土中之鋅、鉻、銅及鎳等四種金屬濃度〔CS(mg kg^{-1})〕之中位數及最大值加以計算（表9-2），以了解金屬污染對人體危害之平均趨勢及最大可能性。以下將分別描述不同暴露途徑下，人體吸收土壤中金屬污染物質之計算方式及輸入參數。

■ 表9-2

試驗區表土中金屬濃度（mg kg^{-1}）之中位數及最大值

重金屬種類	重金屬濃度（mg kg^{-1}）	
	中位數	最大值
Zn	346	662
Cr	83	207
Cu	90	122
Ni	219	412

一、誤食土壤

人體因誤食土壤所產生之暴露量〔EXP_{ing} (mg kg^{-1} d^{-1})〕可由下式計算（USEPA, 2002）

$$EXP_{ing} = \frac{CS \times IR \times EF \times ED \times CF}{BW \times AT} \tag{9-1}$$

式中各符號之意義、單位、輸入值及來源列於表9-3。參數中體重部分以行政院衛生署於1997年調查全國成年人之平均體重爲輸入值（Jang et al., 2006）。而平均時間部分，考量致癌風險計算時爲70年，考量非致癌風險計算時則爲30年（U. S. EPA, 2002）。

■ 表9-3

人體由誤食土壤途徑吸收金屬模式中各參數之符號、輸入值、單位及來源

模式參數	符號	輸入值	單位	來源
轉換因子	CF	10^{-6}	kg mg^{-1}	
暴露頻率	EF	350	d y^{-1}	U.S. EPA (2002)
暴露週期	ED	30	y	U.S. EPA (2002)
體重	BW	60.9	kg	Jang et al. (2006)
平均時間	AT	70×365（致癌） 30×365（非致癌）	d	U.S. EPA (2002)
誤食速率	IR	50	mg d^{-1}	U.S. EPA (1997)

二、呼吸吸入

人體由呼吸含土壤顆粒之空氣所造成之金屬暴露量〔$EXP_{inh}\ (\text{mg kg}^{-1}\ \text{d}^{-1})$〕可由下式計算（U. S. EPA, 2002）

$$EXP_{inh} = \frac{CS \times PA \times IH \times EF \times ED \times CF}{BW \times AT} \qquad (9\text{-}2)$$

式中各符號之意義、單位、輸入值及來源列於表9-4。

■ 表9-4

人體由呼吸含土壤顆粒之空氣造成金屬暴露模式中各參數之符號、輸入值、單位及來源

模式參數	符號	輸入值	單位	來源
轉換因子	CF	10^{-6}	kg mg^{-1}	
暴露頻率	EF	350	d y^{-1}	U. S. EPA (2002)
暴露週期	ED	30	y	U. S. EPA (2002)
體重	BW	60.9	kg	Jang et al. (2006)
平均時間	AT	70×365（致癌） 30×365（非致癌）	d	U. S. EPA (2002)
顆粒密度	PA	0.0542	mg m^{-3}	Granero and Domingo (2002)
呼吸速率	IH	20	$\text{m}^3\ \text{d}^{-1}$	U. S. EPA (1997)

三、皮膚接觸

人體由皮膚接觸土壤顆粒所造成之金屬暴露量〔EXP_{abs}(mg kg^{-1} d^{-1})〕可由下式計算（USEPA, 2002）

$$EXP_{abs} = \frac{CS \times AF \times ABS \times SA \times EF \times ED \times CF \times EV}{BW \times AT} \tag{9-3}$$

式中各符號之意義、單位、輸入值及來源整理於表9-5。其中接觸面積部分乃以成年人之皮膚表面積估算，而吸收因子部分由於缺乏鋅、鉻、銅及鎳之參考值，因此考慮U. S. EPA中金屬吸收因子範圍（$10^{-2} \sim 10^{-3}$），以0.005爲模式輸入值。

■ 表9-5

人體由皮膚接觸土壤顆粒所造成金屬暴露模式中各參數之符號、輸入值、單位及來源

模式參數	符號	輸入值	單位	來源
轉換因子	CF	10^{-6}	kg mg^{-1}	
暴露頻率	EF	350	d y^{-1}	U. S. EPA (2002)
暴露週期	ED	30	y	U. S. EPA (2002)
體重	BW	60.9	kg	Jang et al. (2006)
平均時間	AT	70×365（致癌） 30×365（非致癌）	d	U. S. EPA (2002)
附著因子	AF	0.3	mg cm^{-2}-event	U. S. EPA (2002)
接觸次數	EV	1	event d^{-1}	U. S. EPA (2002)
接觸面積	SA	5700	cm^2	U. S. EPA (2002)
吸收因子	ABS	0.005		U. S. EPA (2002)

9.1.3 劑量反應評估

在劑量反應評估中，可將化學物質分爲致癌性及非致癌性兩大類，分別探討其致癌及非致癌效應。在非致癌效應中，劑量反應之評估依據爲參考劑量（mg kg^{-1}

d^{-1}）；而致癌效應中，劑量反應評估之基準則爲致癌風險斜率係數（$kg\ d\ mg^{-1}$）。

本研究所考慮之 RfD 及 CSF 值以美國環保署公布之標準值爲依據（U. S. EPA, 1997），但由於本研究所考量的暴露族群之平均體重爲60.9公斤，必須以下式加以修正：

$$修正值 = 標準值 \times \left(\frac{BW}{70}\right)^{\frac{1}{3}} \tag{9-4}$$

RfD及CSF之標準值及修正值列於表9-6。其中CSF部分針對鋅、鉻、銅、鎳等四種金屬，由於美國環保署僅有藉由呼吸吸入途徑之CSF值，因此本研究中僅能計算由呼吸吸入所導致之致癌風險，至於由皮膚接觸及誤食土壤所造成之致癌風險，則有待相關SF標準值建立後方能計算評估。

■ 表9-6

鋅、鉻、銅、鎳等四種金屬之癌症斜率因子及參考劑量。其中標準值以美國環保署公布值爲準，修正值則以考量之暴露族群體重代入（9-4）式計算而得

| | 癌症斜率因子（CSF, $kg\ d\ mg^{-1}$） | | 參考劑量（RfD, $mg\ kg^{-1}\ d^{-1}$） | | | |
	Cr	Ni	Zn	Cr	Cu	Ni
標準值	42	0.84	0.3	0.003	0.027	0.02
修正值	40.1	0.80	0.29	0.0029	0.026	0.019

9.1.4 風險特性描述

以試驗區重金屬空間分布調查之結果，計算植生復育前之風險值，植生復育後土壤之重金屬濃度，則以植生復育前之重金屬濃度扣除植物移除之重金屬量加以計算，植生復育前後之風險值變化不大，原因應與植物之實際種植時間較短有關，風險評估之計算結果詳述如下。

一、非致癌風險

依據美國環保署所公布之風險評估流程，化學物質對人體之非致癌風險可以下式計算（U.S. EPA, 1996）：

$$HQ = EXP_{total}/RfD \qquad (9\text{-}5)$$

式中HQ為危害商數（Hazard Quotient），EXP_{total}則為所有暴露途徑所造成人體暴露量之總合。當HQ大於1時表示有顯著之非致癌風險；而HQ小於1時則無顯著之非致癌風險。本研究中，人體經由呼吸吸入、誤食土壤及皮膚接觸所造成之暴露量及危害商數分別示於表9-7。

■ 表9-7

	Zn		Cr		Cu		Ni	
	中位數	最大值	中位數	最大值	中位數	最大值	中位數	最大值
				植生復育前				
EXP_{inh}	5.9×10^{-6}	1.1×10^{-5}	1.4×10^{-6}	3.5×10^{-6}	1.5×10^{-6}	2.1×10^{-6}	3.7×10^{-6}	7.0×10^{-6}
EXP_{ing}	2.7×10^{-4}	5.2×10^{-4}	6.5×10^{-5}	1.6×10^{-4}	7.1×10^{-5}	9.6×10^{-5}	1.7×10^{-4}	3.2×10^{-4}
EXP_{abs}	4.7×10^{-5}	8.9×10^{-5}	1.1×10^{-5}	2.8×10^{-5}	1.2×10^{-5}	1.6×10^{-5}	3.0×10^{-5}	5.6×10^{-5}
HQ	1.0×10^{-3}	2.0×10^{-3}	2.5×10^{-2}	6.2×10^{-2}	3.0×10^{-3}	4.1×10^{-3}	9.8×10^{-3}	1.9×10^{-2}
				植生復育後				
EXP_{inh}	5.8×10^{-6}	1.1×10^{-6}	1.4×10^{-6}	3.5×10^{-6}	1.5×10^{-6}	2.0×10^{-6}	3.7×10^{-6}	7.0×10^{-6}
EXP_{ing}	2.6×10^{-4}	5.1×10^{-4}	6.4×10^{-5}	1.6×10^{-4}	7.0×10^{-5}	9.5×10^{-5}	1.7×10^{-4}	3.2×10^{-4}
EXP_{abs}	4.5×10^{-5}	8.8×10^{-5}	1.1×10^{-5}	2.8×10^{-5}	1.2×10^{-5}	1.6×10^{-5}	2.9×10^{-5}	5.5×10^{-5}
HQ	1.0×10^{-3}	1.9×10^{-3}	2.4×10^{-2}	6.1×10^{-2}	2.9×10^{-3}	4.0×10^{-3}	9.7×10^{-3}	1.8×10^{-2}

表標題：人體經由呼吸吸入、誤食土壤及皮膚接觸所造成之暴露量及危害商數

二、致癌風險

依據美國環保署所公布之風險評估流程，化學物質對人體之致癌風險可以下式計算（USEPA, 1996）：

$$TR = EXP \times CSF \tag{9-6}$$

式中TR為人體暴露於致癌物質所造成之終生致癌風險。一般而言，當TR大於10^{-6}時表示有顯著之致癌風險；而TR小於10^{-6}時則無顯著之致癌風險。由於美國環保署僅有藉由呼吸吸入途徑之CSF值，因此本研究僅能計算由呼吸吸入所導致之致癌風險。本研究中，人體經由呼吸吸入所造成之暴露量及終生致癌風險分別示於表9-8。

■ 表9-8

暴露量 /	Cr		Ni	
終生致癌風險	中位數	最大值	中位數	最大值
植生復育前				
EXP_{inh}(mg kg^{-1} d^{-1})	2.1×10^{-8}	5.1×10^{-8}	5.3×10^{-8}	1.0×10^{-7}
TR	7.0×10^{-7}	1.8×10^{-6}	3.7×10^{-8}	7.0×10^{-8}
植生復育後				
EXP_{inh}(mg kg^{-1} d^{-1})	2.0×10^{-8}	5.0×10^{-8}	5.3×10^{-8}	1.0×10^{-7}
TR	6.9×10^{-7}	1.7×10^{-6}	3.7×10^{-8}	7.0×10^{-8}

若土壤污染風險以誤食土壤、土壤逸散、皮膚接觸三種途徑，總風險為此三途徑風險之總和，對象則以暴露頻率為200天／年（一年工作200天）、暴露期間35年（自25歲工作至60歲）之農夫加以計算，地下水污染風險則以灌溉井水之分析結果加以計算。計算結果顯示，在致癌風險的部分以砷所造成的風險值5.85×10^{-5}為最高，占了總風險的99.4%，並且超過了較保守的可接受風險設定（1×10^{-6}），不過也有國家或組織把可接受風險設在（1×10^{-4}），則砷所造成的風險就還在可以接受的範圍內，其餘重金屬之致癌風險皆小於1×10^{-6}。如果以環境介質來看，因為地下水資料中的金屬多屬於沒有致癌毒性（或沒有量化致癌斜率者），所以並沒有計算它的致癌風險。所有的致癌風險都是土壤中致癌金屬所造成，其中以誤食土壤所造成的致癌風險最大，占了三種途徑之93%。

　　土壤與地下水非致癌總風險分別約爲1.33與1.91，由於其值大於1，因此有非致癌風險之存在。土壤中以砷與鉻所造成的風險所占比例最高，分別爲總非致癌風險之38%與37%，土壤與地下水對非致癌風險值的貢獻約爲4：6，其中土壤中對風險貢獻最大的暴露途徑是誤食土壤這個部分（76%）。

■ 表9-9

關切化學物質	誤食土壤	土壤逸散	皮膚接觸	總風險	
		土壤污染所造成的風險			
		致癌風險			
砷	5.44×10^{-5}	9.45×10^{-11}	4.16×10^{-6}	5.85×10^{-5}	99.3%
鎘	2.59×10^{-7}	7.46×10^{-13}	2.51×10^{-8}	2.84×10^{-7}	0.5%
鉻	NA	1.40×10^{-9}	NA	1.40×10^{-9}	0.00%
銅	NA	NA	NA	NA	0.00%
汞	NA	NA	NA	NA	0.00%
鎳	NA	3.17E-11	NA	3.17×10^{-11}	0.00%
鉛	1.51×10^{-7}	1.29×10^{-13}	9.14×10^{-9}	1.60×10^{-7}	0.2%
鋅	NA	NA	NA	NA	0.00%
風險值	5.48×10^{-5}	1.53×10^{-9}	4.19×10^{-6}	5.90×10^{-5}	-
占總風險的百分比	93%	0.0%	7%	-	-
		非致癌風險			
砷	4.72×10^{-1}	2.88×10^{-6}	3.61×10^{-2}	5.08×10^{-1}	38.1%
鎘	2.66×10^{-3}	1.60×10^{-7}	2.58×10^{-4}	2.92×10^{-3}	0.2%
鉻	2.50×10^{-1}	4.50×10^{-6}	2.42×10^{-1}	4.92×10^{-1}	36.9%
銅	2.46×10^{-1}	1.50×10^{-8}	1.05×10^{-2}	2.57×10^{-1}	19.2%
汞	6.39×10^{-4}	2.58×10^{-9}	2.09×10^{-5}	6.60×10^{-4}	0.1%
鎳	4.24×10^{-2}	5.74×10^{-6}	2.57×10^{-2}	6.81×10^{-2}	5.1%
鉛	NA	NA	NA	NA	0.0%
鋅	5.18×10^{-3}	NA	1.25×10^{-4}	5.30×10^{-3}	0.4%
風險值	1.02	1.33×10^{-5}	3.15×10^{-1}	1.33	-
占總風險的百分比	76%	0.0%	24%	-	-

NA：缺乏參考劑量或斜率因子

■ 表9-10

地下水污染所造成的風險			
關切化學物質	皮膚與污染灌溉水接觸	總風險	
致癌風險			
砷	-	0.00	-
鎘	-	0.00	-
鉻	NA	0.00	-
銅	NA	NA	-
汞	NA	NA	-
鎳	NA	0.00	-
鉛	-	0.00	-
鋅	NA	NA	-
風險值	0.00	0.00	-
占總風險的百分比	-	-	-
非致癌風險			
砷	-	0.00	0.0%
鎘	-	0.00	0.0%
鉻	1.84	1.84	96.4%
銅	4.25×10^{-2}	4.25×10^{-2}	2.2%
汞	-	0.00	0.0%
鎳	2.49×10^{-2}	2.49×10^{-2}	1.3%
鉛	NA	NA	-
鋅	7.13×10^{-4}	7.13×10^{-4}	0.1%
風險值	1.91	1.91	-
占總風險的百分比	100%	-	-

NA：缺乏參考劑量或斜率因子

■ 表9-11

關切化學物質	土壤	地下水	總風險	
		致癌風險		
砷	5.85×10^{-5}	0.00	5.85×10^{-5}	99.3%
鎘	2.84×10^{-7}	0.00	2.84×10^{-7}	0.5%
鉻	1.40×10^{-9}	0.00	1.40×10^{-9}	0.0%
銅	NA	NA	0.00	0.0%
汞	NA	NA	0.00	0.0%
鎳	3.17×10^{-11}	0.00	3.17×10^{-11}	0.0%
鉛	1.60×10^{-7}	0.00	1.60×10^{-7}	0.3%
鋅	NA	NA	0.00	0.0%
風險值	5.90×10^{-5}	0.00	5.90×10^{-5}	-
占總風險的百分比	100%	0%	-	-
		非致癌風險		
砷	5.08×10^{-1}	-	5.08×10^{-1}	15.66%
鎘	2.92×10^{-3}	-	2.92×10^{-3}	0.09%
鉻	4.92×10^{-1}	1.84	2.34	71.95%
銅	2.57×10^{-1}	4.25×10^{-2}	2.99×10^{-1}	9.22%
汞	6.60×10^{-4}	-	6.60×10^{-4}	0.02%
鎳	6.81×10^{-2}	2.49×10^{-2}	9.30×10^{-2}	2.86%
鉛	NA	NA	0.00	0.00%
鋅	5.30×10^{-3}	7.13×10^{-4}	6.02×10^{-3}	0.19%
風險值	1.33	1.91	3.25	-
占總風險的百分比	41%	59%	-	-

土壤與地下水重金屬污染所造成之總風險

NA：缺乏參考劑量或斜率因子

9.1.5 根據評估結果的管理策略建議

　　試驗區重金屬濃度空間分布調查之結果顯示，此試驗區之農田灌溉水由試驗區之東側渠道進入，因此造成東側土壤之重金屬濃度較高，部分區域之As、Cr、Ni與Zn全量濃度超過食用作物農地土壤污染管制標準或土壤污染管制標準。由於現在使用灌溉用井水之重金屬含量分析結果符合法規標準，推測本試驗區之污染來源應爲灌溉渠道，而使用井水灌溉不會使試驗區之重金屬濃度繼續增加。

　　本試驗區種植花卉植物可以達到土地再利用與移除重金屬之目的，若配合適宜之栽種環境並以理想條件估算，且不考慮盆栽帶土對重金屬之移除量，將現有Cu、Zn、Cr、Ni濃度降低至食用作物農地土壤監測基準或監測基準所需之時間約需3至20年。若以種子播種之方式種植，並將所種植的花卉植物之幼苗或花朵至市場販售，扣除材料與現地管理等支出花費，此四農戶共計1.3公頃試驗區，且每年之經濟收入約爲75萬元，可增加農民之收入且爲一可行之復育技術。

　　若土壤污染風險以誤食土壤、土壤逸散、皮膚接觸三種途徑，對象則以暴露頻率爲200天／年（一年工作200天）、暴露期間35年（自25歲工作至60歲）之農夫加以計算，計算結果顯示，在致癌風險的部分，以砷所造成的風險值5.85×10^{-5}爲最高，占了總風險的99%，並且超過了較保守的可接受風險設定（1×10^{-6}），其餘重金屬之致癌風險皆小於1×10^{-6}。所有的致癌風險都是土壤中致癌金屬所造成，其中以誤食土壤所造成的致癌風險最大，占了三種途徑之93%。如將試驗污染區農田入水口附近寬約10公尺之表土移除，不僅可快速降低砷污染區之風險，亦可降低後續處理之困難。

　　土壤與地下水非致癌總風險分別約爲1.33與1.91，由於其值大於1，因此有非致癌風險之存在。土壤中以砷與鉻所造成的風險所占比例最高，分別爲總非致癌風險之38%與37%，土壤與地下水對非致癌風險值的貢獻約爲4：6，其中土壤對風險貢獻最大的暴露途徑是誤食土壤這個部分（76%）。

　　經整體經濟效益比較與評估後，大面積污染區種植花卉植物之優點可供參考。對景觀美化及農業產業之轉型而言，污染農地種植花卉植物，不但可以達到農地再利用之目的，且可以美化及綠化污染區；另外提供農業產業之轉型機制，由一般農作物之生產轉型爲高經濟休閒之花卉產業發展，值得考慮。

對土地利用而言，在未達危害健康風險之下，污染區應朝向分區或分級使用之方向作適度的土地利用，以免閒置浪費資源。如不能種水稻，是否可改種其他旱作或非食用作物，可透過研究之結果，作爲政策執行或修法之依據。

針對休耕補償經費之調整，目前農委會有大筆經費對水稻田休耕，提供補償之政策，宜將部分經費對農地污染區先行提供休耕補償經費，同樣達到休耕之目標，不宜由土污基金繼續補償。將每坵塊污染區農田入水口附近寬約10公尺之表土移除，不僅可快速降低污染區之風險，亦可降低後續處理之困難、經費及時間，應可朝此方向作修正。

9.2 台金公司廢棄煉銅廠控制計畫情境下之風險評估

9.2.1 場址歷史背景

一、場址歷史

本場址原來的名稱是「濂洞煉銅廠」，也就是金瓜石礦床所在地（見圖9-5）。含金礦床於西元1892年在此被發現，至1895年才正式開採金礦。隨著採掘加深而發現有銅礦脈。日據時代，日本礦業株式會社即已在此開採金礦及銅礦。1945年政府遷台接收本礦，1947年開始採選金礦及採收沉澱銅，1948年改組成立金銅礦務局，隸屬經濟部資源委員會，爲公營之事業機構。最初三年金瓜石礦山之生產目標，仍以金銀爲主。1951年開始恢復銅礦之採選，1955年5月政府爲加強國營事業化之政策，將台灣金銅礦務局改組爲「台灣金屬鑛業股份有限公司」，並積極開發銅礦、引進國外技術、改善選礦設施。初期所採選之銅礦砂均運往日本代煉，台金公司於1969年2月起，著手於水湳洞興建年處理量達一萬公噸之作業煉銅廠，即所稱之「濂洞煉銅廠」。

煉銅廠初期係利用煙道沿廠區後方山坡排送，於海拔150公尺處，經煙囪排放於大氣。1973年12月起擴大產能，對排煙系統作重大改進，將爐煙經由1000公尺長之煙道（三條煙道區含BC區合計爲1022公尺，890公尺，932公尺，及A區100公尺）排放於海拔400公尺之山巔內，以提高排氣高度解決空氣污染問題。煉銅作業至1982年停止。目前留存於廢煙道內部之煙道碴成分，以煙道氣中之燻煙成分爲主，即砷化物、金屬塵粒及由鐵、銅、鉛、鋅等金屬所形成之硫酸鹽，以及其餘

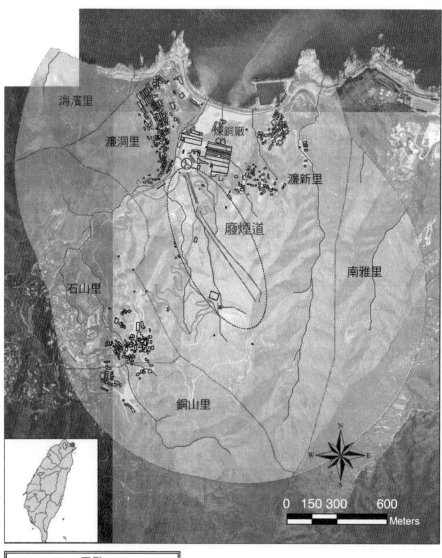

圖9-5　原台灣金屬鑛業股份有限公司及其所屬三條廢煙道地區及周邊村里範圍示
　　　意圖（賴允傑，2013）（彩圖另附於本書第341頁）

硫質物與碳質物（財政部國有財產局等，2011）。由於過去煉銅運作程序逸散煙氣的污染以及廢煙道有些破損處，因此有煙道碴隨入滲雨水流出，導致礦區及煙道周圍土壤受到污染，而形成大面積的土壤及地下水污染場址。

二、污染狀況及相關法規行動

　　台北縣政府環境保護局依據環保署檢測資料於2010年3月26日公告原台灣金屬鑛業股份有限公司及其所屬三條廢煙道地區（部分）為土壤污染控制場址及管制區。場址於2009年及2010年檢測結果中，土壤中主要污染物之濃度範圍如表9-12及9-13。地下水檢測結果，僅有一處砷濃度為0.657mg L^{-1}，超過0.5mg L^{-1}之第二類地下水管制標準（飲用水水源水質保護區以外之區域），其餘均低於地下水管制標準濃度甚多。空氣中金屬濃度均低，僅鉻、銅、鋅及鎳為可偵測，且都低於固定源排放標準數個數量級。

　　此場址經公告為控制場址之後。當時的台北縣環保局於2010年6月21日同意由台電公司等單位，依土壤及地下水污染控制場址初步評估辦法來辦理原台灣金屬鑛業股份有限公司及其所屬三條廢煙道地區（部分）土壤及地下水污染控制場址之健康風險評估。

■ 表9-12

濂洞廠區土壤樣品重金屬濃度						
濃度（mg kg^{-1}）	砷（As）	汞（Hg）	銅（Cu）	鉛（Pb）	鉻（Cr）	鎳（Ni）
最大值	12500	98	36300	8850	466	213
平均值	1157	11	4248	559	69	36
標準差	2373	21	6849	1279	84	31
95%信賴上限	1815	17	6146	913	92	45
土壤污染管制標準	60	20	400	2000	250	200

資料來源：財政部國有財產局、新北市政府、新北市瑞芳區公所、台灣糖業股份有限公司、台灣電力股份有限公司（2011）

■ 表9-13

濃度（mg kg⁻¹）	砷（As）	汞（Hg）	銅（Cu）	鉛（Pb）	鉻（Cr）	鎳（Ni）
廢煙道周邊地區土壤樣品重金屬濃度						
最大值	104000	434	1820	12300	125	29
平均值	5560	21	321	1213	6	13
標準差	16121	69	413	2909	19.9	7.1
95%信賴上限	10436	41	446	2093	12.3	15
土壤污染管制標準	60	20	400	2000	250	200

資料來源：財政部國有財產局、新北市政府、新北市瑞芳區公所、台灣糖業股份有限公司、台灣電力股份有限公司（2011）

三、以健康風險評估方法評估污染場址

　　本場址之土地關係人之一——台灣電力股份有限公司，根據台灣2006年3月29日修正發布之「土壤及地下水控制場址初步評估辦法」在控制場址之砷最高濃度達土壤或地下水污染管制標準二十倍的情形下，委託顧問公司進行了健康風險評估，期望經審查其致癌風險低於百萬分之一且非致癌風險低於一，而由所在地主管機關——新北市政府准予免報請環保署公告為整治場址，而依「土壤及地下水污染整治法」控制場址之相關規定辦理。

　　此風險評估作業係依據環保署於2006年4月公告之「土壤及地下水污染場址健康風險評估評析方法及撰寫指引」（簡稱「評析方法指引」）進行，依據逐步增加之現地資料，分為第一層次、第二層次及第三層次。

　　第一層次健康風險評估之關切化學物質暴露劑量的濃度選擇，是將場址環境介質（包括土壤、地下水和空氣）最近一次之採樣資料與場址公告為控制場址所依據之關切化學物質採樣資料比較，取其最大值作為進行第一層次風險評估時該關切化學物質之濃度。於實際以第一層次評估之後，濂洞廠區及廢煙道區皆顯示有不可接受之風險，因此進行第二層次之風險評估。

　　第二層次健康風險評估之關切化學物質暴露劑量的濃度選擇，是採用所有歷次檢驗數據之關切化學物質的濃度平均值之百分之九十五的上信賴界限（95%Upper

Confidence Limit, UCL）。但在95%UCL正式計算之前，所使用的檢測資料必須通過常態分配測試（Normality test）。若常態分配未通過則進一步實施對數常態分配（Log-normal distribution），兩者任一具有顯著性 $p > 0.05$ 即使用其95%UCL上限值，若皆 $p < 0.05$ 則仍只利用關切化學物質濃度之最大值，來進行暴露濃度的計算。

9.2.2 場址概念模式之要項

一、污染來源

場址之污染源爲濂洞廠區土壤及廢煙道周邊地區土壤。其污染物以砷、銅爲最嚴重，濃度如表9-12及表9-13所列出。該評估報告中未提及有任何持續之污染源。實際上新的污染來源來自破損的廢煙道。雨水滲入煙道中，將煙道中之煙道渣沖出而形成污染的逕流，也造成廢煙道附近土壤新的污染（賴允傑，2013）。

二、污染物之傳輸與宿命

評估報告中未說明污染物有無遷移或削減之現象。僅估計污染土壤被風揚起，揚塵造成空氣帶有污染物之濃度（實際上污染的土壤會被雨水沖刷，以致土壤污染物隨著水中帶起的懸浮固體流入承受水體，最後注入陰陽海（賴允傑，2013）。

三、場址水文地質

原台灣金屬鑛業股份有限公司之濂洞煉銅廠所屬三條廢煙道，位於台灣東北角新北市瑞芳區水湳洞，座落於北向面海之山坡上，北側臨濂洞灣（俗稱陰陽海）、西側臨濂洞溪與五番坑溪、東側臨長仁社區、南側廢煙道則延伸至本山山頂。濂洞煉銅廠已廢棄，該區主要爲廢廠房及路面。三條廢煙道及其周邊鄰近區域，均屬陡峭之山坡地且爲荒地並無人居住（賴允傑，2013）。

9.2.3. 場址暴露評估模式

本場址可能受到暴露之受體爲場址周圍居民及進入場址之遊客。爲能確認暴露途徑（接觸途徑），評估計畫以設計問卷調查的方式，分別面訪400位當地居民與

400位遊客，調查當地居民與遊客之接觸途徑及接觸史，包括：一、調查是否使用當地地下水，若有使用地下水，則使用用途為飲用、洗澡或澆灌等；二、每日使用頻率或時間、是否會進入本計畫場址；三、進入本地區的頻率。藉由問卷調查建立受體暴露情境（頻率與延時），並用於暴露量評估。

根據遊客與民眾的問卷結果，顯示居民或遊客都不會去接觸及使用地下水，因此當地之民眾受體之地下水暴露途徑可排除，不進行地下水所造成之健康風險的計算，僅考慮以地下水沐浴所造成皮膚接觸之暴露途徑。

土壤暴露的途徑方面，由於重金屬容易吸附於土壤顆粒上，因此有居民吸入土壤懸浮微粒之暴露途徑。重金屬汞可經蒸發散而逸出，因此將考慮土壤中汞蒸散至空氣之途徑。此外尚有接觸土壤而誤食及經由皮膚吸收等，總共四個主要接觸途徑。

一、場內揚塵造成經空氣暴露

空氣中揚塵濃度是用「評析方法指引」中估計揚塵濃度的式子：

$$C_{air} = C_{soil} \times \frac{P_e \times W}{U_{air} \times \delta_{air}} \tag{9-7}$$

其中C_{air}是空氣中單一揚塵中濃度（$mg\ L^{-1}$），C_{soil}是土壤中污染物濃度（$mg\ kg^{-1}$），係採用合理最大暴露量（95%UCL上限值），P_e是揚塵逸散速率（$g\ cm^{-2}\ s^{-1}$），W是污染空氣與風向平行的寬度（cm），U_{air}是污染源上方風速（$cm\ s^{-1}$），δ_{air}是污染源上方空氣混合區高度（cm）。利用單一揚塵中濃度及高斯擴散模式，推估常年東北風、風速3.0m s^{-1}之狀況下，三個聚落（濂洞里、濂新里及石山里）空氣（人呼吸位置）中之揚塵中濃度。場內揚塵中污染物濃度及高斯空氣傳輸模式參數設定值見表9-14及表9-15。

■ 表9-14

污染物	空氣揚塵造成之空氣污染物濃度（mg m^{-3}）	
	濂洞廠區	廢煙道區
砷	6.68×10^{-8}	3.84×10^{-7}
鎘	8.46×10^{-11}	4.60×10^{-9}
鉻	1.71×10^{-8}	8.83×10^{-10}
銅	2.26×10^{-7}	1.64×10^{-8}
汞	3.61×10^{-9}	1.51×10^{-9}
鉛	3.36×10^{-8}	4.53×10^{-7}
鋅	1.49×10^{-8}	4.89×10^{-9}
鎳	7.84×10^{-9}	5.52×10^{-10}

場址內空氣揚塵造成之空氣污染物濃度

資料來源：財政部國有財產局等（2011）

■ 表9-15

空氣傳輸模式參數設定

參數代號	相關參數	受體距污染源的距離（km），參數代號：X						參數來源
		濂洞廠區			廢煙道區			
		0.3	0.3	1.0	0.7	0.4	0.6	
C_{air}	單一關切化學物質空氣中濃度（mg L^{-1}）	表9-14	表9-14	表9-14	表9-14	表9-14	表9-14	環保署評析方法公式3-20計算
σ_y	空氣橫向延散係數（cm）	3545	3545	10400	7173	4068	6587	擴散公式計算 $\sigma_y = (aX^b) \times 100$
σ_z	空氣縱向延散係數（cm）	2037	2037	6100	4178	2344	3830	擴散公式計算 $\sigma_z = (cX^d + f) \times 100$
y	受體距煙流中心線的距離（cm）	20000 濂洞里	10000 濂新里	0 石山里	20000 濂洞里	10000 濂新里	0 石山里	以東北季風為主
δ_{air}	污染源上方空氣混合區高度（cm）	200						環保署評析方法

■ 表9-15

參數代號	相關參數	受體距污染源的距離（km），參數代號：X						參數來源
		濂洞廠區			廢煙道區			
		0.3	0.3	1.0	0.7	0.4	0.6	
U_{air}	污染源上方風速（cm s^{-1}）	300						基隆氣象站年平均風速
z	受體呼吸污染空氣高度（cm）	200						環保署評析方法
A	污染物空氣逸散源斷面積（cm^2）	1472000000						濂洞廠區
		1500000000						廢煙道區
W	污染物空氣與風向平行的寬度（cm）	32000						濂洞廠區
		30000						廢煙道區
P_e	揚塵逸散速率（g cm^{-2} s^{-1}）	6.9×10^{-14}						環保署評析方法

表9-15 空氣傳輸模式參數設定（續）

資料來源：財政部國有財產局等（2011）

二、地下水傳輸

　　該評估報告中地下水傳輸模式是參考環保署「評析方法」中之一階傳輸模式（First-order Decay）（應為「一階衰減傳輸模式」），其中方向延散度（α）與距離有關。參數設定則參考Pickens（1981）和ASTM（1995）之相關公式。孔隙率則以該計畫實測統計平均值0.66為準。重金屬其分解速率可假設為0。直接設定實測地下水流速（Dr）。遲滯係數（R）則與分配係數、比重及孔隙率有關，其他相關參數請見表9-16。

■ 表9-16

參數代號	相關參數	單一關切物染物移動至地下水下游的距離（cm），參數代號：X				參數來源
		8000	10000	30000	90000	
C_{water}	單一關切化學物質地下水中濃度（mg L^{-1}）	---	---	---	---	地下水關切化學物質皆未超過地下水管制標準
α_x	軸向延散度（cm）	800	1000	3000	9000	$\alpha_x = 0.1 \times X$
α_y	橫向延散度（cm）	264	330	990	2970	$\alpha_y = 0.33 \times \alpha_x$
α_z	縱向延散度（cm）	40	50	150	450	公式計算$\alpha_z = 0.05 \times \alpha_x$
θ_e	有效孔隙率	0.66				實測值
λ_i	單一關切化學物質之一階分解速率（d^{-1}）	0				重金屬為0
K	水力傳導係數	Dr（流速）$= K \times I = 2.6$				直接將Dr值套入傳輸模式
R_i	遲滯係數	1				$R_i = 1 + K_d \rho_b / \theta_T$
i	水力梯度（cm cm^{-1}）	Dr（流速）$= K \times I = 2.6$				直接將Dr值套入傳輸模式
S_w	地下水污染源寬度（cm）	30000				實測值
S_d	污染源深度（cm）	600				實測值

資料來源：財政部國有財產局等（2011）

(1)Pickens, J.F., and G.E. Grisak,1981. "Scale-Dependent Dispersion in a Stratified Granular Aquifer," J. Water Resources Research, Vol. 17, No. 4, pp 1191-1211

(2)American Society for Testing and Materials, 1995, "Standard Guide for Risk-Based Corrective Action Applied at Petroleum Release Sites," ASTM E-1739-95, Philadelphia, PA

9.2.4. 暴露評估

各暴露途徑的受體參數之設定值見表9-17及9-18。

■ 表9-17

參數類型	定義	參數值			
		場址內		住宅區	
		遊客[a]	居民[a]	成人	小孩
一般暴露參數	ED，暴露期間（y）	24^c	24^c	24^b	6^b
	EF，暴露頻率（d y^{-1}）	2^d	$10/14^d$	350^b	350^b
	BW，體重（kg）	61.7^b	61.7^b	61.7^b	27^d
	AT，致癌平均時間（d）[b]	27375	27375	27375	27375
	AT，非致癌平均時間（d）[b]	8760	8760	8760	2190
吸入暴露	IR_{inhal}，呼吸速率（m^3 d^{-1}）[b]	17.14	17.14	17.14	13.95
	B，呼吸速率（m^3 hr^{-1}）[b]	1	1	1	0.58
食入暴露	EV，誤食土壤發生頻率（d^{-1}）[b]	1	1	1	1
	$IR_{oral-soil}$，攝食土壤速率（mg d^{-1}）	50^e	50^e	100^b	200^b
	$IR_{oral-water}$，飲水量（L d^{-1}）	1^e	1^e	3^b	1.3^b
皮膚接觸	EV，土壤接觸次數（d^{-1}）[b]	1	1	1	1
	AF，土壤對皮膚吸附係數（mg cm^{-2}）[b]	0.07	0.07	0.07	0.07
	f_{sa}，上臂體表面積與身體表面積比[b]	0.2	0.2	0.2	0.2
	SA，皮膚暴露表面積（cm^2）[b]	17300	17300	17300	11400
	t_1，淋浴時間（hr）[b]	0.5	0.5	0.5	0.5
	EV_{shower}，淋浴次數[b]	1	1	1	1

資料來源：財政部國有財產局，新北市政府，新北市瑞芳區公所，台灣糖業股份有限公司，台灣電力股份有限公司，中華民國100年7月，「原台灣金屬礦業股份有限公司及其所屬三條廢煙道地區（部分）土壤及地下水污染控制場址」健康風險評估報告

註：a.場址內之受體假設以成人暴露為主
b.行政院環保署「土壤及地下水污染場址健康風險評估評析方法及撰寫指引」2006.4
c.假設與住宅區成人之暴露期間（ED）相同
d.本計畫問卷調查結果，其中居民於濂洞廠區與廢煙道區之EF分別為每年10天、14天
e.ASTM, Standard Guide for Risk-Based Corrective Action, E2081-00

■ 表9-18

參數代號	相關參數	參數值	參數來源
	土壤中汞汽化成氣體參數		
C_{soil}	土壤中關切化學物質濃度（mg kg^{-1}）		
ρ_s	土壤密度（g cm^{-3}）	2.7	實測值
D_{air}	污染物在空氣中逸散係數（cm^2 s^{-1}）	0.0307	EPA On-line Tools for Site Assessment Calculation
D_{water}	污染物在水中逸散係數（cm^2 s^{-1}）	0.0000063	EPA On-line Tools for Site Assessment Calculation
θ_t	孔隙度（cm^3 cm^{-3}-soil）	0.66	實測值
θ_{ws}	土壤中水份含量（cm^3-water cm^{-3}-soil）	0.13	實測值
θ_{as}	土壤中空氣含量（cm^3-air cm^{-3}-soil）	0.53	$\theta_{as} = \theta_t - \theta_{ws}$
H	亨利係數（cm^3-water cm^{-3}-air）	0.014	
f_{oc}	土壤中有機碳含量（g-carbon g^{-1}-soil）	0.00719	實測值
K_{oc}	碳水吸收係數（g-water g^{-1}-carbon）	-	
l	平均蒸汽流時間（s）	7.88×10^8	環保署評析方法
L	污染物空氣與風向平行的寬度（cm）	32000（濂洞）	
		30000（廢煙）	
U	污染源上方風速（cm s^{-1}）	300	
σ	受體呼吸污染空氣高度（cm）	200	
CF	轉換因子（cm^3 kg m^{-3} g^{-1}）	1000	
K_d	分配係數（cm^3 g^{-1}）	2800	Soil screening guidance, 1996

資料來源：財政部國有財產局，新北市政府，新北市瑞芳區公所，台灣糖業股份有限公司，台灣電力股份有限公司，中華民國100年7月，「原台灣金屬鑛業股份有限公司及其所屬三條廢煙道地區（部分）土壤及地下水污染控制場址」健康風險評估報告

9.2.5. 劑量反應評估

　　毒性因子的援引包括致癌跟非致癌兩個部分。致癌毒性因子又稱為致癌風險斜率係數，非致癌毒性因子（Non-carcinogenic toxicity factor）之計算是以閾值方法為主，稱為參考劑量。該評估計畫毒性因子主要引用環保署評析方法所援引之毒理資料庫：

一、美國環保署綜合風險資訊系統（Integrated Risk Information System, IRIS）。

二、世界衛生組織簡明國際化學評估文件（WHO Concise International Chemical Assessment Document , CICAD）。

三、美國環保署暫行毒性因子（USEPA Provisional Peer Reviewed Toxicity Values, PPRTVs）。

四、毒性物質與疾病登錄署（Agency for Toxic Substance and Disease Registry, ATSDR）。

五、美國環保署健康效應預警摘要表（Health Effect Assessment Summary Table, HEAST）。

六、美國加州環境健康危害評估處（Office of Environmental Health Hazard Assessment, OEHHA）。

9.2.6. 風險特性描述

　　風險評估係參照美國環保署的超級基金場址風險評估指南第一卷之「人類健康評估手冊」及台灣環保署「土壤及地下水污染場址健康風險評估評析方法及撰寫指引」進行健康風險評估。其精神主要參照美國ASTM RBCA（Standard Guide for Risk-Based Corrective Action Applied at Petroleum Release Site）之方法，依資料之完整性分為三種層次（Tiers）進行評估，其暴露情境的假設與暴露參數的引用由簡單至複雜。其中第一層次的健康風險評估使用的多為預設之情境或數值，現地所需之調查數據較少，而第二層次健康風險評估的情境雖為預測，但暴露參數則以現地調查為主，第三層次除暴露途徑與情境較複雜外，也涵蓋間接暴露及統計分布來替代單一暴露量。此計畫採用到第二層次（Tier 2）進行人體健康風險評估。風險評

估之結果如下表9-19。

■ 表9-19

原台灣金屬鑛業股份有限公司及其所屬三條廢煙道地區（部分）土壤及地下水污染控制場址健康風險評估結果

受體類別 / 風險種類	濂洞廠區			廢煙道區		
	遊客	場址外居民	場址內活動之居民	遊客	場址外居民	場址內活動之居民
無風險管理計畫						
非致癌風險	7.32×10^{-2}	< 1	3.66×10^{-1}	1.87×10^{-1}	< 1	9.35×10^{-1}
致癌風險	4.49×10^{-6}	$< 10^{-6}$	2.24×10^{-5}	2.58×10^{-5}	$< 10^{-6}$	1.29×10^{-4}
執行風險管理計畫之後						
非致癌風險	1.22×10^{-2}	-	6.10×10^{-2}	5.44×10^{-3}	-	2.72×10^{-1}
致癌風險	4.66×10^{-9}	-	2.33×10^{-8}	2.35×10^{-9}	-	1.18×10^{-8}

資料來源：財政部國有財產局，新北市政府，新北市瑞芳區公所，台灣糖業股份有限公司，台灣電力股份有限公司，中華民國100年7月，「原台灣金屬鑛業股份有限公司及其所屬三條廢煙道地區（部分）土壤及地下水污染控制場址」健康風險評估報告

註：風險管理計畫為禁止遊客及居民進入濂洞廠區停車場區域（已鋪設不透水鋪面）以外之其他廠區及廢煙道區

9.2.7 風險評估過程遭遇的難題與可能誤用的情形

一、僵硬的層次性分析規範，易造成高估、低估風險或浪費資源的情形

　　根據ASTM建議的基於風險評估之整治，第一層評估（Tier 1）是有一個不分場址的評估方法〔根據土地用途及使用人（方式）〕及整治標準供比較。第二層評估（Tier 2）則可以用場址的實際環境條件與參數，估計出相同之可接受風險下，濃度較高於Tier 1篩選濃度的整治目標濃度。Tier 3則朝向蒐集更多場址資料，俾得到更低成本（更高污染物濃度）的整治目標。其實Tier 2與Tier 3之差別並非一定要明定的。美國有些州只有Tier 1和Tier 2（Nebraska DEQ, 2009），加拿大不嚴格規定Tier 2與Tier 3之假設及內容（Saskatchewan Ministry of Environment, 2009）。台

灣目前明定Tier 3必要有食物鏈評估，但筆者認為不一定是有需要的；另一方面也沒有必要規定食物鏈的暴露途徑就不能在Tier 2做。是否要更深入及更帶有場址特殊性去評估，端視增加的調查、研究及評估費用是否能使整治目標濃度提高及整治費用節省得更多。

該計畫當時依據環保署「土壤及地下水污染場址健康風險評估評析方法及撰寫指引」（簡稱「評析方法指引」）（行政院環境保護署，2006）進行時，係以最近一次之採樣資料，並取其最大值做為進行第一層次風險評估時之關切化學物質濃度。評估之後，濂洞廠區及廢煙道區皆顯示有不可接受之風險，因此進行第二層次之風險評估。

第二層次是採用所有歷次檢驗數據的關切化學物質濃度平均值之百分之九十五的上信賴界限（95%Upper Confidence Limit, UCL）。但在95%UCL正式計算之前，所使用的檢測資料必須通過常態分配測試（Normality test）。若常態分配未通過則進一步實施對數常態分配，兩者任一具有顯著性$p > 0.05$即使用其95%UCL上限值，若皆$p < 0.05$則仍只利用關切化學物質濃度的最大值來進行暴露濃度計算。

這種規定非常僵硬，且完全不考慮場址本身空間之異質性，污染物空間分布之差異。尤其以如此大的一個場址，用一個95%可信賴區間上限值來代表全部場址的濃度，誤判風險值的風險及過度整治的風險是很大的。

建議決策方在風險評估執行前，先清楚地定義「可接受風險」（包括定義受體：各種土地用途下之各種人的族群）及定義「符合目標點」（Point of compliance）。

二、污染範圍界定流於偏狹

本評估計畫（財政部國有財產局、新北市政府、新北市瑞芳區公所、台灣糖業股份有限公司、台灣電力股份有限公司，2011）的空間範圍只包含濂洞廠區及廢煙道區。兩區以外的區域，例如：承受水體濂洞溪的下游、濂洞溪、地面排水口沿岸海域，或者超出污染場址外的廢煙道周邊都未納入。雖然評估單位強調：「濂洞溪已經受到酸礦水排放而呈嚴重污染狀態，場址排水不是造成污染之原因。」但是卻忽略增加之污染負荷量及暴雨期間地面逕流挾帶之污染物負荷對於風險之增加量。何況若有一天酸礦水排放因某種原因停止，則場址對承受水體之影響將會凸顯出來。

　　此外評估者有意忽略暴雨期間地面沖蝕所造成之高污染逕流。尤其是廢棄又崩壞的煙道附近，原來已有大量散落之高濃度含砷灰碴，若遇雨沖刷溶解出來，仍會造成超過含砷濃度1.5mg L⁻¹以上之逕流水（賴允傑，2013）。因此不可忽略其對於地面水及附近生態環境之風險。

　　污染範圍界定如過於偏狹，容易遺漏某些暴露途徑，例如：接觸承受水體之遊客、居民及生物。以及周邊海域污染所可能造成經由生物鏈傳遞之人體食用水產生物之風險。

三、暴露情境之假設缺乏永續維持之保證

　　本風險評估之暴露評估的情境設定係基於一種管理情境，也就是維持遊客可進入場址之運作方式，而以圍籬等阻絕手段降低暴露於污染之風險，達到容許風險以下之程度。然而這種暴露情境之假設有賴於：

1. 有法律依據之永續運作方式。
2. 固定之管理責任主體。
3. 有效之管理系統。
4. 穩定且永續之預算支應。

　　本案例中，評估者僅提出目前之土地管理人（台糖公司）出具履行污染控制計畫責任之承諾書，謂：「本單位將依污染控制計畫書所載之內容及審查結論，切實遵守相關內容執行。」評估者無法保證有無：

1. 責任主體消失。
2. 場址使用用途變更。
3. 管理人不履行承諾。
4. 預算中斷。

等情事，致使暴露評估的情境設定錯誤，造成風險評估錯誤之結果。

　　如果評估者無法確認這種暴露情境假設之基礎，就只能回歸到最壞情況（Worst cast）去進行評估了。以本場址之規模，欲確保永續之運作情境，可考慮仿效行政院1987年7月23日台（76）孝授二字第05255號函核定之「台灣電力公司核能發電後端營運費用基金收支保管及運用辦法」，建立「核能發電後端營運費用基金」處理核能廢棄物的方式，建立永續的營運基金，以保證風險評估之情境假設永續有效。

9.3 法國東部農藥工廠地下水及地面水風險評估案例

9.3.1. 場址背景

一、場址歷史

本場址位於法國東部亞爾薩斯（Alsace）地區，從1960年代起成為農藥製造及調配之場所。周遭的土地利用型態為農地與小型村落，以及零散的製造業。

二、法規架構

主要的管制主題為法國DREAL。本法規的立法乃為了因應一起有機溶劑意外洩漏的事件。由1982年起，進行了多次場址調查，來評估洩漏對於地下水與地表水的潛在影響。在2005～2008期間的調查中，在場址內與場址外下游的監測井監測到六種農藥，代號為「農藥F、C、B、L、M、O」。因此法國環境主管當局要求更進一步的場址調查。這些後續的調查釐清了地區的水文、農藥的污染程度，以及場址外的地下水使用情況。

三、風險考量與管制值

由於場址外發現的地下水污染，被選出的場址所有者進行了考量場址特定性的人體健康風險評估。評估只針對人類受體，因為地表水（造成生態暴露的唯一介質）所發現的唯一一種污染物低於生態影響關切值。本評估的目標在於呈現場址內外的環境狀況以及蒐集地下水與地表水的多次監測資料，進而對暴露在這些介質中的人類受體之健康風險做特徵化描述。針對場址的化學物質，法國政府採取了歐盟環境品質標準（European Union Environmental Quality Standard, EQS）中0.1μg L^{-1}的飲用水標準（EC, 2000; EC, 2008）。當設計及執行整治方案時，同時針對現況執行了場址特定性的風險評估來評量整體的保護程度。

四、場址概念模型的因子

場址概念模型為一抽象模型，用以描述污染源與其在環境中的傳輸，以及可能的污染受體、暴露途徑。下列小節依序描述這些因子。

五、污染源

場址調查的結果顯示化學污染物來自場址中的兩個來源區，導致其存在於地下水。此外，場址的污染廢水排放至場址外的生活污水處理場，而污水處理場又排放到附近河川，以致含有污染物質的放流水導致污染物存在於地表水。

六、受影響的介質中之污染物與其濃度

地下水與地表水的監測井找到六種來自場址的物質。本案例中分別以代號F、C、B、L、M、O來代表這些農藥以方便討論。位於場址內的監測井中，濃度最高的F與O皆超過100μg L⁻¹。所有污染物的濃度皆隨著場址外的地下水下游方向快速下降，並且根據不同抽水井群組的數據顯示，污染物濃度隨著離場址的距離成正比例的下降。

抽水井群組的位置，分別命名為「WITT」、「GAEC」、「LANG」、「PG」，如圖9-6。在場址下游端WITT井區位置測得F農藥濃度可達2μg L⁻¹。在更下游位置（距場址1500～3000公尺）的GAEC測得農藥B與L的濃度分別為0.16μg L⁻¹與2.8μg L⁻¹。在LANG井區，農藥F、L、B、O偶爾超過管制值0.1μg L⁻¹，但通常低於2μg L⁻¹。在PG位置（距場址3000～5000公尺），濃度最高的農藥為B與L，分別為0.6μg L⁻¹及2.8μg L⁻¹。地表水方面，僅測到農藥F，而最高濃度為0.35μg L⁻¹。

七、污染物傳輸與宿命

對於污染物到達人類受體前的傳輸與宿命之討論僅限於地下水與鄰近的地表水（河川）。雖然被吸附於土壤的程度不同，但所有的污染物皆顯示了在地下環境有某種程度的移動性。場址的地下水下游與地表水具有互動性。在抽取地下水時，也有地表水注入地下水的現象，這現象解釋了在地下水下游延伸處發現了污染物的情形，而所有污染物的亨利定律係數顯示它們皆不會由水體揮發至空氣。

八、場址的水文地質學

場址及其周遭區域的亞爾薩斯（Alsace）地下水層系統為沖積的沙石地質。此地質系統的底層為Oligocene Marls。根據調查資料顯示，有兩個重疊的地下水層，

圖9-6　主要地下水抽水供水區域位置（彩圖另附於本書第342頁）

其一為較近代的Vosgian沉積層（～15公尺厚），其二為較深層之古代的沖積層（～15公尺厚）。僅上層的地下水層受污染物影響。地下水的流向為穩定的由西向東且與鄰近的河川平行。

9.3.2. 建立暴露概念模型

　　建立暴露概念模型需要確認人體暴露於地表水與地下水的地點，以及在這些地點的活動與相對應之暴露途徑。完整的可能暴露途徑應包括下面四個因子：

　　一、污染源以及污染物釋放的機制。

　　二、環境傳輸介質。

　　三、受體可能接觸污染物的地點。

　　四、在暴露地點的合理暴露途徑。

　　地表水與地下水的潛在暴露途徑可能發生於現在或未來的場址周遭土地之使用情境。可能的暴露地點，以及各種用水方式所導致的暴露與其途徑綜整於表9-20。

1. 暴露地點與暴露濃度

　　表9-20已經描述人類受體可能接觸到污染地下水與地表水的地點。為了進行場址外接觸地下水與地面水的風險評估，每個監測點所測到的每種污染物的最高濃度被設定為暴露濃度。各污染物的最高濃度見表9-21。

表9-20 可能接觸地表水與地下水之人體暴露概念模型之綜整

離場址距離（公尺）	取用或暴露位置	假設／實際用水方式	可能傳輸機制	可能暴露途徑
鄰接下流 700~1500	WITT監測點	農業：灌溉（玉米）	使用地下水與地表水灌溉之作物（玉米）中之生物濃縮 作物僅用於飼料	食用牛肉與飲用牛奶
	鄰近河川	農業：畜牧用水 灌溉	餵食此等用地下水或地面水灌溉之作物（玉米）的牛隻的牛肉與牛奶之生物濃縮	食用牛肉與飲用牛奶
	私人水井	家用：飲用與衛浴	飲用及使用地下水之牛隻的牛肉與牛奶中之生物濃縮 灌溉地下水而生長的植物中的生物濃縮	食用牛肉、飲用牛奶 食用植物 飲水 皮膚接觸（如淋浴）
近距離下流 1500~3000	GAEC井	農業：灌溉（玉米）	使用地下水或地表水灌溉之作物（玉米）中之生物濃縮。玉米僅用於飼料	食用牛肉與飲用牛奶
	鄰近河川	農業：畜牧與灌溉	餵食使用地下水或地表水灌溉之作物（玉米）的牛隻之牛肉與牛奶之生物濃縮。	食用牛肉、飲用牛奶 食用植物 飲水 皮膚接觸（如淋浴）
	私人水井	家用：飲用與衛浴 休閒用：游泳池	飲用及使用地下水之牛隻之牛肉與牛奶中之生物濃縮 灌溉地下水而生長的植物中的生物濃縮	食用牛肉、飲用牛奶 食用植物 飲水 皮膚接觸（如淋浴）
	LANG井	工業用		皮膚接觸（如工業用水）
遠距離下流 3000~5000	PG井	灌溉 家用：飲用與衛浴 休閒用：游泳池	灌溉地下水而生長的植物中的生物濃縮 游泳池	食用植物 飲水 游泳時誤飲 皮膚接觸（淋浴與游泳）
地表水 -	鄰近河川	休閒用：水浴	擴散—往任下流方向	游泳時誤飲 游泳時皮膚接觸

■ 表9-21

人體健康風險評估中地下水與地表水中各物質的最高農藥濃度

物質	濃度（μg L⁻¹）						
	鄰接下游		近距離下游			遠距離下游	地表水
	WITT井區	私人水井	GAEC井區		LANG井區	PG井區	
			農業水井	私人水井			鄰近河川
B	-	0.16	1.2	-	1.3	0.6	-
C	-	-	0.13	-	-	-	-
F	1.7	-	1.4	-	0.67	0.05	0.35
L	-	2.8	3.3	0.57	1.4	2.8	-
M	0.13	-	-	-	-	-	-
O	5.3	-	0.98	-	2.9	-	-

2. 受體

本風險評估的受體僅限於可能通過直接或間接暴露於地下水與地表水的人，包括下游村落中的成人與兒童居民。場址外的工人可能暴露於LANG井區的水。最後，使用河川作為休閒娛樂的人也會暴露於該介質中的物質。

3. 暴露途徑

對於位於下流的居民而言，潛在的暴露途徑包括攝食、餵食用污染水飼養之牛的牛肉與牛奶，或食用污染水體所灌溉的作物、直接飲用地下水或身體接觸受污染之生活用水（如：淋浴）。河川休閒活動造成的暴露途徑包括游泳時的體表接觸與誤飲。位於LANG井區的工人之暴露途徑僅有體表接觸。

9.3.3 暴露評估

一、劑量計算

確立完整暴露途徑之後，風險評估的下一步即為估計人體在每種途徑的日暴露

量。人體暴露量的計算通常遵循American Society for Testing Materials出版之《*Guide For Risk-Based Corrective Action Applied At Petroleum Release Sites*》。下列的公式包含了許多參數用以量化暴露，並且包含了轉換係數（如：365d y^{-1}）以統一單位。

各種物質以及暴露途徑的暴露估計以日攝取量（Daily Intake, *DI*）（單位mg kg^{-1} d^{-1}）來估計，相當於污染物進入體內的量除以人體重量，成人與兒童分別計算。

下列公式分別計算透過植物、動物、地下水的日攝取量，並考慮到攝取量、來自受污染來源的比率、暴露頻率、介質中的生物有效性。生物有效性設定為1，以代表所有的物質在水與食物中皆會被吸收。

1. 攝食植物

$$DI = \frac{EF \times F \times (IR_L \times Cpl_{irr} \times FI_L + IR_R \times Cpr_{irr} \times FI_R)}{BW \times 365} \tag{9-8}$$

2. 攝食動物產品

$$DI = \frac{(C_{animal\_soil\_i} + C_{animal\_water\_i}) \times F \times FI \times EF \times IR)}{BW \times 365} \tag{9-9}$$

3. 攝入地下水與地表水

$$DI = \frac{C_{water} \times F \times FI \times EF \times IR}{BW \times 365} \tag{9-10}$$

4. 皮膚接觸地下水與地表水

此公式用以計算接觸污染水體的日吸收量，包含了皮膚接觸面積、吸收係數、皮膚滲透性、暴露時間、暴露頻率。

$$DI = \frac{C_{water} \times SA \times F_S \times Z \times ABS \times ET \times EF \times 10^{-3}}{BW \times 365} \tag{9-11}$$

5. 量化暴露評估之輸入參數

上述公式所使用之參數綜整於下表9-22。

■ 表9-22

計算日吸收量公式裡所使用的參數	
暴露參數	代號
水體污染物濃度（$mg\,L^{-1}$）	C_{water}
吸收係數（無單位）	ABS
體重（kg）	BW
暴露時間（y^{-1}）	ED
暴露頻率（$d\,y^{-1}$）	EF
皮膚暴露受污染水的時間（$hr\,d^{-1}$）	ET
攝食之生物有效性（無單位）	F
攝入來自污染源的比例（無單位）	FI
皮膚暴露的比例（無單位）	F_s
葉菜類攝入率（$kg\,d^{-1}$）	IR_L
根菜類攝入率（$kg\,d^{-1}$）	IR_R
皮膚表面積（cm^2）	SA
皮膚滲透常數（$cm\,hr^{-1}$）	Z

9.3.4 劑量反應評估

　　污染物的劑量反應評估需要先確立其每日容許劑量以進行人體健康風險的描述。所算出的毒性參考值蘊含該物質會對人體健康之影響，同時會因毒性影響有無安全門檻值而異。

　　有六種農藥存在的場址，毒性影響皆有安全門檻值（如低於某劑量即觀察不到影響）。對於此種非致癌毒性影響，每日可容許值（Tolerable Daily Intake, *TDI*）代表了人體（包括敏感族群）所能暴露而不會有明顯的有害影響。*TDI*值的單位為每公斤體重每日多少毫克的污染物（$mg\,kg^{-1}\,d^{-1}$）。

　　本研究場址中污染物的非致癌性農藥之*TDI*值見下表9-23，這些數值是農藥註冊時申報的。

■ 表9-23

六種成分的每日容許劑量	
農藥	每日可容許值（mg kg^{-1} d^{-1}）
B	250E-02
C	200E-02
F	200E-03
L	140E-01
M	250E-03
O	100E-03

9.3.5 風險特性描述

由於本案例的污染物質皆爲非致癌物質，因此僅需進行非致癌風險描述。非致癌風險評估包含了比較終身日攝取量（Daily Intakes, DI）以及各種污染物每日可容許攝取量。

所蒐集的這些農藥暴露資訊不足以進行機率風險評估，因此僅以下列公式計算危害商數HQ：

$$HQ = DI/TDI \tag{9-12}$$

DI：日攝取量（mg kg^{-1} d^{-1}）
TDI：每日可容許值（mg kg^{-1} d^{-1}）

針對每種污染物計算其HQ，參考值爲1.0：

　HQ < 1：毒理效應輕微，即使對敏感族群而言，風險可接受；

　HQ > 1：毒理效應不可忽視，並且隨著數值增加而增加，但通常兩者並非線性關係。若HQ大於1.0，則可能需進一步分析計算風險時的保守程度。

爲了估計六種污染物可能的加成性暴露，作用於同樣目標器官的HQ值可累加以得到危害指數HI。然而爲了保守地估計風險，無論其毒理機制爲何，所有物質

的HQ值會全部相加以計算HI。六種污染物質透過地下水與地表水以及相對應的暴露途徑所造成之風險評估結果呈現於下表9-24。

■ 表9-24

各地下水井位置與地表水之風險評估結果綜整

| 物質 | 住宅 | | | | | | 工業 | 休閒 | |
| | WITT | | GAEC | | PG | | LANG | 地表水 | |
	WITT兒童	WITT成人	GAEC兒童	GAEC成人	PG兒童	PG成人	LANG	地表水兒童	地表水成人
B	5.00E-04	3.90E-04	2.00E-05	3.90E-06	1.30E-03	1.20E-03	3.30E-05		
C			4.80E-07	9.30E-08					
F	1.10E-02	2.10E-03	8.80E-04	1.70E-04	1.10E-03	1.10E-03	1.30E-03	1.80E-04	9.60E-05
L	8.20E-04	1.00E-03	1.70E-04	2.10E-04	9.20E-04	9.90E-04	4.60E-04		
M									
O							4.80E-05		
危害指數（風險總和）	1.20E-02	3.50E-03	1.10E-03	3.80E-04	3.30E-03	3.30E-03	1.90E-03	1.80E-04	9.60E-05

表9-24的結果顯示：

一、WITT井的人體健康風險參考值1.0，兒童低100倍，成人約低300倍。

二、GAEC井的人體健康風險參考值1.0，兒童約低900倍，成人約低2600倍。

三、LANG井的工人的人體健康風險低於參考值1.0約500倍。

四、PG井的人體健康風險，成人與兒童皆約低於參考值1.0約300倍。

五、暴露於地表水的人體健康風險參考值1.0，兒童約低5500倍，成人低於10000倍。

暴露於各種物質的各別風險貢獻整理於圖9-7，圖9-7呈現了各族群的HI，並呈現了各物質分別貢獻於HI的比例。

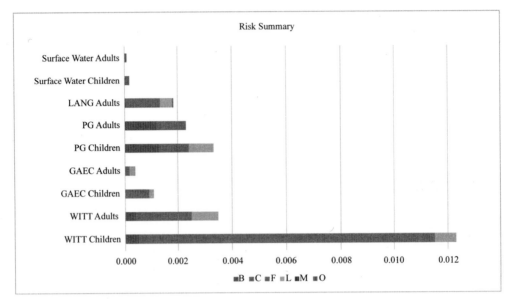

圖9-7 各種污染物的風險貢獻（彩圖另附於本書第342頁）

9.3.6 風險溝通

風險評估的結果顯示對場址外的受體而言，使用地下水與地表水並無不可接受之風險。此資訊已分享給地方管理機關以及當地社區與地方政府官員。透過主動分享資訊給利害關係人，場址所有人可證明污染情況並未威脅公眾利益。同時，亦提供了足夠時間來整治污染以達到法國地方政府所要求的降低暴露。

9.3.7 風險管理

雖然風險評估的結果證明場址的營運並未造成使用地下水與地表水的不可接受風險，法國地方政府仍然採用歐盟環境品質標準值（European Union Environmental Quality Standard, EQS），農藥在飲用水當中的標準值0.1μg L^{-1}，此為場址之行動基礎值。因此，提供位於下游其公共水源受到農藥污染衝擊的居民替代之公共水源。然而，場置性的風險評估依然有其價值，它證明了使用地下水與地表水並無風

險，因此有充分的時間來設計並實施整治方案。

9.4 人體與生態風險評估應用於重金屬污染土壤之案例

9.4.1 案例背景

一、場址歷史

執行人體健康風險評估（Human Health Risk Assessment, HHRA）以及生態風險評估（Ecological Risk Assessment, ERA）的場址位於美國中西部的廢棄製造業工廠。場址面積大約155英畝，且被住宅區、河川、工業區以及煉鉛廠圍繞（見圖9-8）。製造設施已經移除並預定作為住宅／商業用途。

圖9-8　場址位置及附近區域（彩圖另附於本書第343頁）

二、營運歷史

此工廠自1893年開始營運，產品超過100種（主要為無機酸、化學物、氯化物、氨、鋅製產品、無機農業化學用品）。該場址的南部用於生產，西北部與東部用於管理廢棄物。營運超過50年之後，1948年開始加入有機化學物的製造（主要為冷媒、殺草劑、殺蟲劑），並於1980年代停止。

9.4.2 法規架構

依資源保護與回收法（Resource Conservation and Recovery Act, RCRA）的場址矯正行動程序中的矯正措施研究（Corrective Measures Study, CMS），進行此場址的風險評估（US Congress, 1976）。不同於超級基金（Superfund）的程序（見9.5節），RCRA的矯正程序適用於獲得政府許可之管理有害與固體廢棄物的場址。RCRA場址調查（RCRA Facility Investigation, RFI）的目的即在於找出由固體廢棄物的運作單元（Solid Waste Management Units, SWMU）及有顧慮的區域（Areas of Concern, AOC）為來源的洩漏，並確定洩漏有無造成人體與環境威脅，因此對這些SWMU及AOC進行系統性的檢查。風險評估的目的在於：一、確定來自於暴露在環境介質中（土壤、空氣、水、地下水、地表水、底泥）的污染物所產生的人體與生態風險；二、確定有顧慮污染物（Constituents of Concern, COC）以及需要在CMS程序中進一步評估的區域。此外，使用場置性的風險評估模型以規劃整治計畫，並確認需要整治的地區與排列優先順序，以達到風險管理的標準。

9.4.3 場址概念模型

一、污染源

在營運期間，廢棄物根據工業之一般原則進行管理。在RCRA於1976生效前，多數產業皆棄置廢棄物（一般廢棄物、工業廢棄物以及營建廢棄物）於場址的掩埋坑、沼澤或堆置。通常的廢棄物型態有一般廢棄物、廢水處理的濾渣、製程中的濾渣、灰碴以及營建廢棄物。隨著1970年代環境法規的建立，管理廢棄物的措施亦隨著修改，並且更加了解各措施對環境的可能影響。早期並沒有關於運作以及管理廢

棄物的紀錄。雖從1980年代起有部分的運作資訊，然而，對於廢棄物的產生量以及棄置量、排放量等，並沒有現成的資料以進行精確的估計。

二、相關的物質及其在介質中的濃度

在其製造歷史中相關的物質包括無機物與重金屬。

主要無機物		微量金屬	
鋁	氮	銻	銅
鈣	磷	砷	鉛
碳酸鹽	矽	鋇	鎳
氯	鈉	硼	硒
氟	硫酸鹽	鎘	釩
鐵	硫	鉻	

土壤為本場址主要關切的介質（並為本案例的焦點）。在1991～2010之間基於已知資訊以及調查所需進行了大量的土壤採樣。圖9-9為土壤的採樣點，這些樣本的結果納入了HHRA以及ERA。

單一物質一旦在土壤、空氣、地下水、地表水、底泥中檢測出來，即被列為需關切物質（Constituent of Interest, COI）。基於風險系統性的對COI進行評估，以進一步篩選出潛在顧慮物質（Constituents of Potential Concern, COPC）並針對其進行風險評估。

下列的原則用來排除COI進入COPC的層級：一、於土壤中未被檢測出；二、為營養元素（如：鈣、鐵；鎂、鉀、鈉）；三、檢測濃度之最高值低於背景值；四、檢測濃度之最高值低於風險篩選值（Risk-Based Screening Concentrations, RBSC）。無機物在土壤與底泥中的最高濃度低於背景值則排除。針對HHRA，每一COI的致癌與非致癌RBSC均由完整的暴露途徑與受體推算出來。此推算過程整合了假定土地未來使用方式的暴露途徑、暴露資訊、毒理資訊以及致癌風險10^{-6}，非致癌危害商數HQ為1以推算RBSC。（註：人體健康RBSC來自USEPA：http://www.epa.gov/region9/superfund/prg/）各種COPC算出的最低RBSC值則被用來找出該地區的COPC。

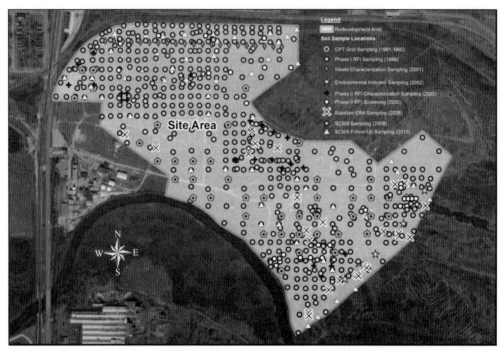

圖9-9　採樣點位置（彩圖另附於本書第343頁）

　　本場址中確認了六種COPC。相關數值依照土壤深度（0～0.5英呎，0～2呎以及0～7呎）呈現於表9-25。

■ 表9-25

採樣之分析統計結果							
Constituent	Feet bgs	Number of samples	Number of detected constituents	Frequency of detection (%)	Minimum detected concentration (mg kg^{-1})	Maximum detected concentration (mg kg^{-1})	Mean (mg kg^{-1})	Median (mg kg^{-1})
Antimony	0~0.5	92	83	90	0.29	1000	60	8.5
	0~2	140	128	91	0.27	7400	110	8.8
	0~7	243	196	81	0.27	7400	85	6.9

■ 表9-25

採樣之分析統計結果（續）

Constituent	Feet bgs	Number of samples	Number of detected constituents	Frequency of detection (%)	Minimum detected concentration (mg kg^{-1})	Maximum detected concentration (mg kg^{-1})	Mean (mg kg^{-1})	Median (mg kg^{-1})
Arsenic	0~0.5	191	185	97	2.1	62000	620	70
	0~2	962	954	99	0.62	99000	610	64
	0~7	220	203	99	0.46	99000	530	54
Cadmium	0~0.5	267	263	99	0.062	1000	48	16
	0~2	892	882	99	0.039	5900	69	16
	0~7	1124	1101	98	0.039	5900	62	14
Lead	0~0.5	115	115	100	6.0	150000	9800	1300
	0~2	953	953	100	0.99	150000	7700	1300
	0~7	1208	1208	100	0.99	180000	6800	970
Thallium	0~0.5	19	12	63	0.037	9.7	1.1	0.44
	0~2	36	26	72	0.017	9.7	1.3	0.57
	0~7	36	26	72	0.017	9.7	1.3	0.57
Zinc	0~0.5	104	103	99	11	130000	12000	2700
	0~2	906	905	100	2.8	220000	13000	3400
	0~7	1167	1166	100	1.8	220000	12000	2500

三、概念場址宿命與傳輸模式（地下水，土壤，底泥，其他）

　　概念場址宿命與傳輸（Conceptual Site Fate and Transport, CSF&T）模型係用以找出污染物在場址介質中的宿命與傳輸。圖9-10呈現了場址CSF&T模型，顯示出污染源、釋放機制以及暴露介質（人類與生態受體可能接觸的介質）。

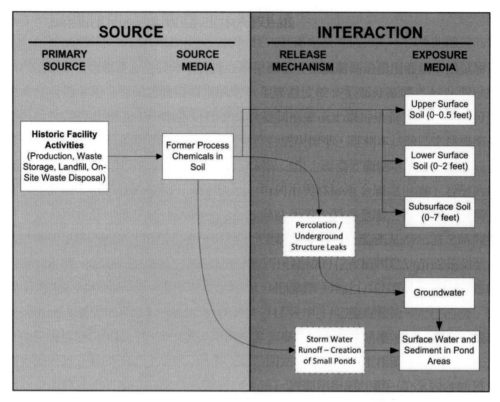

圖9-10 場址宿命與傳輸概念模型（彩圖另附於本書第344頁）

9.4.4 場址暴露概念模型

一、完整暴露途徑

建立場址暴露概念模型（Conceptual Site Exposure Model, CSEM）的內容包括找出場址各區的土地用途、可能受影響的介質以及相關的暴露途徑。土壤相關暴露途徑是本評估計畫之重點。完整的暴露途徑包括四項要素：

1. 污染源以及污染物釋放的機制。
2. 環境傳輸介質。
3. 受體可能接觸污染物的地點。
4. 在暴露地點的可能暴露途徑。

二、土地用途

對於HHRA，土地使用方式決定了暴露於場址的對象與頻率。現在與未來可能的土地使用方式乃是考慮人體健康與生態風險評估的基礎，亦即為CSEM以及暴露評估的基礎。對於生態風險評估（Ecological Risk Assessment, ERA），將棲地種類以及生態受體或代理物種用於評估可能的暴露途徑以及受體種類。圖9-11為根據土壤深度，呈現了場址土壤CSEM找出的土地使用情境、受體以及可能暴露途徑。

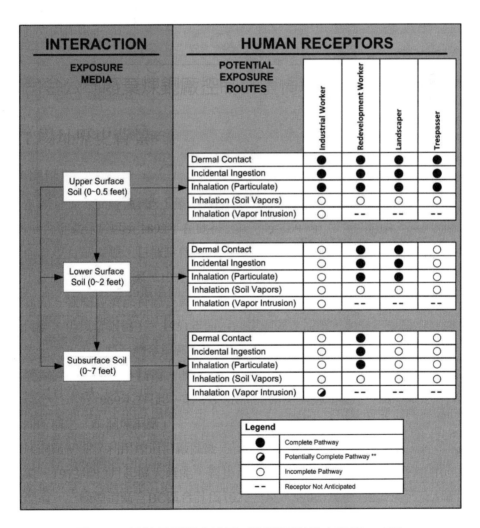

圖9-11 場址暴露概念模型（彩圖另附於本書第345頁）

9.4.5 人體健康風險評估

一、受體

現階段本場址並未被使用，因此目前的人類受體僅有闖入場址的青少年。未來可能開發爲輕工業或商業區，其可能受體爲商業／工業工作人員（下文中均稱爲企業員工）、再開發的工作人員以及環境整修人員。並且假設未來持續會有青少年闖入。

二、暴露途徑

污染物在土壤中可能的暴露途徑爲誤食土壤或皮膚接觸。土壤將依據下列深度對每一受體進行評估。

1. 上層表土（地表下0～0.5英呎）：暴露於上層表土的受體預期爲青少年闖入者、企業員工、再開發的人員以及環境整修人員，因爲他們可能在場址意外暴露於土壤。
2. 下層表土（地表下0～2英呎）：暴露於下層表土的受體預期爲再開發工人以及環境整修人員，因其可能從事園藝工作。
3. 底層土（地表下0～7英呎）：預期暴露於底層土的受體僅有再開發之工人，因其在營建期間從事開挖活動。

三、量化暴露評估

劑量計算：COPC的日攝取量

COPC的日攝取量計算包含了至少下面六項基本參數：

1. COPC濃度。
2. 暴露頻率。
3. 暴露時間。
4. 攝取或接觸時間。
5. 體重。
6. 平均時間。

每一項暴露參數值都有其範圍。對於上述每種受體族群皆選擇其參數，最後整

合得到對受體的合理最大暴露量（Reasonable Maximum Exposure, RME）。

四、暴露地點與暴露地點濃度

暴露地點濃度（Exposure Point Concentration, EPC）為污染物在土壤中讓受體暴露的濃度。根據美國環保署指引（USEPA, 1989），EPC乃根據土壤中的平均濃度之95%信賴區間上限值或最大濃度，取其低者來計算。95%信賴區間上限值是透過分布模式參數方法（適用常態分布或對數常態分布）分析估算受體在場址中受體所暴露的平均濃度，若數據並非常態分布或對數常態分布，則使用無分布模式方法。計算95%信賴區間上限值前，用Shapiro-wilk test來檢定常態分布性。

五、暴露因子

HHRA的RME暴露評估是為估算高端受體之暴露（如：族群中合理預期之最大暴露量）。通常各別受體的暴露參數取決於其在特定場址的活動模式，然後選擇美國環保署提供的暴露因子值或場址特定值。（參見USEPA Exposure Factors Information, http://epa.gov/ncea/risk/expobox/approaches/ie-ef.htm）如此便能同時考慮到污染濃度的不確定性以及暴露參數的變異性（如：暴露頻率與平均時間）。下表9-26列舉了本場址所選用的暴露參數。

■ 表9-26

		企業員工透過土壤途徑的暴露參數範例				
Exposure Route	Parameter code	Parameter definition	Units	RME	Rationale	Reference
General Parameters	CS	Concentration in Soil	mg kg^{-1}	chem-specific		
	EF	Exposure Frequency	d y^{-1}	250	USEPA recommended value for industrial worker	USEPA, 1991
	ET	Exposure Time	hr d^{-1}	8	USEPA standard default value for workers	USEPA, 1991
	ED	Exposure Duration	y	25	USEPA standard default value for industrial worker	USEPA, 1991
	BW	Body Weight	kg	70	Average adult body weight	USEPA, 1989
	FC	Fraction Contacted	unitless	1	Assumes entire exposure time spent at one exposure area	

■ 表9-26

企業員工透過土壤途徑的暴露參數範例（續）

Exposure Route	Parameter code	Parameter definition	Units	RME	Rationale	Reference
General Parameters	CFs	Conversion Factor, soil	$kg\ mg^{-1}$	0.000001		
	AT-C	Averaging Time-cancer	d	25550	70-year lifetime expressed in days for estimating cancer risk	
	AT-N	Averaging Time-non-cancer	d	9125	ED expressed in days for estimating non-cancer risk	
Incidental Ingestion	IRS	Ingestion Rate	$mg\ d^{-1}$	100	USEPA recommended value for outdoor industrial worker	USEPA, 2011
Dermal ontact	AF	Dermal Adherence Factor	$mg\ cm^{-2}$	0.2	USEPA recommended value for outdoor industrial worker	USEPA, 2004
	AB	Dermal Absorption Fraction	unitless	chem-specific	Chemical-specific dermal absorption fraction	USEPA, 2004
	SA	Skin Surface Area	$cm^{-2}\ d^{-1}$	3300	USEPA default value for outdoor industrial worker dermal contact per event (day) (assumes face, forearms, and hands exposed)	USEPA, 2004
Inhalation	IN	Inhalation Rate	$m^{3}\ hr^{-1}$	2.5	USEPA standard default.	USEPA, 1991, USEPA, 2002
	VF	Volatilization Factor (for volatile constituents)	$m^{3}\ kg^{-1}$	chem-specific	USEPA Region 9 Regional Screening Level (RSL) Table	USEPA, 2011
	PEF	Particulate Emission Factor (for non-volatile constituents)	$m^{3}\ kg^{-1}$	1.32E+09	Default value derived for USEPA RSL Technical Background Document	USEPA, 2011

　　人類攝食以每毫克化學物質／每公斤體重／日（$mg\ kg^{-1}\ d^{-1}$）表示，係以EPC值乘以各暴露情境之暴露因子得到。攝食的結果將結合致癌斜率參數或比較非致癌參考劑量，來推算暴露於場址的致癌與非致癌風險。

六、考慮各累積途徑之加成

　　用於HHRA的毒理值包括美國環保署建立的非致癌參考劑量RfD以及致癌風險斜率係數CSF。評估人體健康影響時必須同時考慮兩者，非致癌的影響可能來自任何污染物；相反的，致癌影響僅限於致癌污染物。因此許多案例中僅有非致癌毒理

數值而沒有致癌毒理數值。

　　RfD與SF值乃是美國環保署透過評估污染物（注入的、被吸收的或被認為有影響的）的量與暴露族群（動物與人類）某方面之生理系統改變（通常為毒理反應）的關係所推算。污染物的毒性取決於其進入人體的途徑。某些案例中，毒理反應僅會透過特定途徑產生。本案例的風險評估採用各途徑特定的毒理值（如：攝食、皮膚接觸、呼吸）。

　　本場址HHRA所使用的毒理值來自下列文獻（依照優先順序）：

- · 美國環保署：Integrated Risk Information System (IRIS, http://www.epa.gov/iris/)。
- · 美國環保署：Provisional Peer Reviewed Toxicity Values。
- · 美國環保署：Regional Screening Level Table (http://www.epa.gov/region9/superfund/prg/index.html.)。
- · 美國環保署：Health Effects Assessment Summary Tables (EPA-540-R-97-036. July 1997 FY 1997 Update.)。

七、風險特性描述

　　風險描述就是整合暴露與毒性的資訊得到量化的致癌性與非致癌危害指數。評估場址風險（包括致癌風險與非致癌性危害）的程序以及風險值賴以比較的基準值將如後述，每個關切物質（COPC）、每一暴露途徑及單位受體都要計算。風險加總後得到某區域之某受體的健康風險估計值。

1. 評估致癌風險的基準值

　　美國環保署的「固體廢棄物管理單位釋出事件矯正行動的制定規則草案的預先通知」建議為了風險管理目的之癌症風險可接受增量範圍為10^{-6}至10^{-4}。由於本場址是工業為主，且土壤背景砷濃度為13mg kg^{-1}（相當於讓工人增加8.2×10^{-6}的癌症風險），故10^{-5}是評估源自土壤的致癌風險合理的基準值。

2. 評估非致癌風險的基準值

　　如果HQ值大於1，代表負面健康影響可能存在，但是程度不確定。亦即HQ值無法呈現健康影響發生的機率與幅度。若HQ值小於1，則預期沒有非致癌健康影響。

3. 評估鉛所造成之健康風險之基準值

美國環保署認為RfD不適用於評估鉛的風險，因為通常濃度低於RfD則被判定為沒有健康影響，然而證據顯示暴露於非常低的鉛濃度之下可能仍有健康影響。基於鉛的吸附、傳輸、代謝、排泄等相關大量數據，取代RfD的方式為由血液鉛濃度（Blood-Lead, PbB）來管制鉛的暴露。因血液中的鉛濃度與暴露程度相關。美國環保署與疾病管制中心（Centers for Disease Control, CDC）認定兒童血液鉛濃度等於或高於10g dL^{-1}即代表有健康風險。因此，美國環保署對於污染場址的風險減量目標值設定為：使兒童血鉛濃度超過10g dL^{-1}的發生機率低於5%（USEPA, 2003）。對於成人的風險，美國環保署建立了成人鉛模型（Adult Lead Model, ALM），以估計暴露於鉛污染土壤對女性胎兒的血鉛濃度。

ALM被使用於HHRA以評估成人與青少年暴露於污染土壤的鉛。使用受體特定參數、ALM模型預設參數以及美國環保署與疾病管制中心所建議的成人與青年最高血鉛濃度，保護健康的土壤鉛篩檢濃度分級已依據不同受體建立起來。各受體暴露於土壤中所造成的可能風險可藉由比較篩檢濃度與EPC來評估。特別地用土壤中鉛的EPC除以篩檢濃度，可算出過量因子（Exceedance Factor, EF）。EF大於1代表鉛劑量超出篩檢標準，在暴露情境下受體的基準血液鉛濃度可能超過10 mg dL^{-1}。若將多個HQ加總之後HI大於1，則最好將化學物質依據其影響種類及作用機制分開，分別計算各個族群的HI值。

4. 場址風險描述

在所有的場址再開發區域的情境下，受體的潛在風險皆超過標準值。主要的風險來源為土壤中的砷與鉛。加總的土壤風險值如表9-27。所有情境的致癌風險皆約為10^{-4}或更高。此外，非致癌危害指數與鉛的過量參數皆高於1。若所有數值皆超過風險基準值，表示可能需要進行土壤整治。

■ 表9-27

潛在風險分析結果			
情境	致癌風險	非致癌危害商數	鉛EF
工人	1.7E-03	12	32
建築工人	9.6E-05	19	13
園丁	9.6E-04	7.7	15
外來者	4.5E-04	9.8	6.3

9.4.6 生態風險評估

對於本場址除了HHRA，亦實施生態風險評估（ERA）。大多數美國的整治法規，例如：RCRA及超級基金（見9.5節），均要求做ERA。減輕人類或生態受體的風險之需求啟動風險管理行動。ERA對於暴露於過去場址內生產區與廢棄物運作區的表層土壤（0～2英呎）的生物族群遵照美國環保署指引進行評估（USEPA,1997）。ERA的架構包括四個部分，如圖9-12所示：問題形成、場址特定性暴露描述、生態影響描述與生態風險量化。

一、問題形成

1. 風險評估區域

如前所述，場址面積大約為155英畝，為一廢棄工廠。工廠設施已經移除，並且部分場址有植物生長。大部分的場址為外來的植物種，先驅性雜草、草皮、少數灌木覆蓋的低品質土地。但是也有一些植物品種如：白楊和柳樹相當普遍。雖然此區域並不打算成為一個好的棲地，但卻持續演化至一些生態受體（鳥類、鹿與其他哺乳類）在此落腳為生。

風險評估的第一個步驟為比較暴露介質中的最高測得濃度與可用的篩檢值，來找出生態關切物質（Constituents of Potential Ecological Concern, COPEC）。此篩檢程序找出主要的COPEC為金屬、無機物以及殺蟲劑（DDT與其衍生物及Methoxychlor）。

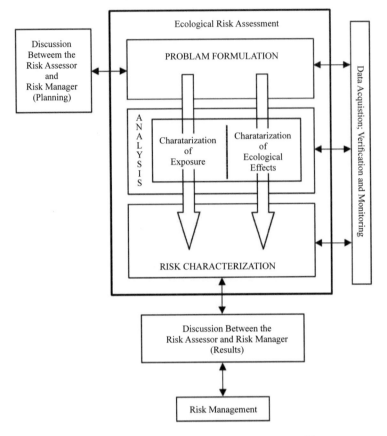

圖9-12　美國環保署之生態風險評估架構

2. 生態場址概念模型

　　生態場址概念模型（Ecological Conceptual Site Model, ECSM）找出了COPEC可能的生態受體暴露途徑。藉由暴露途徑評估，並解釋受體如何在場址內或外受到暴露。完整的潛在暴露途徑包括下列單元：污染源以及化學物質釋放機制、環境傳輸介質、受體接觸的點、可能的暴露途徑、受體器官。ECSM描述可能的現場污染源、受影響的介質、COPEC的傳輸機制、受體族群或生物以及受體族群如何接觸場址相關之污染物。除了可能受影響的族群，ECSM亦可找出主要食物鏈階層（如：雜食性哺乳類、掠食者），以及完整或近乎完整的暴露途徑當中具代表性的物種與族群。圖9-13顯示了場址的ECSM。

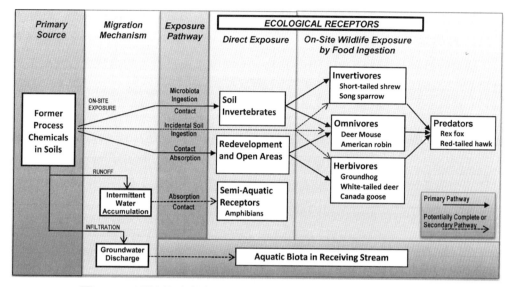

圖9-13　場址的生態概念模型（彩圖另附於本書第346頁）

下列為被找出的場址內生物主要的土壤污染物暴露途徑：

1. 植物透過根部接觸及吸收污染物，進入植物組織。同樣的，土壤中的無脊椎動物亦可能接觸與吸收污染物。

2. 野生動物可能透過攝食（如：植物、無脊椎動物）或誤食土壤而暴露於場址中的COPEC。

3. 暴露於表土的次要傳輸途徑有皮膚接觸與呼吸，這些途徑的風險重要性遠小於攝食，因此ERA不予以量化。

4. 水生生物的暴露也是一完整的途徑，包括小規模的地面雨水逕流蓄積處或地下水流進的承受水體。但本案例研究中不呈現水體暴露途徑之評估。

二、暴露之描述

　　土壤中的COPEC濃度被用於評估直接暴露於土壤的生態風險。對於攝食與誤食土壤，攝食的暴露量乃透過食物鏈不同位階的代表性之物種來計算，然後找出不良影響的可能性。下列的場址內與鄰近區域內的物種被選擇來計算攝食量。

1. 小型受體物種：草食動物：美洲旱獺；食蟲動物：短尾鼩、雪雀；雜食動物：白足鼠、旅鶇。

2. 大型捕獵型受體物種：草食動物：白尾鹿、加拿大雁；肉食動物：紅狐、紅尾鵟。

攝食的暴露乃透過COPEC在其食物源的濃度以及攝食者的食物攝取速率來計算：

$$ADD_j = [(Soil_j * P_s * FIR) + \sum_{i=1}^{N} (Soil_j * T_{ij}) * P_i * FIR)] \tag{9-13}$$

計算結果呈現於表9-28：

■ 表9-28

ERA評估所選的九種生態受體之攝食參數摘要—攝食速率、體重、誤食土壤率、食物組成、攝食範圍。

生態受體	體重 (kg)	食物組成	攝食率（FIR） (kg-dw kg^{-1}-bw d^{-1})	攝食土壤量（食物之%）	攝食領域 (acres)
Bird Species					
American robin	0.077	60%plant material 40%invertebrates	0.24	10.40%	0.37~2.0
Song sparrow	0.02	25%plant material 75%invertebrates	0.2	6.10%	0.5~1.54
Canada goose	3.55	100%plant material	0.04	8.20%	2200
Red-tailed hawk	1.1	100%small prey	0.08	2.55%	576
Mammal Species					
Deer mouse	0.02	50%plant material 50%invertebrates	0.17	2.00%	0.13~0.18
Short-tailed shrew	0.018	100%invertebrates	0.1	13%	0.25~0.89
Groundhog	2.0	100%plant material	0.051	2.00%	7
White-tailed deer	56.5	100%plant material	0.019	2.00%	146~1280
Red fox	4.5	90%small prey 10%plant material	0.08	2.80%	240~1280

參數定義：

ADD$_j$：每日平均攝入污染物（*j*）濃度（mg kg^{-1} d^{-1}）。

Soil$_j$：暴露的土壤中之污染物（*j*）濃度（mg kg^{-1}-dw）。

P$_s$：攝入土壤對應於食物的比例。

FIR：攝食速率（kg kg^{-1} d^{-1}）。

N：食入生物種類數。

T$_{ij}$：土壤至生物體之轉化因子（*j*污染物對*i*類生物）。

估計攝食暴露需藉由表土中的濃度外插COPEC在食物來源中的濃度（如：植物、無脊椎動物、被掠食者）。使用土壤傳輸至生物體的傳輸經驗模型來估計COPEC之濃度，如美國環保署所示（USEPA, 2007）。

三、影響的描述

在生態風險評估中描述潛在影響時，毒性參考值（Toxicity Reference Value, TRV）用於度量風險影響。TRV的估計值具有物種特定性以及物質特定性，能在某暴露程度下導致生長、繁殖、生存的不良影響。ERA使用兩種TRV：

1. 基於濃度的TRV（單位為mg kg^{-1}土壤重），用以評估對生態受體（植物與無脊椎動物）直接接觸污染介質之生態風險。

2. 基於劑量的TRV（單位為mg kg^{-1} d^{-1}），用以評估生態受體透過攝食的風險。

■ 表9-29

植物與無脊椎動物暴露於場址土壤的TRV				
分析物	植物之Eco-SSL		無脊椎動物之Eco-SSL		區域背景值[1]
Soil concentration (mg kg^{-1})				
銻	n/a		78	USEPA (2005a)	4
砷	18	USEPA (2005b)	n/a		13
鋇	n/a		330	USEPA (2005c)	110

■ 表9-29

植物與無脊椎動物暴露於場址土壤的TRV（續）

分析物	植物之Eco-SSL		無脊椎動物之Eco-SSL		區域背景值[1]
鎘	32	USEPA (2005e)	140	USEPA (2005e)	0.6
鉻	42.7[2]		57[3]		16.2
鈷	13	USEPA (2005f)	n/a		8.9
銅	70	USEPA (2007b)	80	USEPA (2007b)	19.6
鉛	120	USEPA (2005g)	1700	USEPA (2005g)	36
錳	220[4]	USEPA (2007c)	450[4]	USEPA (2007c)	636
鎳	38	USEPA (2007d)	280	USEPA (2007d)	636
硒	0.52	USEPA (2007e)	4.1	USEPA (2007e)	0.48
銀	560	USEPA (2006b)	n/a		0.55
鋅	160	USEPA (2007f)	120	USEPA (2007f)	95

n/a：無數據
[1] 芝加哥都會區濃度，引用自Illinois州環保局（TACO Regulations, 2001）
[2] 對於植物生長負面影響的九種NOAEC之幾何平均值（USEPA, 2008a）
[3] 對生殖具有負面影響的兩個可接受最高濃度的平均值，引用自美國環保署2008，表4.1（USEPA, 2008b）
[4] 鎂的TRV濃度低於背景值

四、生態風險描述

　　潛在生態風險的評估的基準為HQ值，若HQ值小於1，代表即使對敏感族群亦無負面影響，因其暴露程度低於造成潛在傷害的程度。對於指定的暴露途徑與COPEC，HQ值為表土EPC值與TRV值的比值。如果HQ值大於1，代表暴露於COPEC值具有負面影響的生態風險。

　　對於攝食，HQ是將估計攝食率與TRV比較而得。計算一個生物受體HQ值的方式為日攝取量除以TRV值：

$$HQ_j = ADD_j \, / \, TRV_j \qquad\qquad (9\text{-}14)$$

參數定義：

HQ_j：COPEC之危害商數（無單位）

ADD_j：污染物平均日攝取量（j）（$\mathrm{mg\ kg^{-1}\ d^{-1}}$）

TRV_j：COPEC之毒性參考值（j）（$\mathrm{mg\ kg^{-1}\ d^{-1}}$）

　　範例HQ值來自五種小型野生生態受體〔（白足鼠（Deer mouse）、土撥鼠（Groundhog，美洲旱獺）、短尾鼩（Short-tailed shrew）、旅鶇（American robin）、雪雀（Song sparrow）〕，並呈現於表9-30。COPEC以受體的食物鏈位階排列，顯示了平均濃度及95%上信賴區間，具有生態風險（HQ值大於1）之污染物與受體。

　　基於HQ值，小型野生受體的風險為：

1. 鋇、硼、鈷、氰化物、鎂、鎳、鉈、甲氧DDT的HQ值小於1.0，因此不考慮其對受體的負面影響。

2. 銻、砷、鎘、鉻、銅、鉛、汞、硒、銀、釩、錫、鋅、DDT的HQ值大於1.0。因此對受體具有潛在的負面影響。

3. 銻與硒對於草食性受體有負面影響。

　　對於較大型受體的類似風險評估指出，銻、鉛與DDT對於肉食動物有負面影響，而鉛對於大型草食動物有負面影響。對於受到直接暴露的植物與無脊椎動物，表土中找到的COPEC通常與基於野生受體攝食而找出的無機污染物種類一致。

■ 表9-30

再開發區域中於野生受體的危害商數												
	Surface soil		HQ Herbivores*		HQ Omnivores*				HQ Invertebrates*			
	Conc. (mg kg⁻¹)		Groundhog		Deer mouse		Amer. robin		S-tailed shrew		Song sparrow	
Analyte	95%UCL	Avg.	UCL	Avg.	UCL	Avg.	UCL	Avg.	UCL	Avg.	UCL	Avg.
Antimony	435	107	1.8	0.5	67.2	16.5	-	-	83.3	20.4	-	-
Arsenic	1,527	607	0.9	0.3	2.7	1.2	6.3	2.6	4.7	2.0	3.4	1.5
Barium	1,913	905	0.1	0.0	0.3	0.1	0.4	0.2	0.3	0.1	0.2	0.1
Boron	66.7	35.6	0.0	0.0	0.1	0.0	0.2	0.1	0.0	0.0	0.1	0.1
Cadmium	127	69.2	0.3	0.2	17.2	10.6	17.7	10.9	20.2	12.4	25.0	15.4

Conc. (mg kg⁻¹) 欄位標示為 $\mathrm{mg\ kg^{-1}}$

■ 表9-30

	Surface soil Conc. (mg kg⁻¹)		HQ Herbivores* Groundhog		HQ Omnivores* Deer mouse		Amer. robin		HQ Invertivores* S-tailed shrew		Song sparrow
Analyte	95%UCL	Avg.	UCL	Avg.	UCL	Avg.	UCL	Avg.	UCL	Avg.	UCL	Avg.

再開發區域中於野生受體的危害商數（續）

Analyte	95%UCL	Avg.	UCL	Avg.	UCL	Avg.	UCL	Avg.	UCL	Avg.	UCL	Avg.
Chromium	166	75.0	0.0	0.0	0.3	0.2	1.2	0.5	0.4	0.2	1.2	0.5
Cobalt	11.4	6.70	0.0	0.0	0.0	0.0	0.1	0.0	0.0	0.0	0.0	0.0
Copper	1122	495	0.1	0.1	1.8	0.8	3.2	1.4	2.3	1.0	3.6	1.6
Cyanide	23.0	8.00	0.0	0.0	0.0	0.0	0.2	0.1	0.0	0.0	0.2	0.1
Fluoride	96.8	61.8	0.0	0.0	0.1	0.0	0.3	0.2	0.1	0.0	0.4	0.2
Lead	10293	7709	0.4	0.3	5.5	4.3	**30.2**	**23.1**	**9.5**	**7.3**	**25.1**	**19.5**
Manganese	1554	833	0.1	0.1	0.3	0.2	0.2	0.1	0.4	0.2	0.1	0.1
Mercury	54.7	10.4	0.0	0.0	0.1	0.0	1.8	0.5	0.1	0.0	0.9	0.3
Nickel	38.0	26.3	0.0	0.0	0.7	0.5	0.3	0.2	0.8	0.6	0.4	0.3
Selenium	16.5	8.26	**2.2**	1.0	**6.0**	**3.1**	**6.5**	**3.3**	**3.4**	**2.0**	**4.3**	**2.4**
Silver	137.5	20.8	0.0	0.0	0.6	0.1	**4.3**	0.6	0.7	0.1	**6.0**	0.9
Thallium	4.09	1.28	0.0	0.0	0.2	0.1	-	-	0.3	0.1	-	-
Tin	394.0	101	0.0	0.0	0.3	0.1	**2.5**	0.6	0.3	0.1	**2.8**	0.8
Vanadium	33.6	28.6	0.0	0.0	0.0	0.0	**1.5**	**1.3**	0.1	0.1	0.9	0.8
Zinc	18538	13346	0.9	0.7	**4.2**	**3.5**	**8.0**	**6.3**	**5.5**	**4.5**	**5.7**	**4.7**
DDT, DDD, DDE	1.30	0.397	0.0	0.0	**1.3**	0.4	**1.8**	0.5	**1.5**	0.5	**2.7**	0.8
Methoxychlor	0.183	0.090	0.0	0.0	0.0	0.0	0.0	0.0	0.0	0.0	0.0	0.0

HQ值使用LOAEL-based毒理參數值。粗體字代表HQ > 1

9.4.7 風險溝通：利害關係人與社區溝通

　　本場址位於輕工業至住宅區的混合區域，因此與場址周遭的居民舉辦了多次討論。與當地社區的溝通是RCRA與Superfund法規所要求的工作範圍。當地社群關於與場址有關之風險以及整治完成後再利用的方式之意見，均為風險管理決策的重要考量。

9.4.8 風險管理：可能的措施

　　HHRA與ERA藉評估土壤樣本來確認需整治的區域。由於砷有致癌性，並發現對人體具有風險，因此成為建立風險管理行動的焦點。雖然生態風險受體也很重要，但是最重要的風險管理考量仍為砷對人體的風險。這與9.5節案例的風險管理與整治的首要考量為生態受體不同。

　　整治區域乃透過地理資訊系統（Geographical Information System, GIS）來確認。取相鄰採樣點計算得到之中線值（Mid-line）於採樣點周遭建立泰森多邊形（Theissen polygons），以決定每個採樣點的影響範圍的程度、形狀及座向。針對每個採樣點計算致癌風險、非致癌風險、鉛的過量因子（Exceedance Factor, EF）所對應到指定的泰森多邊形。上述的資訊併同數據的95%信賴區間上限，決定那一個樣品必須移除以滿足風險標準的法規要求。圖9-14顯示了每個採樣點對應的泰森多邊形，以及基於兩種致癌標準所估計出的整治體積。藍色的多邊形代表土壤必須移除以達到致癌風險10^{-4}。黃色的多邊形代表土壤必須移除以滿足致癌風險標準達到10^{-5}的要求。

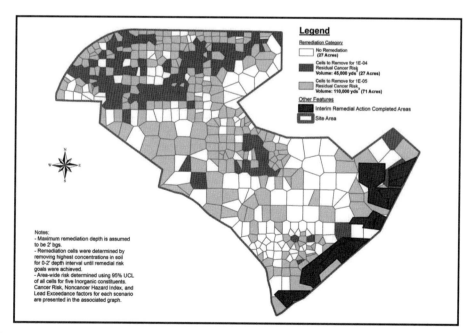

圖9-14　利用泰森多邊形以描繪風險超過風險標準值的區域（彩圖另附於本書第346頁）

　　基於風險的整治評估亦可呈現爲人體健康風險與整治量體。圖9-15顯示了致癌風險（藍線）、非致癌HI值（紫線）以及鉛的EF值（綠線）。下表綜整了欲達到風險標準所需移除的土壤量。如前所述，透過詳細描述本場址造成的人體健康與生態受體風險。此資訊可用以制定風險管理措施，然而移除污染物（砷）的人體暴露應爲風險管理決策的主要焦點。此場址正考量未來再利用作爲輕工業之用地。

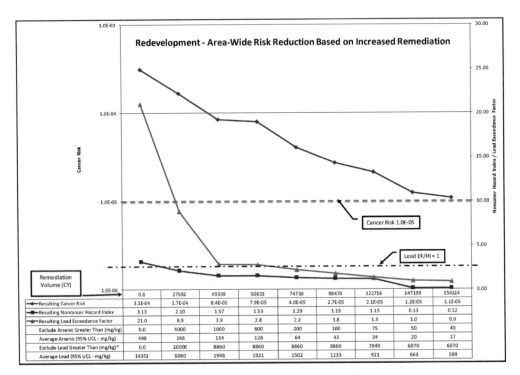

Redevelopment - Area-Wide Risk Reduction Based on Increased Remediation								
Remediation Volume (CY)								
	0.0	27592	49339	50633	74730	98474	122716	147199	156124
Resulting Cancer Risk	3.1E-04	1.7E-04	8.4E-05	7.9E-05	4.0E-05	2.7E-05	2.1E-05	1.2E-05	1.1E-05
Resulting Noncancer Hazard Index	3.13	2.10	1.57	1.53	1.29	1.19	1.15	0.13	0.12
Resulting Lead Exceedance Factor	21.0	8.9	2.9	2.8	2.2	1.8	1.3	1.0	0.9
Exclude Arsenic Greater Than (mg/kg)	0.0	4000	1000	800	200	100	75	50	40
Average Arsenic (95% UCL - mg/kg)	498	266	134	126	64	43	34	20	17
Exclude Lead Greater Than (mg/kg)*	0.0	20000	8860	8860	8860	8860	7040	6070	6070
Average Lead (95% UCL - mg/kg)	14353	6060	1948	1921	1502	1233	921	663	589

圖9-15　應用基於風險的整治行動於超過風險基準之土地的說明。顯示了如何藉由移除污染土壤以降低人體暴露與風險（彩圖另附於本書第347頁）

9.5 基於風險整治Newport超級基金場址受污染地表水、地下水、土壤及底泥的決策

9.5.1 背景

一、場址描述與歷史

　　Newport場址位於Delaware州New Castle縣（圖9-16），約建造於1900年，面積約120英畝。1902年至1929年間生產含鋅、鉛及以鋇爲底質的無機油漆色素。1929年時業主變更，增加了其他有機與無機產品的生產。今天的新業主則生產各種產品。

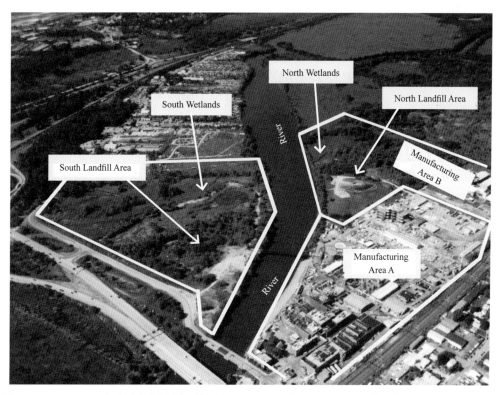

圖9-16 Newport超級基金場址（位於Delaware州New Castle縣）（彩圖另附於本書第347頁）

場址邊有河川，營運廢棄物則棄置於河川兩岸（各一）的土質無底襯的掩埋場。北邊的溼地與掩埋場及工廠場址連接，南邊的濕地與掩埋場則分別在河對岸溼地上與台地。此位置的河水為淡水，指定為公眾用水、工業用水、遊憩、釣魚、農業用水。場址緊鄰河川，而且早期營運時曾經有視為合法的棄置措施，增加了調查、風險評估與整治的複雜度。本案例中，整治的問題主要在於場址周遭掩埋於土壤中、棄置於兩個掩埋場與鄰近溼地及進入河川污染地面水體與底泥的廢棄物。考慮整治的介質包括地表水、地下水、土壤及底泥。

二、法規架構

美國環保署經由Comprehensive Environmental Response, Compensation and Liability Act法案（CERCLA或稱超級基金Superfund）的授權（United States Congress, 1980），使用危害排序系統（Hazard Ranking System, HRS）評估場址。HRS基於風險評分以評估場址所具有對公眾健康、利益、環境的急迫與具體的風險，並將其排序。根據HSR評估結果，此場址在1980年代被列為國家優先清單（National Priorities List, NPL），顯示此場址對人體健康與環境的影響必須關切。經過後續調查，美國環保署於1993出版了決策紀錄（Record of Decision, ROD）（USEPA, 1993），並設立了整治地表水、地下水、土壤、底泥的基礎。基於超級基金法案，ROD乃是執行美國環保署風險管理的法律與技術基礎，以減輕對於公眾健康、福祉與環境的危害。

9.4節案例乃根據Resource Conservation and Recovery法案（RCRA）以整治土壤中的重金屬（United States Congress, 1976）。本案例乃根據超級基金法案與較新的整治計畫。因此雖然目標都是為了保護人體健康與環境免於遭受不可接受之風險，本案例的場址調查、風險評估、風險管理與9.4節案例相當不同。此外，超級基金法案提供九種基準以評估可用之整治手段：

1. 對人體健康與環境的整體保護。
2. 符合其他法規之規定。
3. 長期的效率與持久性。
4. 藉由整治來降低毒性、移動性與體積。
5. 短期效果。
6. 可執行性。

7. 費用。

8. 州政府的接受度。

9. 社區的接受度。

　　這些項目用以確認全美各地的整治措施有一致性，並能反映特定場址的需要。就某些觀點而言，這些基準有一非預期的結果，即是影響了調查與風險評估的方向。為了滿足這些項目，調查污染的性質與污染程度常常很廣泛且費時，以確保充分了解污染的空間範圍。此外，這些數據必須充分可靠，以作為人體與生態風險評估的技術基礎，以評估污染物是否造成不可接受的風險，以及何種暴露途徑需要減輕或移除，以達到整治的保護效果。這幾點解釋了為何調查與整治非常耗時，並被認為是超級基金法案的缺點。

　　超級基金法案的另一項規定為：需評估對自然資源的傷害。根據評估結果，可能需要進行復育以將自然資源還原至未污染的狀態（Code of Federal Regulations, 1986）。此規定在某些案例引起爭議，根據某些觀點，此規定造成了「二次清理」的必要。基本上此規定允許聯邦政府與州政府得以執行更多調查與復育，以減輕自然資源服務在一特定期間的損失。此規定乃基於「整體公眾利益」的觀念，因為當正暴露於污染時，公眾無法充分享有自然資源。本案例中根據此規定而執行的工作以及對整治的影響見後述。

9.5.2 場址概念模型

　　場址調查始於1970年代以及1980年代初期，記錄了場址地下水受到無機物質包括鉛、鈣、鎘及鋅的污染。1980年代進行了更多調查，直到1990年代初期，確認污染物主要存在於場址內及場外河川內的多種介質（底泥是主要關切的介質，而非地表水）。這些調查的數據用於建立初始的簡單場址概念模型（圖9-17）。

　　CSM解釋了場址、鄰近河川、濕地的主要污染乃源自棄置的廢棄物，來自於生產含鎘、鉛、鋅的色素。歷史資料顯示由1902至1974年間廢棄物及不合規格品被棄置於北邊的掩埋場，於1902至1953年間棄置於南邊的掩埋場。廢棄物含有鉛、鎘、鎘、鋅並進入土壤與鄰近濕地。河川潮流流經濕地，可能促進了污染往上下游擴散。重金屬亦在河川周遭的地下水中被發現，而工廠區的地下水被發現含有有機揮發物質。主要相關物質及其在各介質中的濃度見表9-31。

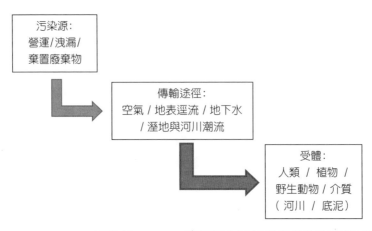

圖9-17　Delaware州位於Newport超級基金場址的簡單場址概念模型

■ 表9-31

	Delaware州Newport超級基金場址土壤、底泥地下水採樣結果											

Constituent	Soils (mg kg^{-1})				Surface water (mg L^{-1})*			Groundwater (mg L^{-1})		Sediments (mg kg^{-1})		
	SDS	NDS	MA-A	MA-B	South pond	River	Seeps	Upper aquifer	Lower aquifer	Sds wetlands	Nds wetlands	River
Cadmium	4~58	0.55~149	0.3~1990	0.3~1	0.0015~0.0046	0.0015~0.0096	0.0109~0.151	0.0015~0.028	0.0015~0.004	34700	4510	ND~115
Lead	0.0015~1520	14~10500	0.3~127000	5~124	0.0042~0.126	0.0015~0.072	0.0139~1.22	0.0015~0.627	0.0015~0.0754	77	255	5~3590
Zinc	43~2810	4.8~15100	19~63300	27~354	0.0078~0.391	0.07~0.409	0.78~64.7	0.0499~44.1	0.026~0.202	5000	40500	30~19700
Barium	86~19800	6~18800	40~85200	25~2270	0.61~5.7	0.074~0.143	0.0554~21.8	0.492~0.229	0.0375~0.231	12800	19300	68~2990

註：樣本採集點為南邊掩埋場（SDS）；北邊掩埋場（NDS）；工廠區A（MA-A）；工廠區B（MA-B）。洩漏（Seeps）指
　　工廠與掩埋場鄰近沿著場址邊界與河川的地下水滲出。ND＝未檢出

9.5.3 暴露評估

　　如前所述，本場址的地理位置與營運歷史使暴露評估很複雜。多數的場址面積
預定繼續作為工廠，而其他部分將停止運作並復育為更加自然的狀態。因此，暴露
評估必須包括場址中人類活動、鄰近的河川及水生與野生生物在河川與河岸附近與

溼地中的活動。

人體與生態受體的暴露評估通常遵循美國環保署指引（USEPA, 1989a, 1991）。潛在受體包括兒童與成人以及場址內外的各種工人。並且需要考慮遊憩風險，因為部分的場址用於運動活動，以及河岸附近用於休閒活動。就生態受體而言，包括位於台地、河川、濕地的水生生物（底泥中的無脊椎動物）與魚類，以及已知或預期可能活動於場址的生物（如：麝鼠、大藍鷺）。在1980年代末期，開始執行場址調查與風險評估，然而美國環保署從那時才開始關注的生態風險評估之法規指引非常有限（USEPA, 1989, 1997）。

9.5.4 危害評估

人體危害評估主要基於評估污染物的毒理文獻，以得知對人體的已知或預期的影響。生態受體評估亦遵循類似的方向，只是相較於人體，當時對於生態受體的毒理數據有限，需要另外蒐集場址特定資訊以評估污染物的生態危害，因而進行了河川與溼地的現地研究。這些研究使用的方法為底泥品質三聯結架構（Sediment quality triad）（Burton, 1992）。方法是首先採集底泥樣本進行化學分析，進行實驗室毒理評估，再來分析底棲無脊椎生物之種類與數量。底泥品質三聯結架構的理論基礎為：具有較高濃度污染物的樣本應該會於實驗室呈現毒性並減少底棲生物種類與數量。可惜本研究的結果並未符合理論預期，在某些例子，與控制組比較，具有最高濃度重金屬的樣本並未呈現毒性，底棲生物數量相對於背景或控制組樣品亦未減少（USEPA, 1993）。整體的結果非常多樣化，並且需要美國環保署進行深度「專業判斷」才能運用這些結果建立場址特定的底泥整治目標（Site-Specific Clean Up Goals, SSCG）。有近期的文獻強調了底泥品質架構與其應用於風險評估與整治決策的相關議題（Chapman, 1999）。

9.5.5 風險描述

人體健康風險評估結果見表9-32，此結果乃基於表9-31污染物濃度所做的場址特定評估。再將污染物濃度結合美國環保署針對成人與兒童的特定暴露情境（USEPA, 1991）。接著（至少到目前）各種情境與毒性基準皆採用保守推估，且

傾向高估潛在暴露，以保證其保護功能。

■ 表9-32

相關區域	潛在受體*	致癌風險	危害指數（不含鉛）	危害指數（含鉛）
		Delaware州Newport超級基金場址暴露模型與人體健康風險評估		
棒球場	遊憩（兒童）**	7.2×10^{-7}	0.16	0.38
北邊掩埋場 &工廠區A	維修工人	4.1×10^{-6}	0.075	4
南邊掩埋場	維修工人	9×10^{-8}	0.0027	0.93
	營建工人***	2.8×10^{-7}	0.7	3
	闖入者（成人）	7.0×10^{-7}	0.032	0.96
	闖入者（青少年）	4.9×10^{-7}	0.074	1.9
河川	遊憩（兒童）**	9.1×10^{-6}	0.039	
	遊憩（成人）	6.6×10^{-6}	0.016	
工廠區B	維修工人	1.4×10^{-5}	0.068	20
	營建工人	1.1×10^{-5}	6	26
地下水	居民（成人）***			
	Columbia水層	3.0×10^{-4}	170	190
	Potomac水層	4.6×10^{-6}	3.6	5.9

* 暴露途徑包含呼吸、攝食、皮膚接觸
** 對於兒童的風險，包含在球場與河川的休閒活動，非致癌危害指數為0.42
*** 僅針對可能未來使用

　　類似於人體風險評估，生態受體針對底泥重金屬的風險評估整理於表9-33。有許多其他的生態受體接受評估，但限於篇幅，結果並未呈現於此。主要相關的物種為麝鼠、大藍鷺、野鼠。對底泥僅對麝鼠進行金屬風險評估。此評估中，危害商數皆未超過1.0，代表生態風險很低，並且危害指數（危害商數加總）皆未超過1.0。

■ 表9-33

Delaware州Newport超級基金場址，麝鼠暴露模型與風險評估

污染物	H危害商數			
	北掩埋場	南掩埋場與池塘	河川	參考點
鎳	0.06	0.39	0.025	0.008
鎘	0.0031	0.0086	0.003	0.006
鉻	0.4	0.074	0.06	0.23
銅	0.0079	0.0036	0.001	0.00006
鉛	0.013	0.008	0.002	0.0003
汞	0.0025	0.0008	0.001	0.001
鋅	0.034	0.062	0.015	0.004
危害指數	0.53	0.54	0.11	0.122

表9-33同時呈現了1980年代晚期所用的生態風險評估方法，當時尚未建立生態風險的法規指引。野鼠暴露於場址土壤金屬的潛在風險見表9-34。本案例中，野鼠被當作為小型哺乳類暴露於土壤的代表性物種。不同於表9-33，危害商數與危害數皆有超過1.0的情形。鋅在北邊掩埋場與南邊掩埋場的土壤中都有問題。

■ 表9-34

Delaware州Newport超級基金場址，野鼠暴露模型與風險評估

污染物	危害商數			
	北掩埋場廠區A	北掩埋場廠區B	南掩埋場	參考場址
鎳	0.007	0.1	0.6	0.01
鎘	0.008	0.01	0.019	ND
鉻	0.023	0.05	ND	0.05
銅	0.0001	0.004	0.006	0.0002
鉛	0.0002	0.003	0.006	0.0001
汞	ND	0.0002	0.0001	0.00001
鋅	0.0072	1.14	0.389	0.003
危害指數	0.039	1.32	1.02	0.07

河川與溼地中底泥生物的風險描述並非只基於上述的底泥品質三聯結架構，而是整合了專業判斷。增加的檢查點爲，底泥品質三聯結架構的結果與底泥篩選值（sediment screening values）比較，當時名稱爲「明顯反應閾值」（Apparent Effects Threshold, AET）。在1990年代，政府團隊透過統計分析實場數據與實驗室研究結果制定許多這類底泥篩選值。

9.5.6 損害評估與棲地價值分析（Habitat Equivalency Analysis, HEA）

如前所述，基於超級基金計畫聯邦或州政府管理機關可要求進行進一步的評估與復育（Barnthouse, 2002）。這所謂的自然資源信託成員來自州政府與聯邦單位。不同於整治計畫的成員（例如：美國環保署），此小組的工作爲判定魚類及野生生物等自然資源是否受到衝擊，以及如何補救已發生的傷害。本案例中，此信託成員的工作成爲決定本場址整治目標值以及整治方案的關鍵。

非正式的工作團隊成員包含Delaware州政府代表、美國Fish & Wildlife Service（US FWS）以及美國國家海洋與大氣總署（National Oceanic and Atmospheric Administration, NOAA），以評估自然資源損害。團隊成立後，信託小組同意使用「合理保守評估」以估計自然資源的損害以及生態服務的損失。此方式以「數據顯示不良生物影響有一定程度的可能性（Reasonably Likely）」來認定污染暴露程度已造成資源的損害，企圖使決策的「合理誤差」寧可保守地偏向對環境保護的一邊。此方式使信託小組可評估相關現存數據來保守地估計資源損害與損失，而不用規劃及執行更進一步特定與昂貴的研究去更精確的量化損失。

經過審核場址的整治調查與生態風險評估，以及評估場址與鄰近地區，信託小組聚焦於一些特定棲息型態進行進一步評估。這些特定的棲息型態是特別的自然資源型態（例如：溼地）被許多自然資源物種利用（例如：底棲大型無脊椎生物、魚類、鳥類）。執行評估的這種合併的「棲地／可施作區」包括整治與未整治的濕地、開放水域、沿岸區及水岸。

信託小組與相關團隊合作，整合河川與溼地調查得到的底泥化學與毒理測試結果成爲資料庫。本Newport場址南、北濕地與河川的重金屬（鎘、鉛、鋅）確認超過底泥品質指引的標準（NOAA, 1998），因此被列爲本場址關切物

質（Contaminants of Concern, COC）。為了評估場址對感潮河段底泥的損害，信託小組使用國家資料庫與軟體以計算每個採樣點的邏輯迴歸P-Max分數值（NOAA,1999）。Field（2003）建立了一個迴歸模式，用P-Max分數預測尖額雙眼勾蝦（Ampelisca）的死亡率（表9-35）（Field et al,2002）。信託小組與DuPont公司同意以預測的死亡率來量度濕地底棲大型無脊椎生物的損害。然後對於每一相關合併的「棲地／可施作區」，信託小組算出區域濕地底棲大型無脊椎生物服務功能的加權平均損失。

■ 表9-35

邏輯迴歸模型─P-Max值與預測的尖額雙眼勾蝦死亡率（Field et al, 2002）以及估計的棲息服務損失（Habitat Loss of Services, %LOS）[註]

邏輯回歸模型─P-Max值	尖額雙眼勾蝦死亡率	% LOS
0.0~0.4	0.0~0.15	0%
0.4~0.7	0.15~0.20	18%
0.5~0.6	0.20~0.25	23%
0.7~0.8	0.25~0.30	28%
0.8~0.9	0.30~0.35	33%
0.9~1.0	0.35~0.40	38%

註：邏輯迴歸模式的輸入值及預測死亡率的迴歸方程式可提供預測Amphelisca死亡率的連續解。表9-35的值是近似值，用以展示預測的死亡率與底棲服務損失的關係

　　信託小組使用棲地等價值分析（Habitat Equivalency Analysis, HEA），乃一被廣為承認的自然資源損害評估方法，用以評估底棲損害以及所需的復育程度，以回復場址污染所造成的生態服務損失（NOAA, 1999）。HEA提供了邏輯架構以決定復育計畫或方案的適當幅度。通常HEA用以平衡自然資源「債」（有害物質造成的自然資源損害）與自然資源「信用」（補償公眾自然資源損害的復育計畫得到或恢復的生態服務）。此方法的價值在於可使自然資源的損失評估順利進行，並提供實用的架構供各方協調適當的復育程度。

9.5.7 風險溝通

在超級基金計畫下，特別要求與當地社區居民溝通，考量彼等之意見以制定風險管理（整治）方案。本案例與社區民眾溝通的方式包括民眾會議、在當地平面媒體登載文章以及直接郵寄信函給附近居民。此外，也與縣市政府民選公職人員、州與聯邦等級的民意代表（國會議員）等舉辦多次會議。

9.5.8 風險管理

一、場址整治活動

雖然美國環保署於1993年八月已發出本場址之決策記錄（ROD），本場址後續仍然進行許多額外的調查，以及著重於設計與執行整治，修改整治標準數值，同時蒐集自然資源的損害評估所需之資訊。這些在ROD發出之後的工作成為了風險管理的重要部分，並被認為是本計畫成功的關鍵。如果沒有蒐集新資訊並依了解程度修正風險管理決策，整治計畫可能不會如現在這樣成功。

為了執行整治決策，將場址分為八個施作單位（Operable Units, OU）。開始執行風險管理後，其中一個施作單位被認為無需考慮而排除，因此只剩下七個OU進行整治。每個OU的特性與解決人體與環境風險的整治方案，以及完成日期見表9-36。

1. OU-1——棒球場

棒球場過去被工廠員工及外人用於休閒活動。調查發現鉛在土壤中濃度可能造成兒童與成人不可接受之風險。由於污染的空間範圍有限，因此採取挖除的手段並回填乾淨的土壤。此外OU亦包含地下水被使用於多種用途的區域，這地下水會對使用者形成風險。為了確保地下水中的污染物不去影響此區的水井使用者，鋪設了新的水管，由當地自來水公司提供居民與企業自來水。

■ 表9-36

Newport超級基金場址的各施作單位以及所選擇的整治方案組成		
執行單位	描述	整治方案
OU-1 完成日期12/1995	棒球場、水邊、地下水監測	挖除鉛濃度超過500ppm的土壤置於北掩埋場廢棄物
OU-2	不考慮整治	NA
OU-3 完成日期06/1998	北邊濕地	挖除、復育、監測
OU-4 完成日期09/2001	北邊掩埋場，包括垂直地下阻水牆	加蓋
OU-5 完成日期12/1998	南邊濕地	挖除、復育、監測
OU-6 完成日期09/2003	南邊掩埋場	挖除／固化Basin Road底下東邊土壤、挖除河川中底泥並加蓋
OU-7 完成日期11/1999	河川	浚渫與監測
OU-8 完成日期11/2001	工廠區加鋪面、製造區A：垂直地下阻水牆。	沿著河川之垂直地下阻水牆、工廠區地面加鋪面。

2. OU-3——北邊濕地

OU-3的整治標準見表9-37。由於收集到新的場址之污染物濃度、底泥顆粒大小、有機碳成分等特定資訊，原本的ROD標準就修改了。這些資訊被用來修改原本的整治標準，因此挖除了更多污染底泥，改善了棲地環境。在最終分析，大約整治了1.1公頃的濕地並挖除了7260立方公尺的污染土壤／底泥。

■ 表9-37

最終整治標準，OU-3，北邊濕地		
金屬	場址特定整治標準（mg kg^{-1}-dw）	明顯影響閾值（mg kg^{-1}-dw）
鋅	5600	1600
鉛	1200	660
鎘	60	9.6

3. OU-4──北邊掩埋場與河岸滲出

ROD要求減低地下水的滲流以減少來自掩埋場的污染，並解決沿著掩埋場至河岸的洩漏點。整治手段為將北邊掩埋場加蓋，並於河岸建立板樁牆。根據美國環保署許可的設計，掩埋場上蓋必須：

(1) 完全遮蓋北邊掩埋場。

(2) 緊密結合於旁邊廠區地面。

(3) 滲透率等於或低於10^{-7}cm s^{-1}。

(4) 需要有兩層，其一為地工織料（Geo-membrane）。

(5) 維護需求最小化。

(6) 植栽綠化以提供高品質的野生動物棲地。

(7) 滿足州政府與地方政府的暴雨管理標準。

2001年5月，北邊掩埋場外蓋完成，沿著河岸的板樁擋水牆亦完成，並有抽水井在擋水牆後，以控制地下水流。擋土牆接著延伸至與北邊濕地連接的掩埋場底部邊界，以進一步控制此地區水流。

沿著河岸的滲流中發現含有熱媒液體Dowtherm®。滲流造成了沿著河北岸的浮油，於是放置攔油索以控制浮游液體的擴散。美國環保署判定Dowtherm®的污染程度可能危害水生生物，並認為攔油索不足以控制污染。因此移除了攔油索，並採用板樁擋水牆作為暫時的整治措施。2001年1月，又建立了注入漿料加固的地下水牆在原本的鋼板樁擋水牆後面。對於河川中聯苯的監測始於整治之前，並持續到今天以確認控制洩漏的成效。

4. OU-5——南邊濕地

類似OU-3（北邊濕地）的方式，南邊濕地同時進行了整治與復育（表9-36）。移除了37000立方碼的污染底泥並重建濕地。透過移除15290立方公尺的堤岸土壤，創造了0.61公頃的濕地。場址整治計畫修改內容包括：降低底泥整治基準（濃度），導致挖除整治設計時發現的位於更深處高度污染底泥，並增加濕地生物多樣性及面積。最終的整治標準如表9-38。

■ 表9-38

OU-5南邊濕地的終整治標準	
金屬	整治標準（mg kg^{-1}-dw）
鋅	2000
鉛	670
鎘	35

5. OU-6——南邊掩埋場

ROD要求挖除並固化掩埋場周邊的土壤並將之埋入掩埋場，穩定後於掩埋場加蓋。根據ROD，美國環保署判定這些措施乃防止污染物釋放到地下水、河川與濕地，以及防止人體暴露所必須的。藉由1995年八月六號與2001年五月十八號發出的顯著差異說明書（Explanation of Significant Difference, ESD），美國環保署修改了南邊掩埋場的整治方案。超級基金的ESD機制容許超級基金場址根據新的技術與資訊修改整治方案。最重要的修改乃是由現地穩定土壤改為使用滲透性反應牆（Permeable Reactive Barrier Wall, PRB）以其多孔反應物質，降解流經過地下水之污染物。PRB沿著掩埋場鄰接濕地的邊界設置，以攔截廢棄物質與處理流經滲透牆的污染水。並且藉由許多監測井以確認PRB處理污染物的效果，並可達到早期發現污染物穿透PRB。本案例設立了效能標準，以監測南邊掩埋場PRB的效能。其他的修改包括將污染土壤留在地底及在鄰接地的西邊，並街道納入成為掩埋場外蓋。

6. OU-7──河川

　　1.2公頃的河川區段重金屬污染的底泥進行浚渫，並將之棄置於南邊掩埋場。經各方同意後，整治計畫經過修正，將在污染程度在整治標準邊緣的小區域也整治了，如此也可免除ROD規範中要求的長期監測。原本的浚渫估計量為27000立方碼，而最終僅約為11000立方碼。由於有前述的追加蒐集數據，可以正確的判定以達到保護人體與生態受體所需的整治量。

■ **表9-39**

OU-7河川的最終整治標準。修正的場址特別整治標準乃基於底泥品質三聯架構資訊，並根據底泥顆粒大小進行常態化。

污染物	原本場址特別整治標準	新的場址特別整治標準	影響值
鋅	5600ppm	3000ppm	1500ppm
鉛	1200ppm	700ppm	120ppm
鎘	60ppm	20ppm	6ppm

二、整治後續長期監測要求

　　在整治進行的同時，於1996年本場址建立了長期地下水監測計畫（Long-Term Groundwater Monitoring Program, LTGM），監測計畫目的為：

1. 建立環境中金屬與有機物在Columbia與Potomac地層中的性質與程度。
2. 監測這些污染物在Columbia與Potomac流域中的移動與衰減，如果移動發生了，則判定該濃度是否需要啟動後續監測。
3. 判定北邊掩埋場是否釋出鈾。
4. 確認地下水是否適用於「適用或相關適切的要求」Applicable or Relevant and Appropriate Requirement（ARAR）的豁免權。

LTGM將每年執行，包括下列地區的水文地質與水質監測：

1. 南掩埋場的可滲透反應牆（PRB）。
2. 北掩埋場的地下水圍阻與監測系統。
3. 工廠區A地下水圍阻與監測系統。

4. 河邊河水。

ROD規定的地下水整治包括南邊濕地下的Columbia水層的「對人體與環境有較大風險」ARAR豁免權。豁免於Delaware州水質品質標準規定，是為了回應美國環保署關切，如果由此水層抽水，可能對濕地供水造成影響。ROD規定此豁免權僅適用於濕地的地表水重金屬濃度低於急毒性標準。

三、河岸監測

開始時，沿著河川北岸的擋水牆設立三個採樣點，其中兩個接近以前的兩個滲出點，第三個則於以前滲出點的下游處。由1995年11月至1997年7月間，每個月進行採樣。基於結果的一致性以及很少檢測出聯苯，採樣頻率減低為每年一次，監測點則減為兩個。

9.5.9 2014年場址狀況

根據1993年ROD與不同的ESD版本所要求的整治行動均已執行。這些整治的內容都按原設計發揮功能，持續保護人體健康與環境，目前場址內的活動僅限於維護與監督整治措施，以及場址內地下水處理設施的操作。

9.5.10 結論

本案例除了描述關於風險評估、風險管理的重點，並呈現美國各種整治計畫的不同。本文也強調同時應用人體健康評估與生態風險評估以提供風險管理決策必要的資訊。在當時的美國，針對環境（生態受體）而設計的整治計畫並不尋常。多數整治僅考慮保護人體健康，很少考慮保護生態受體。Newport超級基金場址是美國最先及綜合地應用環境風險考量的先驅案例之一。本案例的獨特性與先驅性在於在超級基金法案與美國環保署的監督下，組合各種整治手段，並且復育措施受到自然資源信託機構的監督（US Fish & Wildlife Service；NOAA；Delaware州政府），同時與擁有場址的公司合作。

此案例始於1980年代晚期，持續約15年後才開始執行最終整治。即使到現在，此超級基金計畫依然規定每五年查核一次，並執行LTGM計畫。五年查核著重

於判定是否整治項目如預期持續發揮功能；如未達到，則判斷是否需要執行整治調查或採取措施。而且本案例中，由於超級基金法案要求評估自然資源損害，因而需連同整治一起執行復育，包含一些離場址較遠的地區。這些追加的復育始於2007年，而最近一次且爲最終的五年監測正式於2012年結束。

參考文獻

中文

Habermas, J. 童世駿譯，事實與格式，台北市：台灣商務（2003）。

中央社，日月光K7廢水含鎳恐污農田（2013[a]）。網址：http://www.cna.com.tw/news/asoc/201312100056-1.aspx。

中央社，銅葉綠素鈉超商食品已下肚（2013[b]）。網址：http://www.cna.com.tw/news/firstnews/201311120034-1.aspx。

中國時報，RCA毒污染案賠償露曙光（2006）。

日文東京電力，原子力災害対策特別措置法第10條第1項の規定に基づく特定事象の発生について（2011）。網址: http://www.tepco.co.jp/nu/f1-np/press_f1/2010/htmldata/bi1309-j.pdf。

王銀波等，土壤品質基準──土壤重金屬鉛鋅含量分級基準之建立，行政院環境保護署，EPA-81-H105-09-02(1)，國立中興大學土壤研究所（1992）。

王銀波等，土壤品質標準──土壤重金屬含量分級基準之建立──總論，行政院環境保護署，EPA-83-E3H1-09-02，國立中興大學土壤研究所（1994）。

王銀波等，土壤品質標準──土壤重金屬鎳、鉻及砷含量分級基準之建立，行政院環境保護署，EPA-82-E3H1-09-01(2)，國立中興大學土壤研究所（1993）。

江舟峰，環境暴露評估，教育部環境風險通識教材，江舟峰編著，中國醫藥大學風險分析中心，台中，台灣（2008）。

江舟峰、凌明沛、林家玉、蔡佩鈴，中部地區民眾淋浴健康風險評估與風險性化研究，中台灣衛誌，第13卷，第27～34頁（2008）。

江舟峰、張芳華、許惠悰，生物有效性體外試驗應用於健康風險評估之問題與展望，台灣衛誌，第25期，第1卷，第1～10頁（2006）。

江舟峰、蔡清讚，健康風險決策支援系統之建置與範例分析。中華民國環境公成

功會，2013環境資訊與規畫管理研討會，中華民國102年11月8〜9日，國立高雄大學土木工程學系，高雄，台灣（2013）。

行政院衛生福利部，台灣一般民眾暴露參數彙編，DOH96-HP-1801（2008）。

行政院環境保護署，土壤及地下水污染控制場址初步評估辦法（修），950329（2006）。

行政院環境保護署，土壤及地下水污染控制場址初步評估辦法，920507（2003）。

行政院環境保護署，土壤及地下水污染場址初步評估暨處理等級評定辦法，1020424（2013）。

行政院環境保護署，土壤及地下水污染場址健康風險評估評析方法及撰寫指引（2006），網址：http://w3.epa.gov.tw/epalaw/docfile/143121.pdf。

行政院環境保護署，土壤及地下水污染整治法，990203（2010）。

行政院環境保護署，土壤及地下水污染整治場址環境影響與健康風險評估辦法，1021031（2013）。

行政院環境保護署，土壤及地下水污染整治網（2014），網址：http://sgw.epa.gov.tw/public/Default.aspx。

行政院環境保護署，整治場址污染範圍調查影響環境評估及處理等級評定辦法，920507（2003）。

江明修，公共行政學—理論與社會實踐。台北市：五南圖書出版公司（2003）。

何姿慧，風險認知與管理對砷污染地區農民風險及污染場址管理成本之影響，國立台灣大學環境工程學研究所碩士論文（2010）。

杜文苓，環評決策中公民參與的省思：以中科三期開發爭議為例，公共行政學報，第35期，第29〜60頁（2010）。

吳先琪，第四章：污染物宿命；林財富主編，土壤與地下水污染：原理與應用，中華民國環境工程學會（2008）。

吳敏煌，土壤污染管制標準之研訂，台灣土壤及地下水環境保護協會簡訊，第一期，第9〜14頁（2001）。

吳焜裕，戴奧辛健康風險評估的案例比較（2008）。

周桂田，現代性與風險社會，台灣社會學刊，第21期，第89〜129頁（1998）。

周桂田，知識、科學與不確定性—專家與科技系統的「無知」如何建構風險，政治

與社會哲學評，第13期，第131～180頁（2005）。

林霧霆，PCDD/Fs污染水域水生物及鳥類之生物濃縮及生物放大研究，國立成功大學，醫學系工業衛生學科暨環境醫學研究所碩士論文（2004）。

邱再發等，土壤污染改善方法之研究——土壤污染防治政策方針及計畫之研究，EPA-78-004-14-125，中華民國土壤肥料學會（1989）。

施正鋒、吳珮瑛，政府徵收民地的政治與經濟分析，收錄於土地與政治。台北市：社團法人底登輝民主協會（2013）。

洪鎌德，法律、道德、民主和法治國家的發展——哈伯瑪斯法律觀的析評（上），哲學與文化，第28期，第二卷，第97～114頁（2001a）。

洪鎌德，法律、道德、民主和法治國家的發展——哈伯瑪斯法律觀的析評（下），哲學與文化，第28期，第三卷，第206～217頁（2001b）。

風險社會：通往另一個現代的路上（Back U. 著，汪浩譯）。台北市：巨流（2004）。

財政部國有財產局，新北市政府，新北市瑞芳區公所，台灣糖業股份有限公司，台灣電力股份有限公司，「原台灣金屬礦業股份有限公司及其所屬三條廢煙道地區（部分）土壤及地下水污染控制場址」健康風險評估報告（2011）。

財團法人國家衛生研究院網頁（2014），網址：http://intakes.nhri.org.tw/。

國立臺灣大學公共衛生學院健康風險及政策評估中心，台灣一般民眾暴露參數彙編（全一冊）2008。

康健雜誌，健康城市大調查哪個城市最不容易讓人生病？（2012），網址：http://www.cw.com.tw/about/0830CC.pdf。

許惠悰，以風險評估與風險管理的角度看污染土地再利用的契機，中華民國環境工程會刊，第1期，第20卷，第15～21頁（2009）。

許惠悰，風險評估與風險管理，新文京開發出版股份有限公司，第二版（2006）。

陳志民，當強制徵收成為政府補貼？美國聯邦最高法院 Kelo v. City of New London 案之評析，收錄於土地與政治。台北市：社團法人底登輝民主協會（2013）。

陳怡君，污染場址健康風險評估——多介質傳輸模式選擇，工業污染防治季刊，第98卷，第47～63頁（2006）。

陳怡君，應用風險地圖探討污染土地在生管理策略，台灣大學環境工程學研究

所，博士論文（2013）。

陳彥全，健康風險評估中不確定性之量化與降低，國立台灣大學環境工程學研究所，博士論文（2007）。

黃瑞祺、陳閔翔，審議民主與法治國理想：哈伯馬斯的民主觀，收錄於溝通、批判和實踐（黃瑞祺主編）。台北市：允晨文化（2010）。

賴允傑，原台灣金屬礦業公司所屬煙道區逕流對承受水體砷污染之影響評估，國立台灣大學環境工程學研究所碩士論文（2013）。

顧忠華，「風險社會」的概念及其理論意涵，政治大學學報，第69期：第57～79頁（1994）。

顏厥安，法效力與法解—由Habermas及Kaufmann的法效理論檢討法學知識的性質，台大法學論叢，第27期第一卷，第1～23頁（1997）。

環保署，土壤及地下水污染場址健康風險評估評析方法延續性檢討修正計畫（2010）。

環保署，台南市中石化安順廠整治場址土壤及地下水污染範圍調查及整治工作建議計畫，財團法人工業技術研究院，EPA-93-GA12-03-A203（2005）。

環保署，健康風險評估技術規範，100.7.20 修正（2011）。

環境保護署土壤及地下水污染整治基金管理委員會，101年度土壤及地下水污染整治年報（2013）。

環境保護署土壤及地下水污染整治基金管理委員會，98年度土壤及地下水污染整治年報（2010）。

蘇新育，中石化安順廠附近居民健康照護計畫，永續台灣—認識戴奧辛風險研討會（2005）。

蘇慧貞，國內整體環境戴奧辛風險，永續台灣—認識戴奧辛風險研討會（2005）。

英文

Adamson, A. W. , Physical Chemistry of Surface, 5th ed., John Wiley & Sons, New York (1990).

Ames, B. N. , Durston, W. E. , Yamasaki, E. , Lee, F. D. , Carcinogens are mutagens. A simple test system combining liver homogenates for activation and bacteria for detection. Proceedings of the National Academy of Sciences of the USA, 70, 2281-2285 (1973).

Asante-Duah, K. , Public Health Risk Assessment for Human Exposure to Chemicals. Kluwer Academic Publishers, Dordrecht, The Netherlands (2002).

ASTM E2081, American Society for Testing and Materials - Standard Guide for Risk-Based Corrective Action Applied at Petroleum Release Sites (2000).

ASTM, Standard Guide for Risk-Based Corrective Action Applied at Petroleum Release Site, E1739-95, (1995).

ASTM, Standard Guide for Risk-Based Corrective Action, E2081-00, (2000).

Barnthouse L, Stahl RG Jr. Quantifying natural resource injuries and ecological service reductions: Challenges and opportunities. Environmental Management 30(1): 1-12 (2002).

Bateman, H. The solution of a system of differential equations occurring in the theory of radioactive transformations. Mathematical Proceedings of the Cambridge Philosophical Society, 15, 423-427 (1910).

Beck, U. 2009. World at Risk (Translated by Ciaran Cronin).Malden: Polity Press.

Bedekar, V. , Neville, C. , Tonkin, M. Source screening module for contaminant transport analysis through vadose and saturated zones. Ground Water, 50(6), 954-958 (2012).

Bedient, P. B. , Rifai, H. S. and Newell, C. J. , Ground Water Contamination, Transport and Remediation, 2nd ed. Prentice-Hall, Upper Saddle River, NJ 07458 (1999).

Blake, G. R. and Hartge, K. H. Bulk Density, in Klute, A. Editor, Methods of Soil Analysis, Part 1 Physical and Mineralogical Methods, Second Edition, Academic Press, Inc., New York, NY. USA (1986).

Borden, R. C. , Bedient, P. B. , Lee, M. D. , Ward, C. H. , Wilson, J. T. Transport of dissolved hydrocarbons influenced by oxygen limited biodegradation: 2. field application. Water Resources Research, 22, 1983-1990 (1986).

Burton A. G, Scott K. J. Sediment toxicity evaluations: Their niche in ecological assessments. Environmental Science and Technology 26(11): 2068-2075 (1992).

Cairney, T. The re-use of contaminated land. A handbook of risk assessment. John Wiley & Sons Ltd, West Susex, England (1995).

Carson R. Silent Spring. Fawcett Publications, Greenwich, CT. USA. Paperback version published in association with Houghton Mifflen New York, NY. USA. 304 p (1962).

Chapman P, Wang F, Adams W, Greene A. Appropriate applications of sediment quality values for metals and metalloids. Environmental Science and Technology 33(22): 3937-3941 (1999).

Charbeneau, R. J. Groundwater Hydraulics and Pollutant Transport, Prentice-Hall, New Jersey USA (2000).

Chen, C. S. Analytical solutions for radial dispersion with Cauchy boundary at injection well. Water Resources Research, 23(7), 1217-1224 (1987).

Chen, C. S. , Woodside, G. D. Analytical solution for aquifer decontamination by pumping. Water Resources Research, 24(8), 1329-1338 (1988).

Chen, I. C. , Ng S. , Wang G. S. , Ma, H. W. Application of receptor-specific risk distribution in the arsenic contaminated land management; Journal of Hazardous Materials, 262, 1080-1090 (2013).

Chen, J. S. Analytical model for fully three-dimensional radial dispersion in a finite-thickness aquifer. Hydrological Processes, 24(7), 934-945 (2010).

Chen, J. S. Two-dimensional power series solution for non-axisymmetrical transport in a radially convergent tracer test with scale-dependent dispersion. Advances in Water Resources, 30(3), 430-438 (2007).

Chen, J. S. , Chen, J. T. , Liu, C. W. , Liang, C. P. , Lin, C. W. Analytical solutions to two-dimensional advection-dispersion equation in cylindrical coordinates in finite domain subject to first- and third-type inlet boundary conditions. Journal of Hydrology, 405, 522-531 (2011).

Chen, J. S. , Lai, K. H. , Liu, C. W. , Ni, C. F. A novel method for analytically solving multi-species advective-dispersive transport equations sequentially coupled with first-order decay reactions. Journal of Hydrology, 420-421, 191-204 (2012b).

Chen, J. S. , Liu, C. W. Generalized analytical solution for advection-dispersion equation in finite spatial domain with arbitrary time-dependent inlet boundary condition. Hydrology and Earth System Sciences, 15, 2471-2479 (2011).

Chen, J. S. , Liu, C. W. , Chen, C. S. , Yeh, H. D. A Laplace transform solution for tracer tests in a radially convergent flow field with upstream dispersion. Journal of Hydrology, 183(3-4), 263-275 (1996).

Chen, J. S. , Liu, C. W. , Hsu, H. T. , Liao, C. M. A Laplace transform power series solution for solute transport in a convergent flow field with scale-dependent dispersion. Water Resources Research, 39(8), 1229 (2003a).

Chen, J. S. , Liu, C. W. , Liao, C. M. Two-dimensional Laplace-transformed power series solution for solute transport in a radially convergent flow field. Advances in Water Resources, 26(10), 1113-1124 (2003b).

Chen, Y. C. , Ma, H. W. Combining the cost of reducing uncertainty with the selection of risk assessment models for remediation decision of site contamination. J. Hazard. Mater, 141, 17-26 (2007).

Chen, Y. C. , Ma, H. W. Model comparison for risk assessment: A case study of contaminated groundwater. Chemosphere, 63, 751-761 (2006).

Chen, Y. J. , Yeh, H. D. , Chang, K. J. A mathematical solution and analysis of contaminant transport in a radial two-zone confined aquifer. Journal of Contaminant Hydrology, 138, 75-82 (2012a).

Chiou, C. T. , et al., A physical concept of soil-water equilibria for nonionic organic compounds, Science, 206, 1979, 831-832 (1979).

Chiou, C. T. , et al., Partition equilibria of nonionic organic compounds between soil organic matter and water, Environ. Sci. Technol., 17, 227-230 (1983).

Chiou, C. T. , et al., Water solubility enhencement of some organic pollutants and pesticides by dissolved humic and fulvic acids, Environ. Sci. Technol., 20, 502-508 (1986).

Chiou, C. T. Partition and Adsorption of Organic Contaminants in Environmental Systems, John Wiley & Sons, Inc. , New York (2002).

Clark, L. Bulk density values for soil types, eHow, http://www.ehow.com/facts_6331779_ bulk-density-values-soil-types.html (2014).

Clean Air Act. Clean Air Act of 1963. Public Law 88-206, December 17, 1963, and as amended through 1990. United States Congress, Washington, D. C. www.epa.gov/caa (1963).

Clement, T. P. RT3D: A modular computer code for simulating reactive multi-species transport in 3-dimensional groundwater systems. 1st., Pacific Northwest National Laboratory, Washington USA (1997).

Code of Federal Regulations. Natural resource damage assessments. Federal Register 51, 27725, Aug. 1, 1986, US Government Printing Office, Washington, D. C. http://www. epa.gov/superfund/programs/nrd/links.htm (1986) .

COM 231 (2006). http://europa.eu/legislation_summaries/environment/soil_protection/ l28181_en.htm

Comprehensive Environmental Response, Compensation and Liability Act (CERCLA). Comprehensive Environmental Response, Compensation and Liability Act. Public Law 96-510, December 11, 1980. United States Congress, Washington, D. C. www.epa.gov/ cercla (1980).

Connor, J. A. , Newell, C. J. , Nevin, J. P. , Rifai, H. S. Guidelines for Use of Groundwater Spreadsheet Models in Risk-Based Corrective Action Design. National Ground Water Association, Proceedings of the Petroleum Hydrocarbons and Organic Chemicals in Ground Water Conference, Houston, Texas, 43-55 (1994).

Cullen, A. C. , Frey, H. C. , Probabilistic Techniques in Exposure Assessment. Plenum Press, New York and London (1999).

DEFRA, Guidelines for Environmental Risk Assessment and Management. London, UK: Department for Environment, Food and Rural Affairs (Defra) (2011).

deFur, P. L. , Kaszuba, M. , 2002, Implementing the precautionary principle. Science of the Total Environment 288, 155-168.

Department of Health and Ageing and enHealth Council, Environmental Health Risk Assessment, Guidelines for assessing human health risks from environmental hazard. Commnwealth of Australia, Available at: http://www.health.gov.au/internet/main/

publishing.nsf/Content/A12B57E41EC9F326CA257BF0001F9E7D/$File/DoHA-EHRA-120910.pdf, (2002).

DETR, DETR Circular 2/2000, Contaminated Land: Implementation of Part IIA of the Environmental Protection Act 1990. HMSO, Norwich (2000).

Domenico, P. A. An analytical model for multidimensional transport of a decaying contaminant species. Journal of Hydrology, 91, 49-58 (1987).

Duff, R. M, Kissel, J. C. , Effect of soil loading on dermal absorption efficiency from contaminated soils. Journal of Toxicology and Environmental Health 48, 93-106 (1996).

Dulline, F. A. L. Porous Media Fluid Transport and Pore Structure, 2nd. , Academic Press, New York (1992).

EC, 2000, Directive 2000/60/EC of the European Parliament and of the Council Establishing a Framework for the Community Action in the Field of Water Polrcy, 23 October, 2000.

EC, 2008; Directive 2008/105/EC of the European Parliament and of the Council of 16 December 2008 on environmental quality standards in the field of water policy, 24 December, 2008.

EC, Directive 2000/60/EC of the European Parliament and of the Council Establishing a Framework for the Community Action in the Field of Water Policy, 23 October, 2000 (2000).

EC, Directive 2008/105/EC of the European Parliament and of the Council of 16 December 2008 on environmental quality standards in the field of water policy, 24 December, 2008 (2008).

enHealth. Environmental health risk assessment: Guidelines for assessing human health risks from environmental hazards, Australian: Department of Health (2012).

Federal Water Pollution Control Act (FWPCA). 33 United States Code (U. S. C.) §1251 et. Seq. United States Government, Washington, DC (1972).

Ferguson, C. , Darmendrail, D. , Freier, K. , Jensen, B. K. , Jensen, J. , Kasamas, H. , Urzelai, A. , Vegter, J. Risk Assessment for Contaminated Sites in Europe. Volume 1. Scientific Basis. LQM Press, Nottingham (1998).

Field L. J, MacDonald D. D, Norton S. B, Ingersoll C. G, Severn C. G, et al. Predicting amphipod toxicity from sediment chemistry using logistic regression models. Environmental Toxicology and Chemistry 21:1993-2005 (2002).

Finger, M. , Allouche, J. and Luis-Manso, P. Water and Liberalisation: European water scenarios. London: IWA Publishing (2007).

Finkel, A. M. Confronting Uncertainty in Risk Management: A Guide for Decision-Makers. Center for Risk Management, Resources for the Future, Washington, D. C. (1990).

Fischhoff, B, Slovic, P, Lichtenstein S, et al. How safe is safe enough? A psychometric study of altitudes towards technical risks and benefits. Policy Sci 9:127-52 (1978).

Freeze and Cherry, Groundwater, Prentice-Hall, Inc. , Englewood Cliffs, N. J. (1979).

Freyberg, D. L. A natural gradient experiment on solute transport in a sand aquifer 2. Spatial moments and advection and dispersion of nonreactive tracers. Water Resources Research, 22(13), 2031-2046 (1986).

Gelhar, L. W. , Collins, M. A. General analysis of longitudinal dispersion in nonuniform flow. Water Resources Research, 7(6), 1511-1521 (1971).

Gschwend, M. P. , and Wu, S. C. , On the constancy of sediment-water partition coefficients of hydrophobic organic pollutants, Environ. Sci. Technol., 19, 90-96 (1985).

Guvanasen, V. , Guvanasen, V. M. An approximate semi-analytical solution for tracer injection tests in a confined aquifer with a radially converging flow field and finite volume of tracer and chase fluid. Water Resources Research, 23(8), 1607-1619 (1987).

Habermas, J. 1991. The Theory of Communicative Action. trans. by Thomas McCarthy. Cambridge : Polity Press.

Hattis, D. B. , and Burmaster, D. E. Assessment of variability and uncertainty distributions for practical risk analyses. Risk Analysis, 14(5): 713-730 (1994).

Henry, C. J. , Risk assessment, risk evaluation, and risk management. In: de Vires, J. (Eds), Food Safety and Toxicology,. CRC Press, Boca Raton, FL (1996).

Hertwich, E. G. ; Mckone, T. E. ; Pease, W. S. , A systematic uncertainty analysis of an evaluate fate and exposure model. Risk Analysis, 20(4): 439-454 (2000).

Hill, M. C. , Tiedeman, C. R. , Effective Groundwater Model Calibration: With Analysis

Of Data, Sensitivities, Predictions, and Uncertainty, ISBN: 978-0-471-77636-9, Hoboken, NJ: Wiley-Intersci (2007).

Hoerger, F. D. , Presentation of risk assessments. Risk Analysis, 10, 359-361 (1990).

Honders, A. , Maas, T. , Gadella, J. M. , Ex-situ Treatment of Contaminated Soil, the Dutch Experience. Service Centrum Ground. The Hague, Netherlands (2003).

Hsieh, P. A. A new formula for the analytical solution of the radial dispersion problem. Water Resources Research, 22(11), 1597-1605 (1986).

Hsieh, P. F. , Yeh, H. D. Semi-analytical and approximate solutions for contaminant transport from an injection well in a two-zone confined aquifer system. Journal of Hydrology, 519, 1171-1176 (2014).

Hunt, B. Dispersive sources in uniform ground-water flow. Journal of the Hydraulics Division-ASCE, 104(1), 75-85 (1978).

IED, /75/EU. http://register.consilium.europa.eu/pdf/en/10/pe00/pe00031.en10.pdf (2010).

Integrated Pollution Prevention and Control (IPPC) Directive. http://europa.eu/legislation_summaries/environment/air_pollution/l28045_en.htm

Japan Broadcasting Corporation, March 11th tsunami a record 40-meters high, http://web.archive.org/web/20110511061110/www3.nhk.or.jp/daily/english/13_04.html(2011).

Kaplan, S. , Garrick, B. J. , On the quantitative definition of risk. Risk Analysis, 1, 11-27 (1981).

Karickhoff, S. W. , Organic pollutant sorption in aquatic system, J. Hydraulic Eng. , ASCE, 110, 707-735 (1984).

Khadam, I. M. , Kaluarachchi, J. J. Multi-criteria decision analysis with probabilistic risk assessment for the management of contaminated groundwater. Environmental Impact Assessment Review, 23, 683-721(2003).

Konikow, L. F. , Bredehoeft, J. D. Computer model of two-dimensional solute transport and dispersion in ground water. Techniques of Water-Resources Investigations of the United States Geological Survey (1978).

Kriebel D. , Tickner J. , Epstein P. , Lemons J. , Levins R. , Loechler E. C. , Quinn M. , Rudel R. , Schettler T. , Stoto M. , 2011. The Precautionary principe in ennromental science. Environmental Health Perspectives 109, 871-876.

Kummert, R. , and Stumm, W. , The surface complexation of organic acids on hydrous -Al2O3, J. of Colloid and Interface Science, 75, 373-385 (1980).

Leij, F. J. , Bradford, S. A. Colloid transport in dual-permeability media. Journal of Contaminant Hydrology, 150, 65-76 (2013).

Li, Y. C. , Cleall, P. J. Analytical solutions for advective-dispersive solute transport in double-layered finite porous media. International Journal for Numerical and Analytical Methods in Geomechanics, 35, 438-460 (2011).

Ma, H. W. Stochastic multimedia risk assessment for a site with contaminated groundwater. Stochastic Environmental Research Assessment, 16, 464-478 (2002).

Ma, H. W. , Shih, H. C. , Hung, M. L. , Chao, C. W. , and Li, P. C. Integrating input output analysis with risk assessment to evaluate the population risk of arsenic, Environmental of Science and Technology, 46,1104-1110 (2012).

Ma, H. W. , Stochastic multimedia risk assessment for a site with contaminated groundwater. Stochastic Environmental Research Assessment, 16, 464-478(2002).

MacRae, D. The Social Function of Social Sciences. New Haven: Yale University Press (1976).

Mandle, R. J. , Groundwater Modeling Guidance. Groundwater Modeling Program, Michigan Department of Environmental Quality(2002).

McDonald, M. D. , Harbaugh, A. W. A Modular Three-Dimensional Finite-Difference Flow Model, Techniques in Water Resources Investigations of the U. S. Geological Survey, Book 6 (1988).

Meenal, M. , Eldho, T. I. Two-dimensional contaminant transport modeling using meshfree point collocation method (PCM). Engineering Analysis with Boundary Elements, 36, 551-561 (2012).

Millington, R. J. Gas diffusion in porous media. Science, 130, 100-102 (1959).

Millington, R. J. , Quirk, J. M. Permeability of porous solids. Transactions of the Faraday Society, 57, 1200-1207 (1961).

Moench, A. F. Convergent radial dispersion - a Laplace transform solution for aquifer tracer testing. Water Resources Research, 25(3), 439-447 (1989).

Morel, F. M. M. and Hering, J. G. , Principles and Applications of Aquatic Chemistry, John Wiley & Sons, Inc. , New NY. (1993).

Morgan, M. G. ; Henrion, M. Uncertainty: A Guide to Dealing with Uncertainty in Quantitative Risk and Policy Analysis, Cambridge University Press, New York (1990).

National Center for Environmental Assessment (NCEA). Example Exposure Scenarios. EPA/600/R-03/036. USEPA, Washington, D. C. 20460 (2004).

National Environmental Policy Act (NEPA). National Environmental Policy Act of 1969. Public Law 91-190, as amended through September 13, 1982. United States Congress, Washington, D. C. www.epa.gov/nepa (1970).

National Oceanic Atmospheric Administration (NOAA). Habitat Equivalency Analysis: An Overview. Damage Assessment and Restoration Center Technical Paper. Revised April 26, 1999, Silver Spring, Maryland. USA. http://www.noaa.gov (1999).

National Oceanic Atmospheric Administration (NOAA). Screening Quick Reference Tables. NOAA HAZMAT Report 97-2. Hazardous Materials Response & Assessment Division, Seattle, Washington, USA 12 pp. http://www.noaa.gov (1998).

National Research Council (NRC). Risk Assessment in the Federal Government: Managing the Process. Washington, D. C. : The National Academies Press (1983).

National Research Council (NRC). Risk Assessment in the Federal Government: Managing the Process. Committee on the Institutional Means for Assessment of Risks to Public Health, Commission on Life Sciences. The National Academies Press, Washington, D. C. (1983).

National Research Council (NRC). Science and Decisions: Advancing Risk Assessment. Committee on Improving Risk Analysis Approaches Used by the U. S. EPA Board on Environmental Studies and Toxicology, Division on Earth and Life Study. The National Academies Press, Washington, D. C. (2009).

National Research Council (NRC). Science and Judgment in Risk Assessment. Washington, D. C.: The National Academies Press (1994).

Nebraska DEQ, Nebraska Department of Environmental Quality, Risk-Based Corrective Action (RBCA) at petroleum release site-Tier 1 Tier 2 assessments and reports (2009).

National Research Council (NRC). Science and decisions: advancing risk assessment

(2008).

National Research Council (NRC), Risk Assessment in the Federal Government: Managing the Process. National Academy Press, Washington, D. C. (1983).

O'Reilly, M. and Brink, R. Initial Risk assessment screening of potential brownfield development sites, Soil and Sediment Contamination, 15, 463-470 (2006).

Ozelim, L. C. S. M. , Cavalcante, A. L. B. Integral and closed-form analytical solutions to the transport contaminant equation considering 3D advection and dispersion. International Journal of Geomechanics, 13(5), 686-691(2013).

Papadopulos, I. S. , Cooper, H. H. Drawdown in a well of large diameter. Water Resources Research, 3(1), 241-244 (1967).

Perkins, T. K. , Johnston, O. C. A review of diffusion and dispersion in porous media. Society of Petroleum Engineers Journal, 3, 70-83 (1963).

Pollard, S. J. T. , Brookes, A. , Earl, N. , Lower, J. , Kearney, T. , Nathanail, C. P. , Integrating decision tools for the sustainable management of land contamination, Science of the Total Environment 352, 15-28 (2004).

Pollard, S. J. T. , Risk Management for Water and Wastewater Utilities. London: IWA Publishing (2008).

Quezada, C. R. , Clement, T. P. , Lee, K. K. Generalized solution to multidimensional multi-species transport equations coupled with a first-order reaction network involving distinct retardation factors. Advances in Water Resources, 27, 507-520 (2004).

Regeneration of European Sites in Cities and Urban Environment. Best Practice Guidance for Sustainable Brownfield Regeneration (2005).

Renn, O. Concepts of risk: a classification. In Social Theories of Risk, eds S. Krimsky & D. Golding. Praeger, Westport, 53-79 (1992).

Resource Conservation and Recovery Act (RCRA). Resource Conservation and Recovery Act, Public Law 94-580, October 21, 1976. United States Congress, Washington, D. C. www.epa.gov/rcra (1976).

Ritchy, D. , Rumbaugh, James O. Subsurface Fluid Flow(ground-water and Vadose Zone) Modeling, ISBN: 978-0-8031-5563-3, ASTM International, West Conshohocken (1996).

Robinson, F. and Zass-Ogilvie, I. Brownfield regeneration and the public understanding of risks to health: a scoping study of north east England, Report produced in collaboration with the Health Protection Agency North East, Center for the study of cities and regions Durham University (2009).

Rosa, E. A. , Metatheoretical foundations for post-normal risk. Paper presented at the SRA-Europe Meeting, University of Surrey, Guildford, 3-5 June (1996).

Rowe, R. K. , Booker, J. R. POLLUTEv7, 7th. , GAEA Technologies Ltd. , Canada (2004).

Scholz, R. W. , Schnabel, U. Decision making under uncertainty in case of soil remediation. J. Environ. Manage. , 80, 132-147 (2006).

Schwarzenbach, R. P. , Gschwend, P. M. , Imboden, D. M. , Environmental Organic Chemistry, Second edition, John Wiley & Sons, Inc. , New York (2003).

Searl, A. Review of Methods to Assesses Risk to Human Health from Contaminated Land. Final Report for The Scottish Government (2012).

SEPA. Dealing with Land Contamination in Scotland: A review of progress 2000-2008 (2009). Available at: http://www.sepa.org.uk/land/land_publications.aspx

Sevee, J. , Methods and Procedures for Defining Aquifer Parameters, Chap. 14 in David M. Nielsen, Practical Handbook of Environmental Site Characterization and Ground-Water Monitoring, Second Edition, 2006, CRC Press, Taylor & Francis Group, Boca Raton, FL USA.

Shih, H. C. and Ma, H. W. , Life cycle risk assessment of bottom ash reuse, Journal of Hazardous Materials, 190, 308-316 (2011).

Singh, M. K. , Ahamad, S. , Singh, V. P. Analytical solution for one-dimensional solute dispersion with time-dependent source concentration along uniform groundwater flow in a homogeneous porous formation. Journal of Engineering Mechanics-ASCE, 138, 1045-1056 (2010).

Slovic, P. Perception of risk. Science . 236:280-5 (1980).

Sokolowsa, J. , Pohorille, A. , Models of risk and choice: challenge or danger. Acta Psychologica, 104, 339-369 (2000).

Srinivasan, V. , Clement, T. P. Analytical solutions for sequentially coupled one-dimensional reactive transport problems – Part I: Mathematical derivations. Advances in Water Resources, 31, 203-218 (2008).

Sudicky, E. A. , Frind, E. O. Contaminant transport in fractured porous media: Analytical solutions for a system of parallel fractures. Water Resources Research, 18, 1634-1642 (1982).

Sun, Y. , Petersen, J. N. , Clement, T. P. A new analytical solution for multiple species reactive transport in multiple dimensions. Journal of Contaminant Hydrology, 35(4), 429-440 (1999).

Tang, D. , Babu, D. Analytical solution of a velocity dependent dispersion problem. Water Resources Research, 15(6), 1471-1478 (1979).

Tang, D. H. , Frind, E. O. , Sudicky, E. A. Contaminant transport in fractured porous media: Analytical solution for a single fracture. Water Resources Research, 17, 555-564 (1981).

The EU Liability Directive http://europa.eu/legislation_summaries/enterprise/interaction_with_other_policies/l28120_en.htm

The Presidential/Congressional Commission on Risk Assessment and Risk Management. Framework for Environmental Health Risk Management, Final Report, Volumes 1 and 2 (1997). http://www.riskworld.com/Nreports/1996/risk_rpt/Rr6me001.htm

U. S. EPA. http://www.epa.gov/risk_assessment/expobox/uncertainty-variability.htm (2014).

U. S. EPA. Exposure factors handbook: 2011edition. National Center for Environmental Assessment Office of Research and Development, U. S. EPA, Washington, D. C. 20460 (2011).

U. S. EPA. Guidance for risk characterization. Office of Research and Development, Office of Health and Environmental Assessment, Washington, D. C. (1995).

U. S. EPA. Guidelines for Exposure Assessment. Office of Research and Development, Office of Health and Environmental Assessment, Washington, D. C. (1992).

U. S. EPA. Human Health Risk Assessment Protocol for Hazardous Waste Combustion Facilities, Office of Solid Waste and Emergency Response (2005).

U. S. EPA. Risk Characterization Handbook. Science Policy Council, Washington, D. C. (2000).

United States Congress. Resource Conservation and Recovery Act (RCRA). Public Law 94-580. October 21, 1976. Congress of the United States, Washington, D. C. , USA (1976).

United States Congress.. The Comprehensive Environmental Response, Compensation and Liability Act (CERCLA). Public Law 96-510. United States Code 42, 9601 et seq. Congress of the United States, Washington, D. C. , USA (1980).

United States Environmental Protection Agency (USEPA). Using the Triad Approach to Streamline Brownfields Site Assessment and Cleanup (2003).

United States Environmental Protection Agency., Record of Decision. Newport, New Castle County, Delaware Superfund Site. USEPA, EPA/ROD/R03-93/170. Philadelphia, Pennsylvania, USA p.250 (1993).

US Agency for Toxic Substances and Disease Registry (USATSDR), Public Health Assessment Guideline Manual. US Department of Health and Human Services, Public Health Services, Agency for Toxic Substances and Disease Registry, Atlanta, Georgia (2005).

US Department of Health and Human Services, Task Force on Health Risk Assessment, Determining Risks to Health: Federal Policy and Practice. Dover, MA, Auburn House (1986).

US Environmental Protection Agency (USEPA), Risk Assessment Guidance for Superfund Volume I Human Health Evaluation Manual (Part A), Office of Emergency and Remedial Response, Washington DC, EPA/540/1-89/002, (1989).

US Environmental Protection Agency. Ecological Risk Assessment Guidelines for Superfund (ERAGS): Process for Designing and Conducting Ecological Risk Assessments. US Environmental Protection Agency, Office of Solid Waste, Washington, D. C. , http://www.epa.gov/oswer/riskassessment/ecorisk/ecorisk.htm (1997).

US Environmental Protection Agency. Risk Assessment Guidance for Superfund (RAGS), Volume 1–Human Health Evaluation Manual (Part A). Interim Final. Office of Emergency and Remedial Response. Washington, D. C. , EPA/540/1-89/002. http://www.epa.gov/oswer/riskassessment/ragsa/ (1989a).

US Environmental Protection Agency. Risk Assessment Guidance for Superfund: (RAGS) Volume 2-Environmental Evaluation Manual. US Environmental Protection Agency, Office of Emergency and Remedial Response. Washington, D. C. , EPA 540/1-89/001, March 1989. http://www.epa.gov/oswer/riskassessment/ragsa (1989b).

US Environmental Protection Agency. Risk Assessment Guidance for Superfund: Volume 1–Human Health Evaluation Manual Supplemental Guidance. "Standard Default Exposure Factors". Interim Final. Office of Solid Waste and Emergency Response. OSWER Directive 9285.6-03. March 25, 1991 (1991).

USEPA, Dermal Exposure Assessment: Principles and Applications. Office of Health and Environmental Assessment. EPA/600/6-88/005Cc. (1992).

USEPA, Exposure Factors Handbook (2011). http://www.epa.gov/ncea/efh/pdfs/efh-complete.pdf

USEPA, Risk Assessment Guidance for Superfund Volume I: Human Health Evaluation Manual (Part E, Supplemental Guidance for Dermal Risk Assessment), EPA/540/R/99/005, http://www.epa.gov/swerrims/riskassessment/ragse/pdf/part_e_final_revision_10-03-07.pdf (2004).

USEPA, Technical Factsheet on: DIOXIN (2,3,7,8-TCDD), http://www.epa.gov/OGWDW/dwh/t-soc/dioxin.html (2006).

USEPA, 3MRA(Multimedia, Multi-pathway, Multi-receptor) Exposure and Risk Assessment (2003).

USEPA, Ecological risk assessment guidance for Superfund: Process for designing and conducting ecological risk assessments. Environmental Response Team. Edison, New Jersey (1997).

USEPA, Framework for cumulative risk assessment (2003).

Valocchi, A. J. Effect of radial flow on deviations from local equilibrium during sorbing solute transport through homogeneous soils. Water Resources Research, 22(12), 1693-1701 (1986).

Van Genuchten, M. T. A closed-form equation for predicting the hydraulic conductivity of unsaturated soils. Soil Science Society of America Journal, 44, 892-898 (1980).

Van Genuchten, M. T. Convective-dispersive transport of solutes involved in sequential first-order decay reactions. Computational Geosciences, 11(2), 129-147 (1985).

Van Genuchten, M. T. , Alves, W. J. Analytical solutions of the one-dimensional convective-dispersive solute transport equation, U. S. Department of Agriculture, Technical Bulletin No. 1661 (1982).

Veling, E. J. M. Radial transport in a porous medium with Dirichlet, Neumann and Robin-type inhomogeneous boundary values and general initial data: analytical solution and evaluation. Journal of Engineering Mathematics, 75(1), 173-189 (2012).

Walton, William C, Groundwater Modeling Utilities, ISBN: 978-0-873-71679-6, Taylor & Francis, London (1992).

Wang, M. S. , Wu, S. C. , and Kuo, C. W. Modeling the rebounding of contaminant concentrations in subsurface gaseous phase during intermittent soil vapor extraction operation, J. Environmental Engineering and Management, 17(1), 11-19 (2007).

Wang, M. S. , Wu, S. C. , Chen, W. J. , and Hsu, H. L. Modeling non-equilibrium solute transport in heterogeneous soils with considerations of mass-transfer processes and the effects of vadose zone properties, Environ. Eng. Sci., 24(4), 535-549 (2007).

Water Framework Directive. Available at http://europa.eu/legislation_summaries/ agriculture/ environment/l28002b_en.htm

Webster's New Collegiate Dictionary, G. & C. Merriam Co. , Springfield (1977).

West, M. R. , Kueper, B. H. , Ungs, M. J. On the use and error of approximation in the Domenico (1987) solution. Ground Water, 45(2), 126-135 (2007).

Wester, R. C. , Maiback, H. I. , Bucks, D. A. W. , Sedik, L. , Melendres, J. , Laio, C. L. , DeZio, S. Percutaneous absorption of [14C]DDT and [14C]Benzo(a)pyrene from soil. Fundamental and Applied Toxicology 15, 510-516 (1990).

Wester, R. C. , Maiback, H. I. , Sedik, L. , Melendres, J. , Dezio, S. , Wade, M. In vitro percutaneous absorption of cadmium from water and soil into human skin. Fundamental and Applied Toxicology 19, 1-5 (1992a).

Wester, R. C. , Maiback, H. I. , Sedik, L. , Melendres, J. , Laio, C. L. , DeZio, S. Percutaneous absorption of [14C]Chlordane from soil. Journal of Toxicology and Environmental Health 35, 269-277 (1992b).

Wester, R. C. , Maiback, H. I. , Sedik, L. , Melendres, J. , Wade, M. In-vivo and in vitro percutaneous absortion and skin decontamination of arsenic from water and soil. Fundamental and Applied Toxicology 20, 336-340 (1993a).

Wester, R. C. , Maiback, H. I. , Sedik, L. , Melendres, J. , Wade, M. Percutaneous absorption of PCBs from soil: In-vivo Rhesus Monkey, In-vitro human skin, and binding of powered human stratum corneum. Journal of Toxicology and Environmental Health 39, 375-382 (1993b).

Wester, R. C. , Maiback, H. I. , Sedik, L. , Melendres, J. , Wade, M. , Dezio, S. Percutaneous absorption of pentachlorohenol from soil. Fundamental and Applied Toxicology 20, 68-71 (1993c).

Wester, R. C. , Melendres, J. , Logan, F. , Hui, X. , Maiback, H. I. Percutaneous absorption of 2,4-dichlorophenoxyacetic acid from soil with respect to the soil load and skin contact time : In-vivo absorption in Rhesus Monkey and in vitro absorption in human skin. Journal of Toxicology and Environmental Health 47, 335-344 (1996).

Wu, S. C. , Gschwend, P. M. Numerical modeling of sorption kinetics of organic compounds to soil and sediment particles, Water Resources Research, 24, 1373-1383 (1988).

Wu, S. C. , Gschwend, P. M. Sorption kinetics of hydrophobic organic compounds to natural sediments and soils, Environ. Sci. Technol. 20, 717-725 (1986),

Xie, H. , Lou, Z. , Chen, Y. , Jin, A. , Zhan, T. L. , Tang, X. An analytical solution to organic contaminant diffusion throught composite liners considering the effect of degradation. Geotextiles and Geomembranes, 36, 10-18 (2013).

Yadav, R. R. , Jaiswal, D. K. , Gulrana. Two-dimensional solute transport for periodic flow in isotropic porous media: an analytical solution. Hydrological Processes, 26, 3425-3433 (2012).

Yang, J. Reactive silica transport in fracture porous media: analytical solution for a single fracture. Computers & Geosciences, 38, 80-86 (2012).

Yeh, G. T. AT123D: Analytical Transient One-, Two-, and Three-Dimensional Simulation of Waste Transport in the Aquifer System, ORNL-5602, Oak Ridge National Laboratory, Oak Ridge, Tennessee USA (1981).

Yeh, H. D. , Chang, Y. C. Recent advances in modeling of well hydraulics. Advances in

Water Resources, 51, 27-51 (2013).

Yeh, H. D. , Yeh, G. T. Analysis of point-source and boundary-source solutions of one-dimensional groundwater transport equation. Journal of Environmental Engineering, 133(11), 1032-1041 (2007).

Young, L. H. , Kuo, H. W. , Chiang, C. F. Environmental health risk perception of a nationwide sample of Taiwan college students majoring in engineering and health sciences. Human and Ecological Risk Assessment. 21(2):307-326 (2015).

Zheng, C. , Bennett, G. D. Applied Contaminant Transport Modeling, 2nd. , John Wiley and Sons, Inc. , New York USA (2002).

索引

T

 U

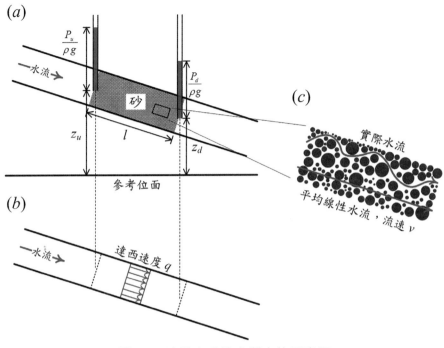

圖6-1 流體在多孔介質中的示意圖

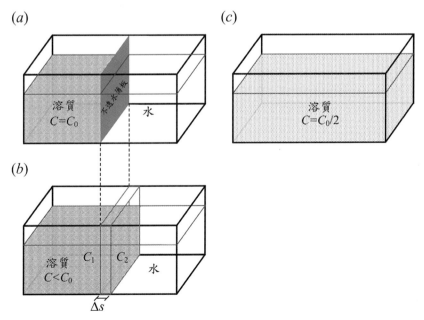

圖6-2 溶質擴散示意圖

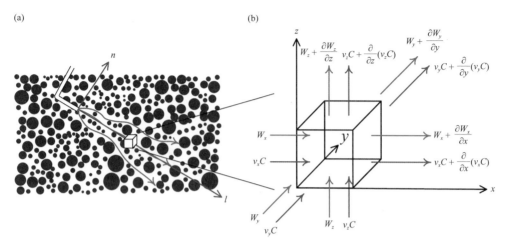

圖6-3 示意圖：(a)污染物在多孔介質傳輸、(b)通過單位體積的污染物質量流通量

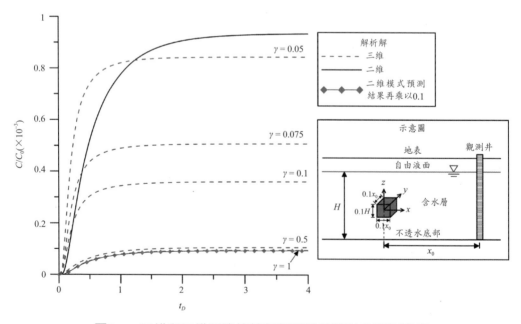

圖6-4 二維和三維污染傳輸解析解於監測井的預測濃度

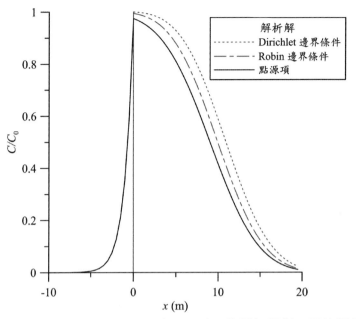

圖6-5 分別考慮Dirichlet、Robin邊界及點源的解析解對不同位置的預測濃度

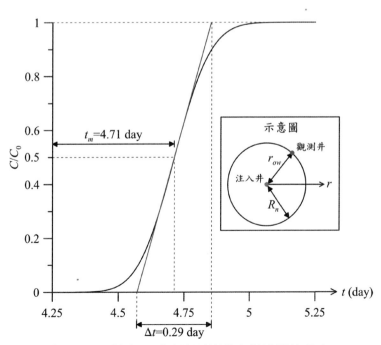

圖6-7 單井注入試驗監測井濃度對時間的分布

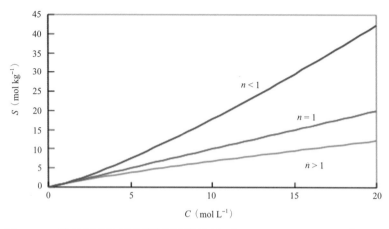

圖6-10 弗朗依德里希等溫吸附曲線（Freundlich Isotherm）

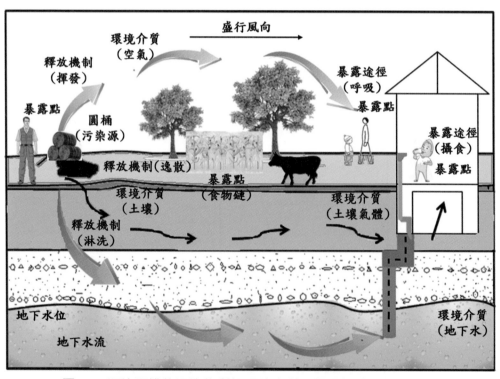

圖7-1 污染源排放污染物質經環境介質至暴露個體的概念模型

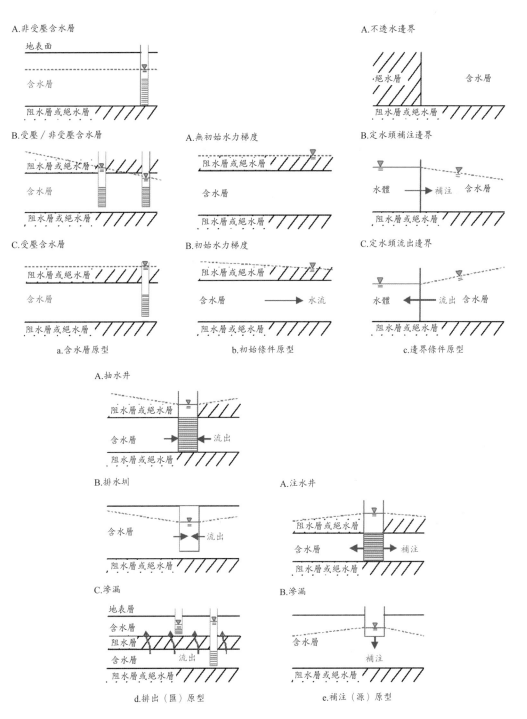

圖7-2　各種簡化假設原型：a.含水層、b.初始條件、c.邊界條件、d.排出（匯）、
　　　　e.補注（源）

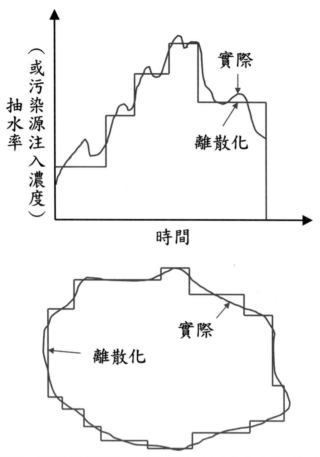

圖7-3 離散化示意圖：連續的時間域、空間域被切割成分段連續（修改自Walton，1992）

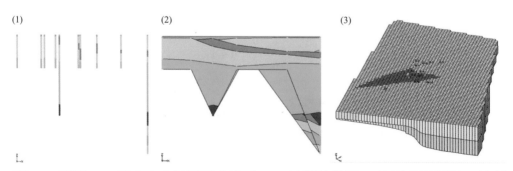

圖7-5 利用GMS建立水文地質概念模式：(1)地質柱狀圖(2)地層分層剖面(3)地質單元網格化

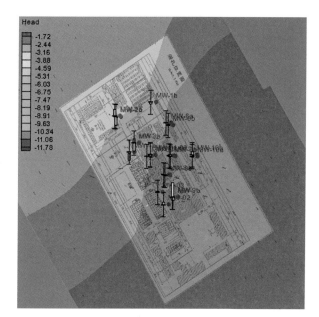

(a)水頭分布

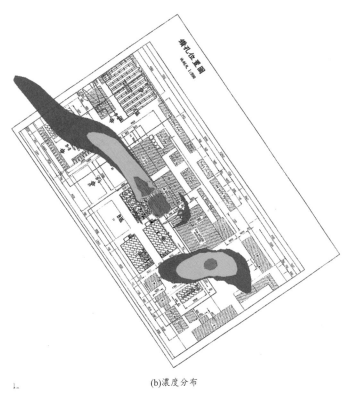

(b)濃度分布

圖7-6 利用MODFLOW模擬穩態地下水流場,再利用MT3D模擬污染傳輸範圍

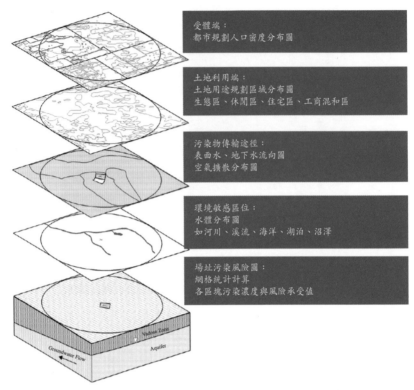

圖8-1　污染物場址之風險圖套疊圖資的架構示意圖

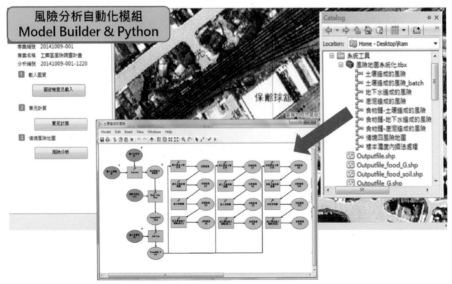

圖8-3　健康風險地圖的計算模組

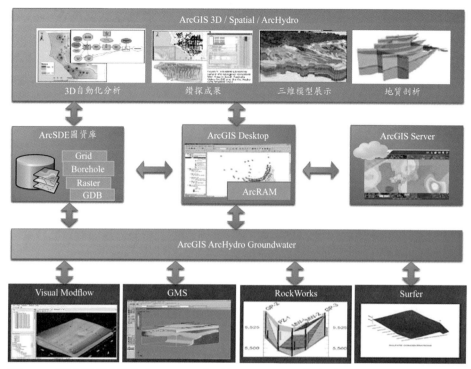

圖8-4　健康風險地圖（ArcRAM）利用ArcHydro整合地下水傳輸模式示意圖

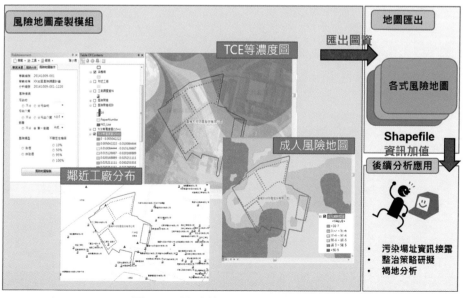

圖8-5　風險地圖產製結果示意圖

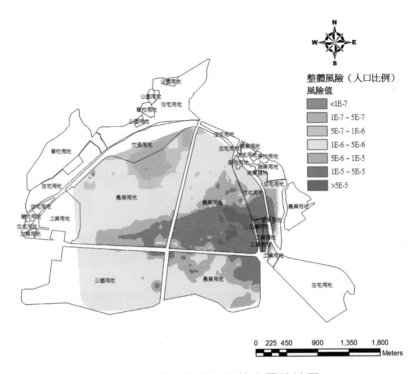

圖8-6　結合土地利用評估之風險地圖

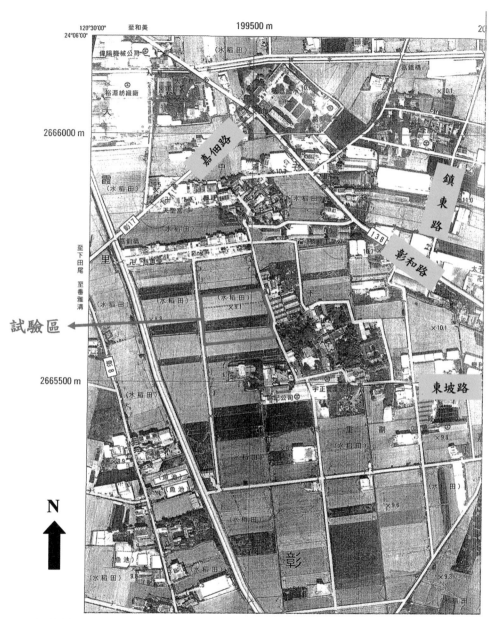

圖9-1 彰化地區控制場址之地號分別為彰化縣和美鎮大嘉段1492、1493、1494及1496號

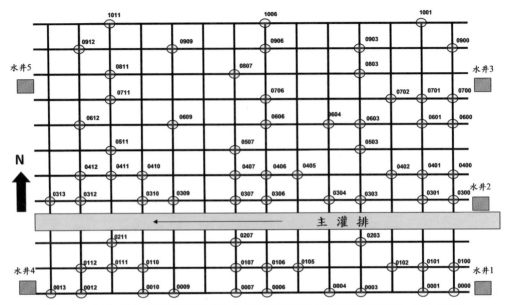

圖9-2 彰化植生復育試驗區重金屬濃度空間分布調查採樣點之分布圖

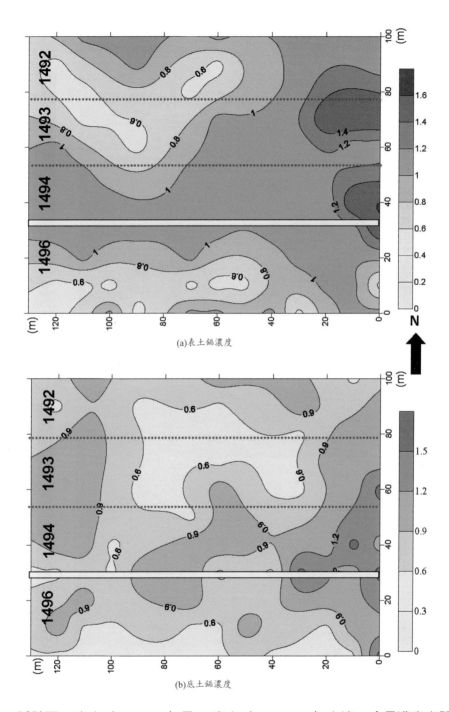

(a)表土鎘濃度

(b)底土鎘濃度

圖9-3 試驗區(a)表土（0～15cm）及(b)底土（15～30cm）土壤Cd全量濃度空間分布圖（食用作物農地土壤管制標準與監測基準 = 5.0與2.5mg kg^{-1}）

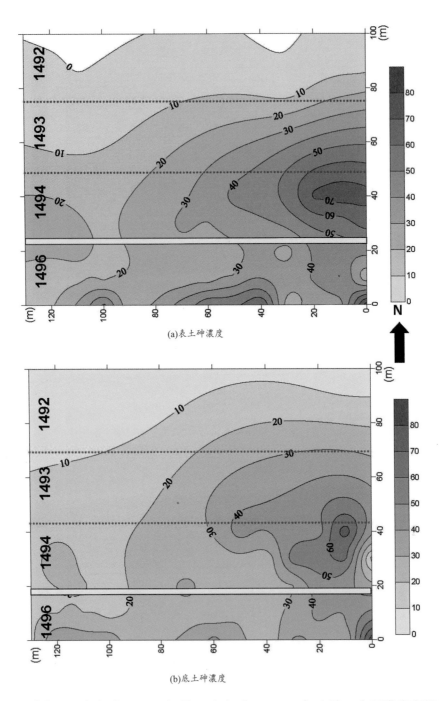

(a)表土砷濃度

(b)底土砷濃度

圖9-4 試驗區(a)表土（0～15cm）及(b)底土（15～30cm）土壤As全量濃度空間分布圖
（土壤管制標準與監測基準＝60與30mg kg^{-1}）

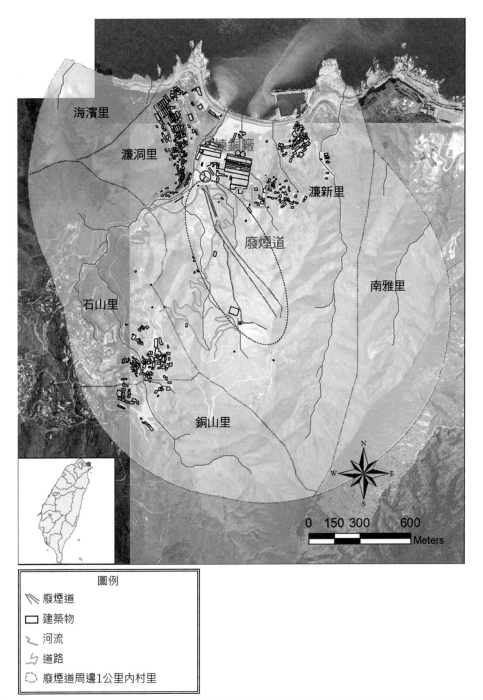

海濱里

濂洞里

煉銅廠

濂新里

廢煙道

石山里

南雅里

銅山里

N
W　　E
S

0　150 300　　600
Meters

圖例

╲╲ 廢煙道

☐ 建築物

⌇ 河流

⌇ 道路

� 廢煙道周邊1公里內村里

圖9-5　原台灣金屬鑛業股份有限公司及其所屬三條廢煙道地區及周邊村里範圍示
　　　　意圖（賴允傑，2013）

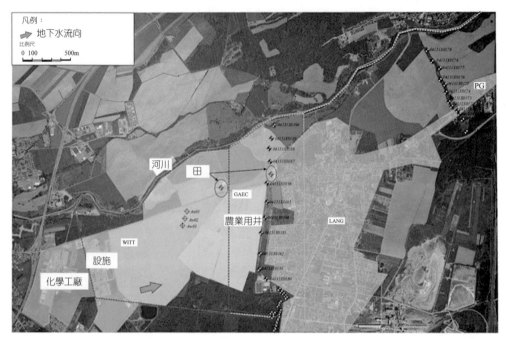

圖9-6　主要地下水抽水供水區域位置

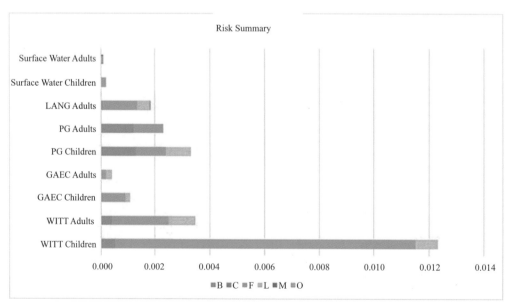

圖9-7　各種污染物的風險貢獻

圖9-8 場址位置及附近區域

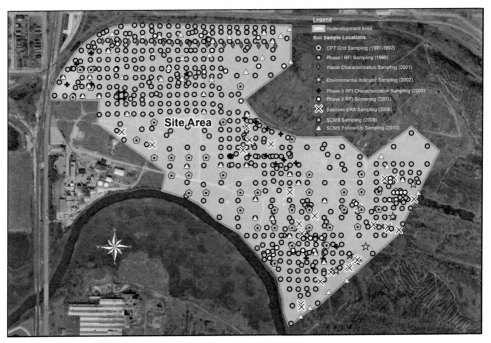

圖9-9 採樣點位置

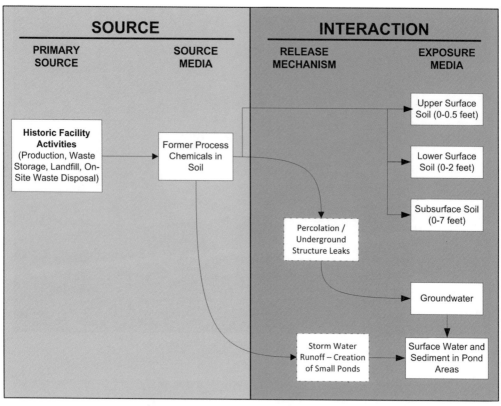

圖9-10　場址宿命與傳輸概念模型

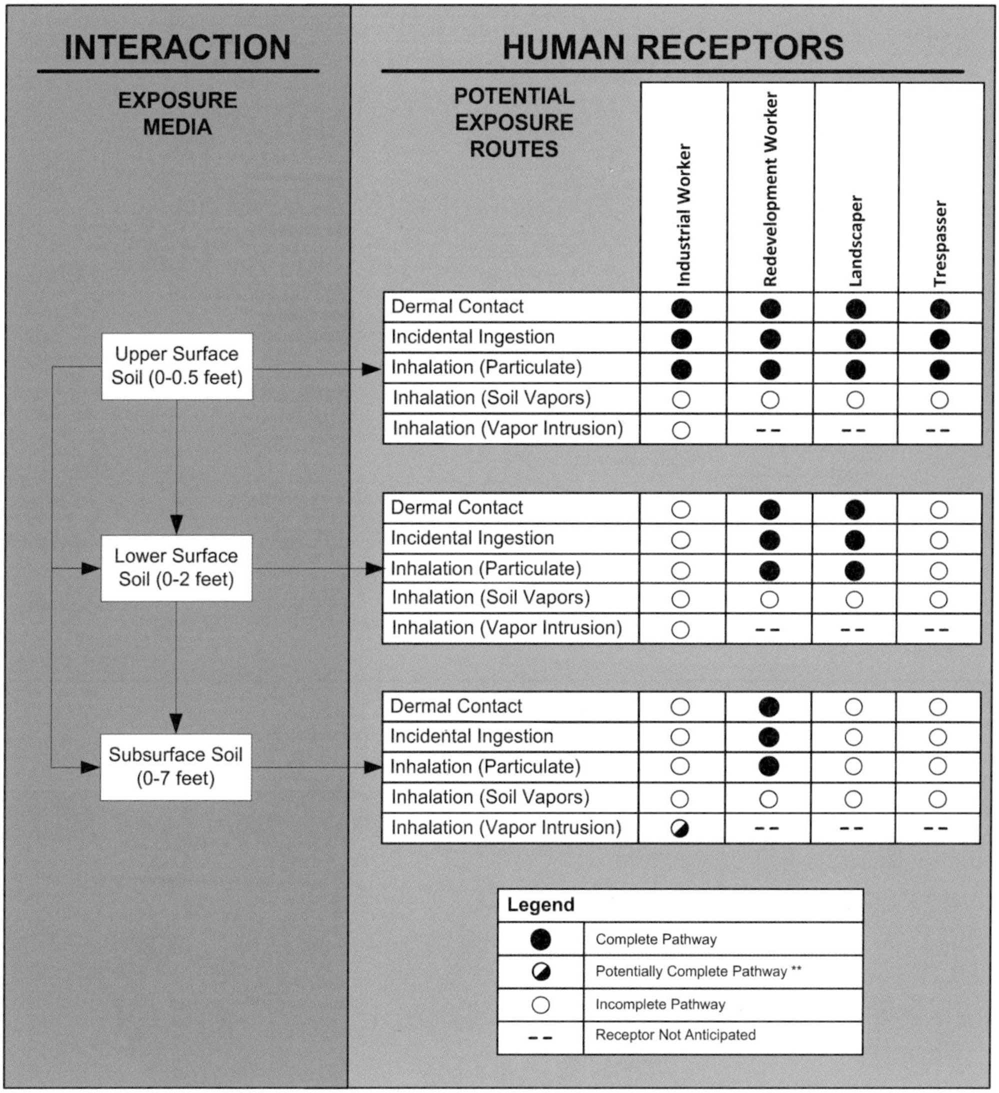

INTERACTION	HUMAN RECEPTORS				
EXPOSURE MEDIA	POTENTIAL EXPOSURE ROUTES	Industrial Worker	Redevelopment Worker	Landscaper	Trespasser
Upper Surface Soil (0-0.5 feet)	Dermal Contact	●	●	●	●
	Incidental Ingestion	●	●	●	●
	Inhalation (Particulate)	●	●	●	●
	Inhalation (Soil Vapors)	○	○	○	○
	Inhalation (Vapor Intrusion)	○	--	--	--
Lower Surface Soil (0-2 feet)	Dermal Contact	○	●	●	○
	Incidental Ingestion	○	●	●	○
	Inhalation (Particulate)	○	●	●	○
	Inhalation (Soil Vapors)	○	○	○	○
	Inhalation (Vapor Intrusion)	○	--	--	--
Subsurface Soil (0-7 feet)	Dermal Contact	○	●	○	○
	Incidental Ingestion	○	●	○	○
	Inhalation (Particulate)	○	●	○	○
	Inhalation (Soil Vapors)	○	○	○	○
	Inhalation (Vapor Intrusion)	◑	--	--	--

Legend	
●	Complete Pathway
◑	Potentially Complete Pathway **
○	Incomplete Pathway
--	Receptor Not Anticipated

圖9-11 場址暴露概念模型

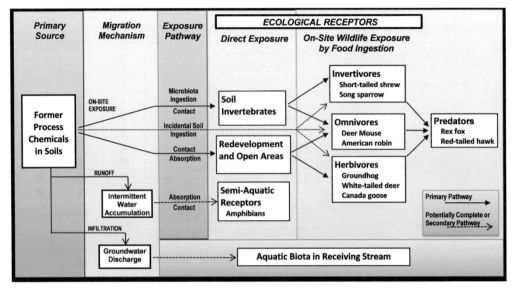

圖9-13 場址的生態概念模型

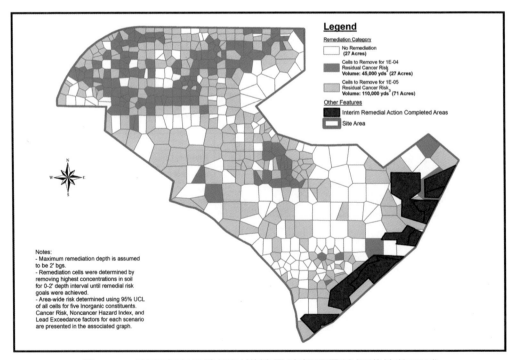

圖9-14 利用泰森多邊形以描繪風險超過風險標準值的區域

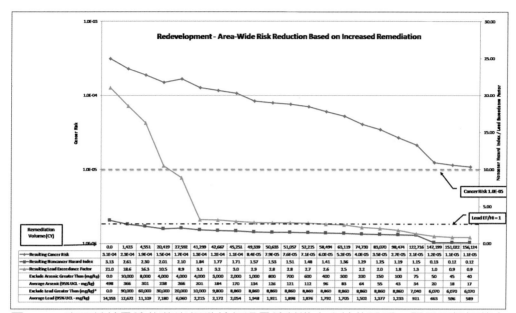

圖9-15　應用基於風險的整治行動於超過風險基準之土地的說明。顯示了如何藉由移除污染土壤以降低人體暴露與風險（藍線：致癌風險；紫線：非致癌HI值；綠線：鉛的EF值）

圖9-16　Newport超級基金場址（位於Delaware州New Castle縣）

國家圖書館出版品預行編目資料

土壤地下水污染場址的風險評估與管理：挑戰
與機會／風險評估專書編寫小組著． — 初
版． — 臺北市：五南，2016.09
　　面；　　公分．
ISBN 978-957-11-8708-2（平裝）

1.土壤污染防治 2.地下水污染防治 3.風險管理

445.94　　　　　　　　　　105012834

5I38

土壤地下水污染場址的風險評估與管理：挑戰與機會

主　　編 ─ 馬鴻文　吳先琪

作　　者 ─ 風險評估專書編寫小組

發 行 人 ─ 楊榮川

總 編 輯 ─ 王翠華

企劃主編 ─ 王者香

責任編輯 ─ 李匡惠

封面設計 ─ 白牛奶設計

出 版 者 ─ 五南圖書出版股份有限公司

地　　址：106台北市大安區和平東路二段339號4樓

電　　話：(02)2705-5066　　傳　　真：(02)2706-6100

網　　址：http://www.wunan.com.tw

電子郵件：wunan@wunan.com.tw

劃撥帳號：01068953

戶　　名：五南圖書出版股份有限公司

法律顧問　林勝安律師事務所　林勝安律師

出版日期　2016 年 9 月初版一刷
　　　　　2017 年 1 月初版二刷

定　　價　新臺幣580元